Web自动化测试与Selenium 3.0从入门到实践

—< 郎珑融 编著 >—

图书在版编目（CIP）数据

Web自动化测试与Selenium 3.0从入门到实践 / 郎珑融编著.—北京：机械工业出版社，2020.7

ISBN 978-7-111-66153-5

Ⅰ. ①W… Ⅱ. ①郎… Ⅲ. ①软件工具－自动检测 Ⅳ. ①TP311.561

中国版本图书馆CIP数据核字（2020）第135678号

本书由浅入深，结合大量实际案例，重点讲解 Selenium WebDriver 在企业中的应用与实践。

本书分为三部分：第一部分（第 1、2 章）为基础篇，主要讲解自动化基础理论、常用开发工具、安装及环境搭建；第二部分（第 3~8 章）为入门篇，主要讲解企业常用技术 Maven、Git 的使用，并以丰富的案例讲解页面元素的定位方法、TestNG 的使用、浏览器的启动及 WebDriver 常用 API 的使用方法；第三部分（第 9~14 章）为进阶篇，主要讲解数据驱动测试、Page Object 设计模式、自动化测试框架的搭建、行为驱动框架 Cucumber 的使用、持续集成工具 Jenkins 的使用及 Selenium Grid 的使用。

本书不但适用于自动化测试的初学者，而且适用于中、高级测试工程师及准备带领团队转型自动化测试的管理者，可以说是自动化测试的必备参考书。

Web 自动化测试与 Selenium 3.0 从入门到实践

出版发行：机械工业出版社（北京市西城区百万庄大街 22 号 邮政编码：100037）

责任编辑：迟振春　　责任校对：闫秀华

印　刷：中国电影出版社印刷厂　　版　次：2020 年 9 月第 1 版第 1 次印刷

开　本：188mm×260mm 1/16　　印　张：18.5

书　号：ISBN 978-7-111-66153-5　　定　价：79.00 元

客服电话：(010) 88361066 88379833 68326294　　投稿热线：（010）88379604

华章网站：www.hzbook.com　　读者信箱：hzit@hzbook.com

推荐序（一）

开发出一款易用的软件是互联网领域永恒不变的话题，对于软件的易用性，软件质量又尤为重要。软件质量是决定用户体验的重要方面，而软件测试是保障软件质量的无可替代的工作。毫不夸张地说，软件质量是否过关决定了软件能否赢得市场。

随着互联网的高速发展，软件测试的工作也在蓬勃发展。纯手工测试由于效率上的缺点，已经不能满足企业高速发展的需求，因此软件测试的从业者追求更高效的测试方法来完成软件测试的工作，追求质量和效率的完美平衡。

于是，自动化测试应运而生。自动化测试是一种高效的、无须人工执行的测试手段。测试人员在熟悉业务流程的基础之上编写一些脚本，让其在固定的环节中自动地执行测试并生成测试报告，就能够直观地观察到软件的哪一部分存在 Bug，后续则可以有针对性地修复 Bug。在很多大公司中，如 BAT，已经把软件测试融入持续集成过程中。在持续集成过程中，主要应用环节包括准入测试、冒烟测试、回归测试等。自动化测试与手工测试结合在一起，大大地提高了测试效率。

自动化测试应用在提测质量管控、大面积回归测试等环节，不仅大大地提高了测试执行的效率，而且提高了质量。这里因为它能够代替人不断地做重复性的工作，而重复性的工作会让人疲惫，让人因疏忽导致很多低级 Bug 产生。自动化测试则完美地弥补了这一点。

虽然自动化测试有诸多优点，但是并不能够解决所有的问题，仍然需要一部分手工测试才能达到完美的覆盖，两者相结合才能够在质量和效率之间达到平衡。

在自动化测试落地的过程中，测试从业者遇到了各种各样的问题，导致技术分享很多，但实际应用性并不强。这是本书出版的一个目的，即阐述什么样的场景适合使用自动化测试，自动化测试在这些场景中应该如何落地，从而真正让其高效起来。本书可以使读者在未来的自动化测试道路上避免很多常见的问题，进而更高效地上手自动化测试。

本书基于作者的学习与工作经验总结而成，包括常见的框架使用方法、企业落地实战等内容，是非常贴近企业级实战的。本书系统地总结了从设计到实战的全部过程，让初学者能够快速上手，有经验的朋友可以作为参考书。

周景阳
贪心科技副总裁，前百度资深工程师，全栈工程师

推荐序（二）

本书是作者从实践中总结经验并严格筛选知识点编写而成的，干货满满。

当今，从研发效能到质量效能，再到交付效率，工程效率越来越受到业界的重视。随着 DevOps 不断深入人心，打破职能竖井模式，建立一支更高效、更快速的团队变得越来越重要。纵观项目中的所有工作环节，质量保障环境应该是到目前为止在自动化方面发展非常缓慢的，这里面有很多原因。部分原因是测试工作在整个开发生命周期中是一个被动检测流程，但是开发工程师在整个开发生命周期内主导的是一个创造性的流程，所有的工程都是从无到有创建的。因此，大家普遍会忽略质量保障环境的自动化程度，忽略开发测试代码所带来的价值。这样就导致在整个工程的各个环节中，质量效能还是一个洼地。

质量效能的提升离不开自动化测试技术，自动化测试技术的使用范围和推广力度直接影响整个团队的交付效率。自动化测试技术包含单元测试、API 测试和 UI 测试。在分层测试的理念之下，UI 测试变成了内部检测的最后一道关卡，用自动化的手段提高最后一道关卡的测试效率已经变得越来越重要。

本书从 UI 自动化的基础知识讲起，以 Java 语言为基础，详细讲解在 WebUI 自动化中占主流的 Selenium WebDriver 框架。作者以自己的实践经验为出发点，讲解了 Selenium WebDriver 的用法以及相关的技术细节。通过阅读本书，读者可以完成从测试工程师到 UI 自动化测试工程师的完美转变。这个转变除了能提升读者自身的价值以外，还对工程效能和质量效能的推进等起到关键作用。

本书对涉及的相关技术点都做了详细的讲解，并且对当今比较流行的设计模式、设计方法、驱动方法做了很好的描述，抽丝剥茧、细致入微地剖析关键技术点。最后，介绍了 BDD 驱动的测试框架 Cucumber，以及自动化测试如何与持续集成、持续发布、持续部署的相关平台集成，达到持续测试、持续反馈的目的，从而最终交付一个高质量的交付物。

本书既适用于刚入行想快速提升的新人，又适用于在软件测试行业摸爬滚打多年想进一步提升的测试老兵。相信读者已经迫不及待地想翻开本书，开启自动化测试的学习之旅了。

陈磊
京东零售技术中心测试架构师

前　言

我一直相信，世界上所有的相遇都是由心而生、由缘而起的。很高兴认识你，我是融融！

当你打开本书，也许会感受到我此刻无比复杂的心情。

我应该算是一个努力且幸运的人。和很多大学生一样，在培训机构学习后，我便去了北京，跨专业就业让我对 IT 行业的一切既好奇又陌生。在我刚工作一年多的时间，承蒙恩师的照顾，我学会了很多技术。虽然在开发、运维、测试 3 个方面都有涉猎，但从未真正做过测试。后来经过慎重考虑选择做测试。

随后我加入第二家公司，几次因用例的设计、编写不合格而在被劝退的边缘徘徊。幸运的是，组长每次都会帮我审核用例并加批注。通过自己的努力以及不断积累，后来写的用例就不再有问题了。一次偶然的机会，看到了组长分享的 Selenium WebDriver 的 PDF 学习文档，自此开启了我的自动化之路。

我曾经使用.Net，学习基于 Java 语言的开发，但由于我的 Java 基础不是很好，而 Python 语言简单易上手，便自学了 Python 自动化。当我能熟练使用 Python 编写主流程自动化脚本时，恰巧被副总发现，让我多了一次熟悉并使用原同事所构建的框架的机会，这意味着自己又有机会强化 Java 技术了。后来，我制订了学习计划，边学 Java 边熟悉框架。熟悉以后，便开始重构框架，慢慢地把这个测试框架重构成自己的风格。

由于我是自学自动化测试的，自然遇到了各式各样的问题。机缘巧合加了一个 QQ 技术交流群，每次看到群里讨论新技术，自己心里都痒痒的。当时并不知道他们谈论的技术是什么，但是我很清楚一点，如果学会了他们谈论的技术，就能缩小与他们的差距。我每天坚持整理学习中遇到的问题，并在群里询问，解决后，便加上自己的理解写到博客中。

真正的稳定需要自己的能力不断提升，而不是坐在一张凳子上不断重复昨日的时光。

就这样，随着时间的推移，我养成了写博客的习惯。现在不定期在公众号上写技术文章，分享给更多网友。

我从未想过自己会出一本书，直到出版社找到了我，签了合同后，还是很担心自己能否完成。

随着一章又一章写下来，我特别开心。没想到自己能在自学之路上走这么远，坚持这么多年，且逐渐形成了有自己风格的自学体系。

“文章合为时而著，歌诗合为事而作。”第一次当作者，才知晓白居易这句话的含义。著书不易，担心误工，我舍弃了很多，耗时半年之久才完成。为了使读者更好地理解与实践，本书的案例中加入了详细的设计和插图描述。希望本书的价值能在读者身上得到体现，同时也期待各位读者的喜爱与支持。在此感谢我的家人，是他们给了我巨大的鼓励与支持！

不放弃，努力地追寻下去，太阳会给你光亮，土壤会给你营养，终有一天，你会俯瞰全世界！

我本是一个愚者，但好在有幸运相伴，经过努力，积累经验，提升能力，我走到了这里，未来还在等我追寻。我希望读者也能找到人生旅程的方向，不断沉淀自己，发展自己，成功就在你触手可及的地方，加油！

本书内容

本书系统地介绍 Java 语言在 Web 自动化测试中的应用。书中对很多代码加了注释，以方便读者理解。全书以图文并茂的方式讲解 Selenium WebDriver 的实战技巧，主要知识点包括企业主流技术 Maven 和 Git 的使用、主流测试框架 TestNG 的使用、主流设计模式 Page Object 的使用、自动化测试框架搭建实战案例、持续集成工具 Jenkins 的使用以及分布式并行测试 Selenium Grid 的使用。

本书适用对象

- 想转型自动化测试的人员
- 具备一定的 Java 基础，想学习自动化测试的人员
- 具备一定的自动化测试基础，想系统地了解和学习自动化测试的人员
- 想系统了解 Web 自动化测试在企业实战中的应用的人员
- 测试管理者

阅读建议

本书要求读者具备一定的 Java 基础和测试理论基础。希望读者可以结合书中的案例反复练习，将所学知识运用到实际工作中，最后融会贯通，形成一套属于自己的知识体系。

资源下载

本书提供资源文件下载，读者既可以从 https://github.com/xiaoliuzi20180524/selenium-webdriver 下载，又可以登录机械工业出版社华章公司的网站（www.hzbook.com）下载，先搜索到本书，然后在页面上的“资料下载”模块下载即可。如果下载有问题，请发送电子邮件到 booksaga@126.com。

致谢

感谢卞诚君老师在写书期间对我的鼓励与支持，让我以最佳的状态完成本书的创作。当然，还要感谢我的好朋友邢泽冲、吕聪亮、盖叶超、肖瑶、胡杰、王鑫、王容、张爽、郑美玲、杨天帮对本书的校对！

郎珑融
2020 年 4 月于沈阳

目　录

第 1 章

自动化测试基础准备

本章主要介绍自动化测试的概念、手工测试与自动化测试的区别、自动化测试中常见的误区、分层自动化测试思想、自动化测试的流程、自动化测试用例的编写、什么样的项目适合自动化测试、Selenium 的优势及工作原理。

1.1 自动化测试的概念

也许很多测试人员都和作者一样，从事测试工作多年，想把自动化测试技术应用到实际工作中去，那么在做自动化测试之前，我们首先要知道什么是自动化测试。

从广义角度讲，通过使用各种测试工具（第三方手段）来替代或辅助手工测试的形式都可以称为自动化测试，比如利用我们熟知的 JMeter 进行批量数据构造或接口的压力测试等，都可以看作自动化测试。

从狭义角度讲，自动化测试是指通过工具录制或编写脚本模拟手工测试的过程，并通过回放或运行脚本来执行测试，从而代替人工检查被测软件或系统的功能是否符合预期要求。

1.2 手工测试与自动化测试的区别

有一小部分读者认为手工测试和自动化测试是一样的，两者没什么区别，其实不然。下面我们就来说明手工测试和自动化测试的不同之处。

1.2.1 手工测试与自动化测试并不对立

很多读者误以为有了自动化测试就不需要手工测试了，也有一部分读者认为手工测试做得好，就不需要自动化测试。

然而实际并非如此，二者并不是互斥的，而是相互依赖的。通过手工测试稳定的功能，可以采用自动化测试，机械、重复的测试场景也可以采用自动化测试，这样效率反而更高。因此，在不同的阶段使用不同的测试方法才最有效。

1.2.2 手工测试的特点

手工测试具有以下特点：

（1）手工测试需要人的较强的思考能力，通过人的逻辑思考来验证当前测试步骤是否正确。

（2）在执行用例的过程中，步骤更具有灵活性和跳跃性，凭借个人的经验积累可以快速发现并准确定位问题。

（3）如果版本迭代中有大量测试用例需要回归测试，在人员有限的情况下，在开展回归测试的过程中手工测试就会变得异常困难和吃力。

1.2.3 自动化测试的特点

自动化测试具有以下特点：

（1）执行用例的对象是测试脚本，能通过提供的测试用例判断、验证当前的步骤是否正确。

（2）用例步骤之间的依赖性强，在自动执行的过程中不需要思考，因为这个过程是事先依靠人的思考来设计的。

（3）对于复杂烦琐、机械重复的测试，绝对是测试利器，更能让测试人员从繁重的工作中解脱出来，从而节省大量时间。

（4）自动化测试先期投入的工作量比较大，而且对测试人员有一定的要求。

1.2.4 自动化测试与手工测试的关系

自动化测试不能完全替代手工测试，其目的在于提高测试效率，节省测试时间。最实际和最具有成效的做法是，将手工测试与自动化测试相结合。

1.3 自动化测试中常见的误区

刚开始接触自动化测试的读者可能会感觉自动化测试很高端，于是开始争相追逐、效仿学习。人们总会听到这样一种说法："自动化测试就是用工具录制、回放脚本的过程。"这其实是对自动化测试存在一定的误解。下面我们就来介绍在自动化测试过程中常见的一些误区。

1.3.1　误区一：自动化测试就是用工具录制和回放

通过录制确实可以生成对应语言的脚本，但得到的不是有效的自动化测试脚本。

很多读者认为使用工具录制、回放脚本就是自动化测试了。而事实上，自动化测试并没有那么简单。录制操作步骤是否正确以及生成的脚本是否稳定、能否重复使用等，都会直接影响整个测试结果。因此，自动化测试并非只是单纯地使用工具录制、回放脚本。

1.3.2　误区二：自动化测试能发现新 Bug

新 Bug 一般是在新功能的手工测试过程中发现的。自动化测试主要用于大批量的回归测试，可以发现一些偶发性 Bug，从而节省更多测试时间，使得测试人员有精力来学习新的测试方法，以便找出更多、更深层次的新 Bug。

1.3.3　误区三：会自动化测试就是测试开发工程师了

测试开发工程师一般不直接参与产品的测试工作。

下面简单介绍一些测试开发工程师的硬性要求。

（1）具备一定的测试经验，能够深入挖掘测试潜在的痛点和难点，并通过技术手段帮助测试团队提升效能。

（2）熟练掌握主流的测试工具，比如性能测试、自动化测试、单元测试、安全测试工具等。

（3）能够帮助测试团队提升测试效率和技术能力，并能独立完成自动化测试相关工作。

（4）具备良好的测试工具及平台的开发能力，比如性能测试监控平台、接口测试平台、管理与维护接口平台、自动化测试平台等。

总之，个人理解就是全栈工程师了。

市场对好的测试开发工程师的需求很大，有兴趣的读者可以在“智联招聘”或者“前程无忧”等招聘网站上搜索该职位。测试开发工程师可以说是很多测试工程师比较成功的转型职位，而不是会一点自动化测试就是测试开发工程师。

1.3.4　误区四：有了自动化测试就什么都不用做了

很多读者认为有了自动化测试就可以轻松坐等测试报告了。其实不然，因为能做自动化测试的项目一定是经过了很多次测试，并且对框架和功能相对稳定的项目才能编写自动化测试代码。

当然，也不能说你会了自动化测试，以后就不用学习业务知识了，重点还是要看自动化测试框架能否在公司真正落地。对于公司项目而言，如果产品三天一小改，五天一大改，版本迭代速度比脚本开发速度还快，那么自动化测试就只能是说说而已了。所以自动化测试是一种辅助测试的方式，最重要的是一切要以做好功能测试为前提。

1.4 分层自动化测试思想

在学习分层自动化测试思想之前，我们需要先了解测试金字塔模型结构，如图 1-1 所示。其中，UI 代表页面级系统测试，Service 代表模块间的接口测试，Unit 代表单元测试。金字塔越高，表示需要投入的精力和工作量越大。

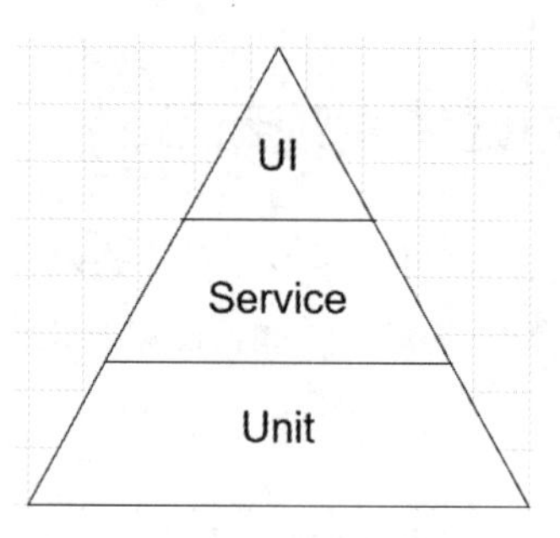

图 1-1 测试金字塔模型

分层自动化测试思想主张从 UI 层到 Unit 层实现多层的自动化测试体系，即全面地对系统进行不同层次的自动化测试，如图 1-2 所示。

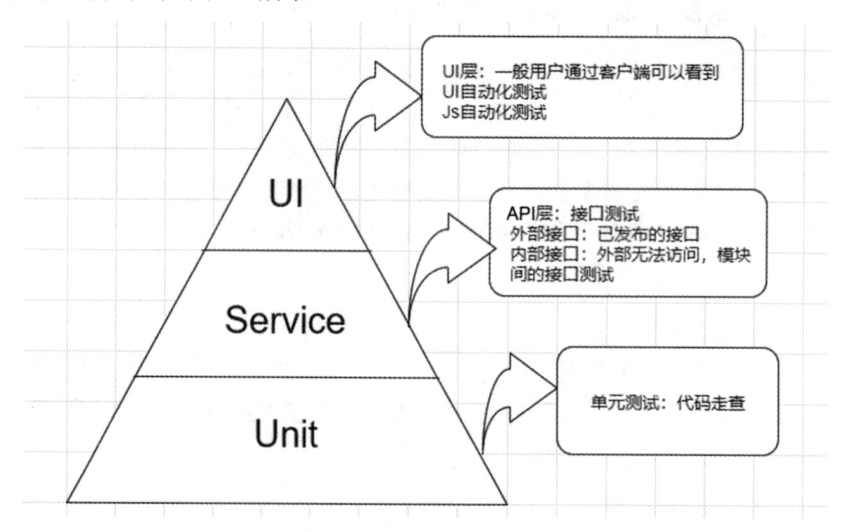

图 1-2 分层自动化测试

1.4.1 单元测试自动化

单元测试是用来验证代码正确性的重要工具，同时也是系统测试中最为重要的环节。

通常单元测试需要借助单元测试框架来开展，如在 Java 开发中熟知的 JUnit 和 TestNG，在 PHP 开发中熟知的 PHPUnit，以及在 Python 开发中熟知的 Unittest 和 Pytest 等，一般该环节由开发人员自己来完成。

Code Review 即代码评审或代码走查，目的是查找软件系统潜在的缺陷，保证软件产品质量及提高开发编码的能力。有很多 Code Review 相关工具，在此就不一一列举了。作者使用 Java 语言进行编码测试，所以推荐采用比较流行的 Jenkins+GitLab+SonarQube 进行自动化测试和代码质量检测。

1.4.2 接口测试自动化

根据作者的理解，可将接口测试分为两大类：内部接口测试和外部接口测试。

（1）内部接口测试，外部无法访问，是程序内部的接口，重点在于模块、方法之间的交互和调用，并对返回结果进行验证。

（2）外部接口测试，又分为 WebService 接口和 API 接口。

- WebService 接口：符合 SOAP 协议并通过 HTTP 传输，入参和响应信息都采用 XML 格式。
- API 接口：符合 HTTP 协议，通过不同的路径来调用，常用 GET 和 POST 方法，入参一般以 key-value（键–值）的形式，响应信息一般都是 JSON 串。

当然，对于外部接口，我们可以通过对应的测试工具进行调用和测试，比如 JMeter、Postman、SoupUI、LoadRunner 等。

1.4.3 Web 测试自动化

在图 1-1 中 UI 层位于塔尖的位置，看起来应投入最少的比例，其实不然，该层是最终用户使用及体验的入口，功能趋于完善，所以大多数测试工作都集中在这一层进行。另外，如果只关注该层的自动化测试，就很难从本质上保证产品的质量。如果妄图实现全面的 UI 层的自动化测试，那么更是一种劳民伤财的做法，投入了大量人力和时间，最终获得的收益往往不容乐观。

既然这么劳民伤财，我们不如放弃 UI 层，只做单元测试与接口测试不就好了吗？答案肯定是不行，因为无论任何产品，最终呈现给用户的都是 UI 层，所以才需要大量的测试人员在 UI 层进行功能测试。因此，我们有必要通过自动化的方式来帮助测试人员做部分机械、重复的工作。作者建议以手工测试与自动化测试相结合的形式来开展测试工作，从而把更多的时间和精力放在更有意义的事情上，比如新技术调研、学习等。

在 UI 自动化测试中最怕的是页面变化，变化的直接结果就是导致测试脚本运行失败，所以我们需要不断地对自动化脚本进行调整和维护。如何降低脚本失败率及维护成本是自动化测试人员面临的一项巨大挑战。

1.5 自动化测试流程

和一般的测试流程一样，自动化测试流程也是开展自动化测试时非常重要的一个环节。可以说一个好的自动化测试流程会让你在开展自动化测试的过程中更加顺利，否则将疲于奔命。那么自动化测试流程是怎样的呢？下面来详细介绍。

1.5.1 对被测系统进行调研

首先要对被测系统进行调研，查看系统架构，如确定系统是 BS 架构还是 CS 架构，然后根据系统架构选择技术实现方案。

1.5.2 确定使用的开发语言

在确定技术方案后，需要根据测试组的情况和大家掌握语言的情况来确定语言，尽量规避大家都不懂的语言，或者公司开发人员都不懂的语言。原因在于，如果在脚本开发过程中遇到技术难题，开发人员不懂这门语言，就会陷入没人可问的窘况。

笔者曾学了一个月 Python（因为 Python 一直很火），刚开始做自动化测试时，遇到报错、技术难题，不知道怎么解决，咨询开发人员，开发人员也不懂，结果导致脚本开发进度受到影响，后来开始自学 Java，在遇到技术难题时再次询问开发人员，很容易就解决了，所以建议在选择语言上要慎重。

1.5.3 选择自动化测试项目

我们需要选择一个相对稳定的系统，并且选择其中某一个功能模块（比如登录功能），作为自动化测试框架开发完成时的成果。

1.5.4 申请自动化测试资源

所谓“工欲善其事，必先利其器”，要想做好自动化测试，我们肯定要有一个像样的“兵器”。

假设必须有两个资源。第一个资源是你写代码的计算机。如果你的计算机写代码特别卡，运行 IDE 速度如蜗牛一般，每次 IDE 编译、运行都要等上几分钟，就会影响工作效率，所以写代码的计算机不能太将就。

第二个资源是服务器，对于这个资源，要视公司的具体情况开展工作。也许集成服务器特别卡，第二天你收到的测试报告脚本批量报错，但是这些报错脚本在本地没问题，偏偏在集成服务器上回归测试出问题。这时我们就要到集成服务器一看究竟，若集成服务器本身打开网页就很困难，那么还要坚持用它做回归测试吗？答案是否定的，所以有一个好的集成服务器做自动化测试对测试结果至关重要。

以 Windows 系统为例，为大家推荐的资源及配置如表 1-1 所示。

表 1-1 自动化测试资源示例

资源名称	配置及要求
开发机器1台	如i5-4570+8GB内存+128GB固态硬盘+1TB机械硬盘
服务器1台	如Intel Xeon E5-2680 v3（Haswell）CPU、DDR4 内存、20000IOPS随机读写、吞吐量256MB/s
企业邮箱1个	每天可以发50条以上的邮件

以上配置仅供参考，还需结合公司的具体情况进行调整。

1.5.5 自动化测试用例筛选

根据选定项目设计和筛选自动化测试用例，一般分为两种情况：一种是由自己设计、编写自动化测试用例，然后由测试组同事一起评审；另一种是由测试组同事提供、输出用例，然后由测试组同事共同评审、筛选用例。

1.5.6 编写自动化测试方案

设计和编写自动化测试方案的主要内容包括：实施原则、实施范围和目标、技术方案选型、实施内容、测试环境和脚本的管理、自动化测试复用规范、框架设计思路、准入检查、实施计划、各阶段交付物等。

编写完成后，需要对自动化测试方案进行评审，达成一致。如未达成一致，就需要对方案进行调整和修改，然后再次评审。

1.5.7 自动化测试框架和脚本开发

在具备以上条件后，就需要根据项目架构及特点设计和开发自动化测试框架。该阶段可能是多人配合或者单人开发，需要完成持久层（数据交互）、控制层（业务逻辑处理）、显示层（测试报告展示）、DEMO 演示脚本编码，并输出自动化测试框架说明文档，即需要编写自动化测试框架介绍 PPT，主要内容有预期目标、自动化框架的设计、主要使用技术、工程结构展示、测试脚本编写、测试报告展示等。

1.5.8 框架演示

在规定期限完成框架及脚本的开发任务后，我们需要汇报在这个阶段做了哪些工作和取得了哪些成果，也就是利用成果来证明我们做的事情是有意义和有价值的，得到认可和支持后，后续工作的开展才会更顺利。

这时，我们需要组织一次会议，一般发送邮件通知领导、测试组同事及相关人员。结合在上个环节写的 PPT 来说明这一阶段我们做了哪些事情，包括完成进度、工作中的不足以及改进建议等。演示结束后，参会人员可能会对框架提出一些建议。收集的建议放到框架优化里，优化时间可根据项目情况进行排期。

1.5.9 进入脚本开发阶段

根据自己编写的测试用例或测试人员提供的测试用例进行自动化脚本开发，该阶段的重点是保证功能实现完整，代码规范，测试用例的自动化标识清晰，脚本运行稳定。

1.5.10 脚本执行阶段

脚本开发完成后，将本地调试稳定的脚本放到测试套件中进行组装，通过持续集成完成自动执行脚本，也称定时执行测试脚本。可通过以下两种形式实现：

- Windows 任务计划。
- Jenkins 持续集成。

1.5.11 成果验收

通过持续集成完成定时执行测试脚本，每次运行结束后都会发送测试报告邮件，真正达到无人值守、节省人力的效果。第二天来上班直接看测试报告，然后对测试报告进行分析，定位问题，真的是实用而高效。

以上便是从无到有的一个自动化测试流程，如果公司已有成熟的自动化测试框架，那么按照已有的自动化流程执行即可。以上流程仅供参考，不是绝对的，具体还应视公司的情况来做调整。

1.6 编写自动化测试用例

自动化用例的好坏对自动化测试的开展有着重要的作用和影响，用例设计得不好，框架做得再好也是徒劳。

下面我们一起来学习如何编写自动化测试用例。

1.6.1 自动化用例选择原则

自动化用例选择应注意以下事项：

- 有目的地选择用例，不是所有用例都适合做自动化测试。
- 对相对稳定的模块进行自动化测试，而变动较大的模块仍使用手工测试。
- 优先选择主流程测试用例，用于冒烟测试。
- 选取的用例应以步骤烦琐和重复执行率较高的优先。

1.6.2 编写自动化用例原则

编写自动化用例应注意以下事项：

- 测试人员应该了解自动化测试是如何模拟人工进行测试的。
- 编写的测试用例一定要做到步骤清晰、明了，让完全不懂业务的人拿来按照步骤就能执行，因为执行对象是测试脚本。

- 当前的测试用例前置条件信息要写清楚，如使用哪个账号登录、进入哪个模块下操作、输入哪些值等。
- 不需要每一步都写验证点，抓重点即可。
- 用例之间保持独立，尽量少关联。
- 用例要以模块和场景去划分，这样做的好处是方便参数化测试。

1.6.3　编写自动化测试脚本原则

编写自动化测试脚本应注意以下事项：

- 候选测试脚本在一周中有 4 天都失败了，就需要重新开发。
- 保持测试脚本的独立性，减少依赖。
- 保持测试脚本的可移植性。
- 减少测试脚本对执行环境的依赖。
- 如果有对执行条件的检查，检查失败就尽快退出执行。
- 抽离登录，初始化实现自动登录。
- 多元化数据驱动扩展，如 DataProvider 扩展。
- 减少硬性等待时间，减少 Sleep 的使用。

1.7　什么样的项目适合自动化测试

在做自动化之前，我们要清楚项目是否适合自动化测试，并不是所有的项目都适合自动化测试。

1.7.1　不适合自动化测试的情况

下面列举一些不适合自动化测试的情况。

- 短平快的项目，如一次性的项目，做完交付即可，没有后期维护，这样的项目不适合做自动化测试，做了也是白做。
- 易用性测试，这不属于自动化范畴，应该找产品经理去做。
- 系统功能不稳定不适合自动化测试，这样的情况坚持做自动化测试只会让团队疲于奔命。
- 与硬件交互的系统不适合自动化测试。

1.7.2　适合自动化测试的情况

下面列举一些适合自动化测试的情况。

- 需求变更不频繁、稳定的项目。

- 项目周期长、回归测试频率高的项目。
- 需要大量用户重复执行相同测试的场景。
- 被测软件功能相对稳定，并且具备可测试性。

1.8 Selenium 的优势以及工作原理

使用一个工具之前，有必要了解它的优势及原理。现在让我们一起学习 Selenium 的优势及原理。

1.8.1 支持的语言、平台、浏览器

Selenium 支持多语言、多平台及多浏览器，分别说明如下。

- 多语言支持：Java、C#、PHP、Python、Perl、Ruby。
- 多平台支持：Linux、Windows、Mac。
- 多浏览器支持：Firefox、Chrome、IE、Opera、Edge、Safari、HtmlUnit、PhantomJS。

1.8.2 Selenium 的配套工具

Selenium 是一个 Web 自动化测试工具，由以下几种工具组成。

（1）Selenium RC，在 3.0 版本中已经被移除，此处就不介绍了。

（2）Selenium WebDriver，可以通过 WebDriver 直接控制浏览器，完成一系列操作。

（3）Selenium IDE，可以通过记录用户操作并将其导出作为重复使用的脚本，支持多种语言。

（4）Selenium Grid，可以用于不同机器、不同浏览器进行并行测试。

1.8.3 Selenium 与 QTP 的比较

下面将采用表格的形式对 Selenium 与 QTP 进行比较，如表 1-2 所示。

表 1-2　Selenium 与 QTP 的比较

Selenium	QTP
运行速度快	运行速度慢
稳定性强	稳定性差
支持跨平台	只支持Windows系统
支持多种编程语言	只能使用VBScript编写脚本
兼容性好	兼容性差
支持并发执行	需要二次开发

1.8.4　Selenium 的工作原理

WebDriver 是基于 Server-Client 模式设计的，Server 端即浏览器，Client 端即脚本。

简单来说，就是在测试脚本中启动浏览器后，将目标浏览器绑定到特定的端口上来监听 Client 端发出的请求，在浏览器接收到这些请求后，做出响应，并给出相应的操作。

1.9　小　　结

通过本章的学习，读者应该掌握了自动化测试的基本理论和思想，对自动化测试流程及用例设计有了深刻的认识，能够结合公司的情况开展自动化测试工作，并具备了进一步学习的基础。

第 2 章

自动化开发环境搭建

本章介绍自动化开发环境搭建的相关知识，主要包括：JDK 的安装及环境变量配置，开发工具 Eclipse、IDEA 的安装及配置。

2.1 安装及配置 Java 环境

搭建开发环境看似很简单，其实不然。本节主要为大家详细介绍 Java 环境的搭建及配置。下面以 Windows 系统为例讲解 Java 环境的配置。

2.1.1 下载 JDK

1. 确认 Java 运行环境是否安装

首先，要确认我们的计算机上有没有安装 Java 环境。打开命令提示符窗口，输入"java -version"，看到如图 2-1 所示的内容，就说明 Java 环境还没有安装好。

图 2-1　Java 环境未安装

2. 下载 JDK

从 http://www.oracle.com/ technetwork/java/javase/downloads/index.html 下载 JDK 安装包，这里建议选择 1.8 版本。

打开网址，选中 Accept License Agreement 单选按钮之后，选择对应的版本进行下载即可，如图 2-2 所示。

Java SE Development Kit 8u211

You must accept the Oracle Technology Network License Agreement for Oracle Java SE to download this software.

◉ Accept License Agreement　○ Decline License Agreement

Product / File Description	File Size	Download
Linux ARM 32 Hard Float ABI	72.86 MB	jdk-8u211-linux-arm32-vfp-hflt.tar.gz
Linux ARM 64 Hard Float ABI	69.76 MB	jdk-8u211-linux-arm64-vfp-hflt.tar.gz
Linux x86	174.11 MB	jdk-8u211-linux-i586.rpm
Linux x86	188.92 MB	jdk-8u211-linux-i586.tar.gz
Linux x64	171.13 MB	jdk-8u211-linux-x64.rpm
Linux x64	185.96 MB	jdk-8u211-linux-x64.tar.gz
Mac OS X x64	252.23 MB	jdk-8u211-macosx-x64.dmg
Solaris SPARC 64-bit (SVR4 package)	132.98 MB	jdk-8u211-solaris-sparcv9.tar.Z
Solaris SPARC 64-bit	94.18 MB	jdk-8u211-solaris-sparcv9.tar.gz
Solaris x64 (SVR4 package)	133.57 MB	jdk-8u211-solaris-x64.tar.Z
Solaris x64	91.93 MB	jdk-8u211-solaris-x64.tar.gz
Windows x86	202.62 MB	jdk-8u211-windows-i586.exe
Windows x64	215.29 MB	jdk-8u211-windows-x64.exe

图 2-2　JDK 的下载

3. 安装 JDK

然后一直单击“下一步”按钮安装即可。

注　意

建议安装路径不要用中文、空格和特殊字符，也不要把软件放在 C 盘（因为系统如果重装，就需要重新下载并安装 JDK，如安装在非系统盘，JDK 是可以不用重新安装的，配置好环境变量和 Path 就可以直接用了）。

2.1.2　环境变量配置

安装 JDK 后，就可以开始配置环境变量了，可以按照以下步骤进行操作。

Step 01　右击桌面上的“计算机”，在弹出的快捷菜单中单击“属性”选项，如图 2-3 所示。

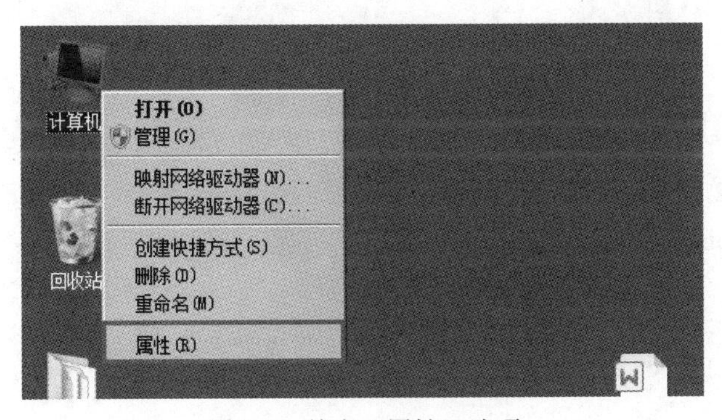

图 2-3　单击“属性”选项

Step 02　单击“高级系统设置”选项，如图 2-4 所示。

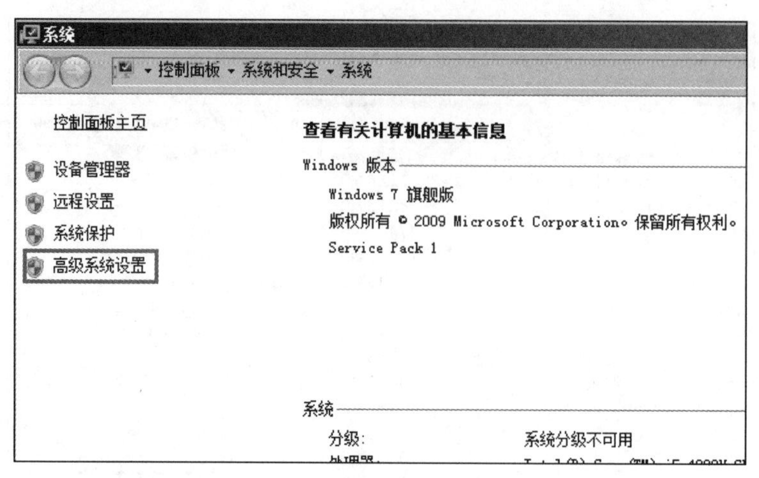

图 2-4　单击“高级系统设置”选项

Step 03 在“高级”选项卡里单击“环境变量”按钮，如图 2-5 所示。

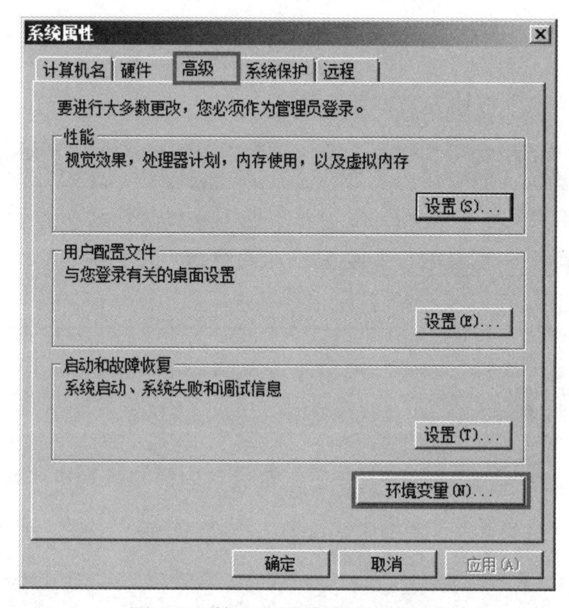

图 2-5　单击“环境变量”按钮

Step 04 单击“新建”按钮，新建 JAVA_HOME 变量，输入 JDK 安装目录，作者输入的是 F:\Program Files\Java\jdk1.8.0_202，如图 2-6 所示。新建 Path 变量，变量名为 Path，变量值为;%JAVA_HOME%\bin;，如图 2-7 所示。

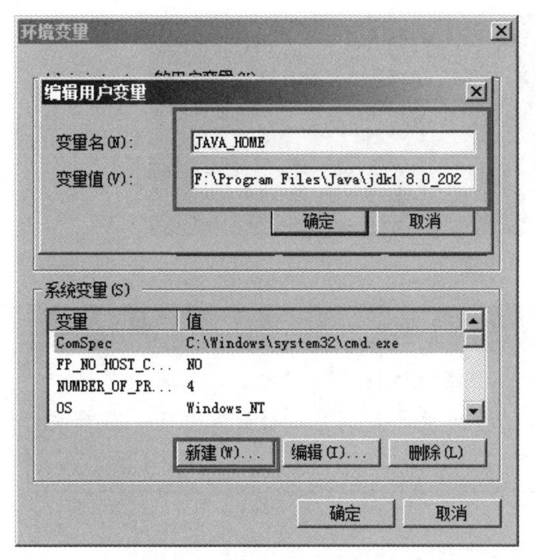

图 2-6　新建 JAVA_HOME 变量

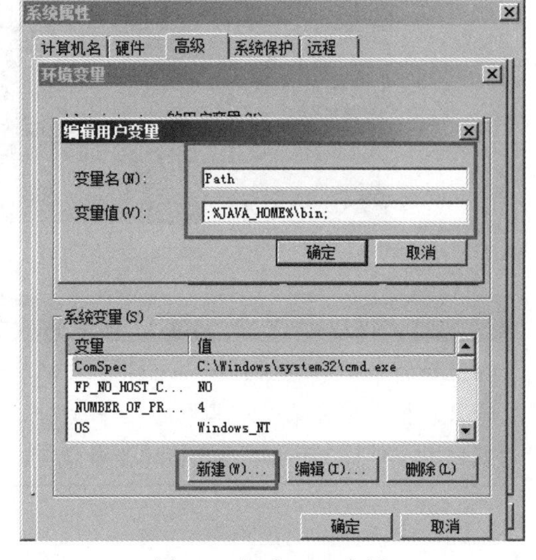

图 2-7　新建 Path 变量

注　意

每个变量以分号结尾，如果前一个没有以分号结束，那么在编辑之前需要加上分号。

Step 05 新建 CLASSPATH 变量，值为;%JAVA_HOME%\lib;%JAVA_HOME%\lib\tools.jar，如图 2-8 所示。

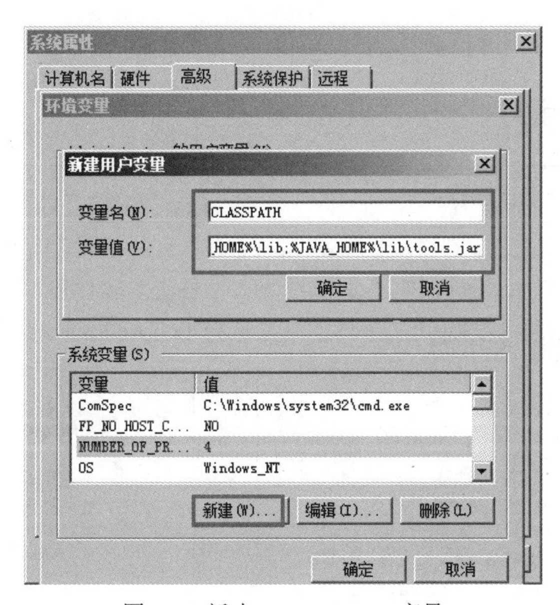

图 2-8　新建 CLASSPATH 变量

Step 06 验证安装和配置是否成功，在命令行输入“java -version”，查看显示的版本信息，可以看到安装和配置成功，如图 2-9 所示。

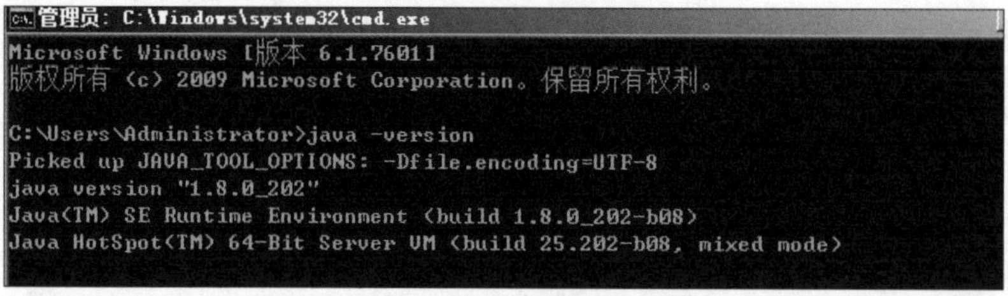

```
管理员: C:\Windows\system32\cmd.exe
Microsoft Windows [版本 6.1.7601]
版权所有 (c) 2009 Microsoft Corporation。保留所有权利。

C:\Users\Administrator>java -version
Picked up JAVA_TOOL_OPTIONS: -Dfile.encoding=UTF-8
java version "1.8.0_202"
Java(TM) SE Runtime Environment (build 1.8.0_202-b08)
Java HotSpot(TM) 64-Bit Server VM (build 25.202-b08, mixed mode)
```

图 2-9　JDK 配置成功

注　意

在上面的命令中，java 和 -version 之间有空格。完成上述配置步骤之后，将来重装系统时只需把安装目录以及其中的文件打包，再把这些文件复制到另一台计算机上，最后配置好 JAVA_HOME 和 Path 环境变量就可以使用了。

至此，系统变量配置完毕。

2.2　开发工具 Eclipse 的安装及配置

早期开始学习 Java 时，只要有 Java 运行环境，就可以使用"记事本"程序编写 Java 代码，但是这样编写代码很麻烦且效率极低。因此，需要使用专门的集成开发工具（比如 Eclipse 和 IDEA）来辅助用户快速、高效地编写程序代码。

2.2.1　下载 Eclipse

读者可按照以下步骤进行操作。

Step 01 以 Windows 系统为例，在百度搜索 Eclipse，进入官网下载，单击页面左下角的 Download 64 bit 按钮下的 Download Packages，如图 2-10 所示。然后进入软件包下载页面，在右侧的 MORE DOWNLOADS（更多下载）中选择历史版本，这里选择 Eclipse Luna (4.4)版本，如图 2-11 所示。

图 2-10　找到并单击 Download Packages

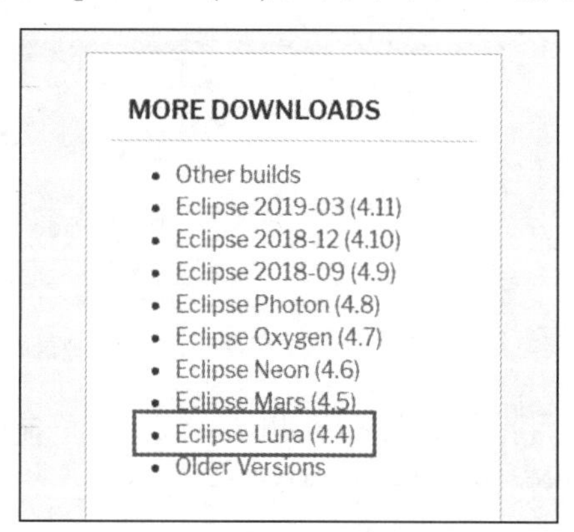

图 2-11　选择 Eclipse Luna (4.4)版本

Step 02 选择下载 Java EE 中的 64 位版本，如图 2-12 所示。

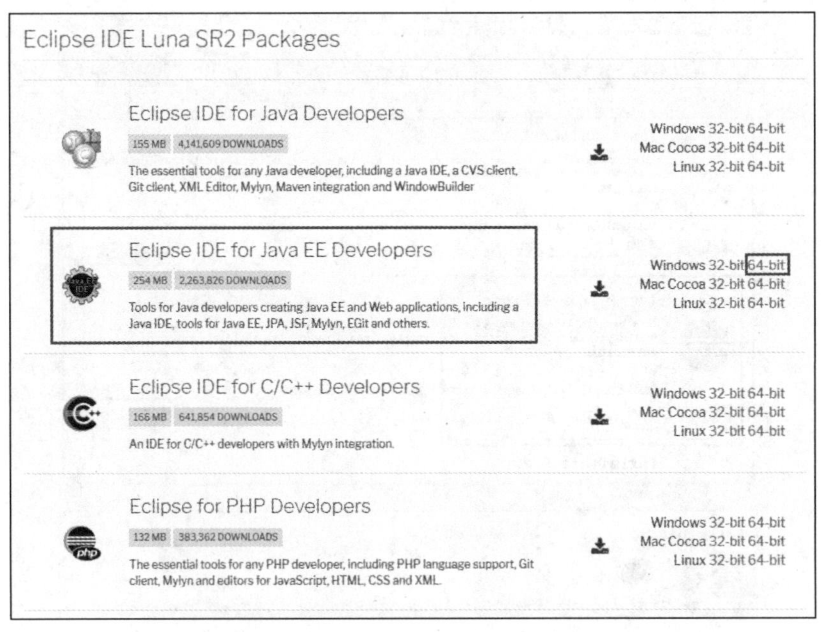

图 2-12　选择下载 Java EE 中的 64 位版本

Step 03 下载解压后，无须安装，直接双击 eclipse.exe 即可启动。

注　意

首次启动需要设置工作目录，至于具体路径，可根据自己的需要而定。

2.2.2　TestNG 插件的安装及配置

1. 两种在线安装方式

第一种，通过 Update Site 安装

在 Eclipse 中单击 Help 菜单，选择 Install New Software 选项，单击 Add 按钮，在弹出的页面中输入安装地址 http://beust.com/eclipse，即可完成安装。

第二种，通过 Eclipse Marketplace 安装

在 Eclipse 中单击 Help 菜单，选择 Marketplace 选项，在 Find 栏中输入“Testng”，单击 Install 按钮，一步一步安装即可，如图 2-13 所示。

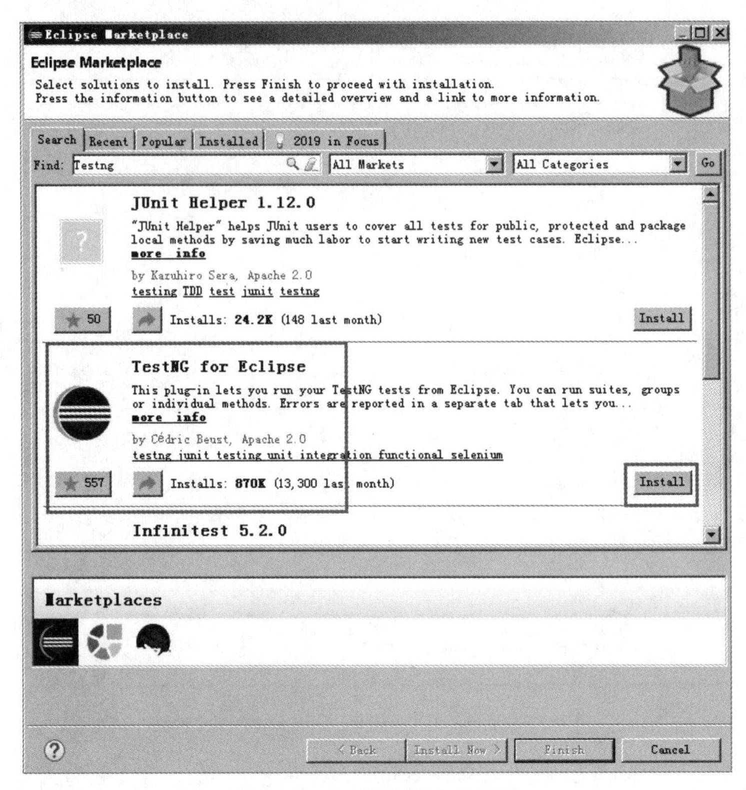

图 2-13　TestNG 插件的安装

2. 离线安装 TestNG 插件

由于在线安装的速度比较慢，受到网络等因素的影响，因此可以通过离线安装 TestNG 插件，读者可以按照以下步骤进行操作。

Step 01 访问网址 http://beust.com/eclipse，单击页面下方的 zipped 链接，如图 2-14 所示。

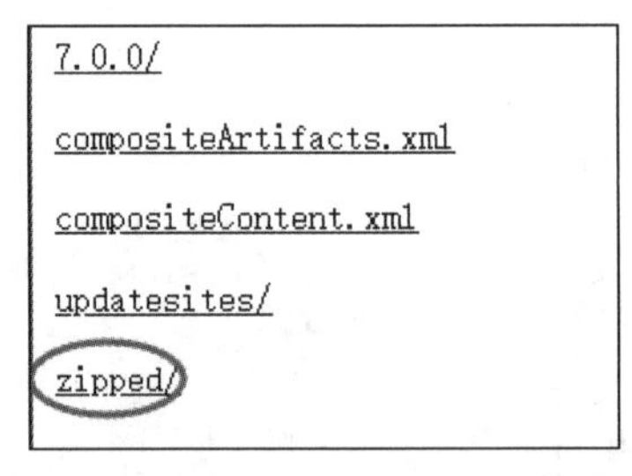

图 2-14　TestNG 插件下载页面

Step 02 这里我们选择版本 6.9.10.201512240000/，单击超链接，下载离线安装文件，如图 2-15 所示。将 features 和 plugins 文件夹下的文件放到 Eclipse 安装目录相对应的 feature 和 plugins 目录下，重启 Eclipse 即可，如图 2-16 所示。

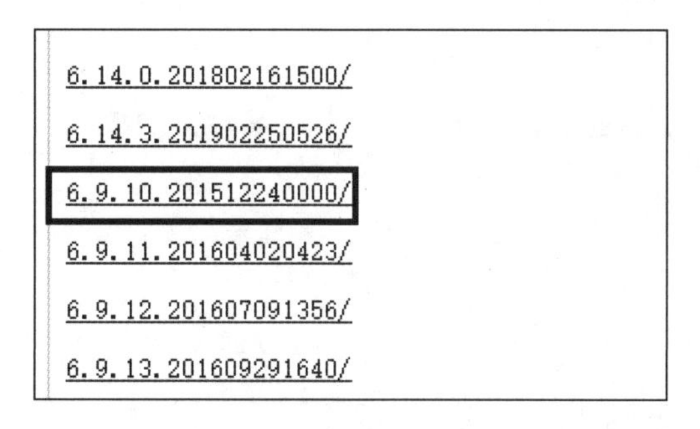

图 2-15　选择对应版本下载

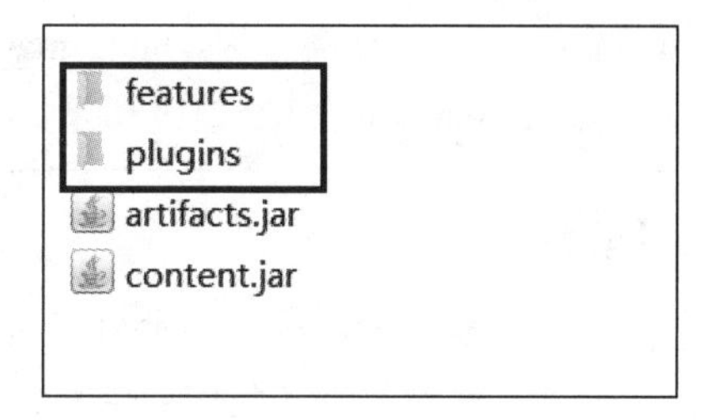

图 2-16　复制文件目录

3. 验证安装是否成功

在 Eclipse 界面左侧空白处右击，从弹出的快捷菜单中选择 New 选项，再单击 Other 选项，随后会弹出如图 2-17 所示的界面。

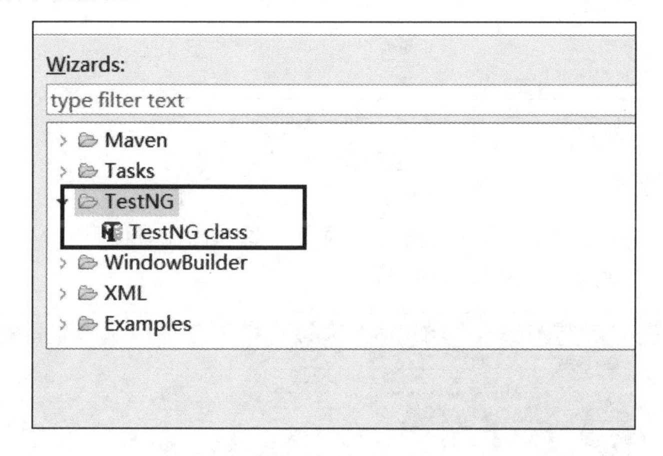

图 2-17　TestNG 插件安装成功

2.2.3　Maven 插件的安装及配置

这里仅介绍 Eclipse 中 Maven 插件的安装与配置，关于使用 Maven 的细节后面章节会介绍。

1. 检验 Java 运行环境是否安装

输入命令“java -version”，若出现如图 2-18 所示的内容，则说明 Java 运行环境已安装成功。

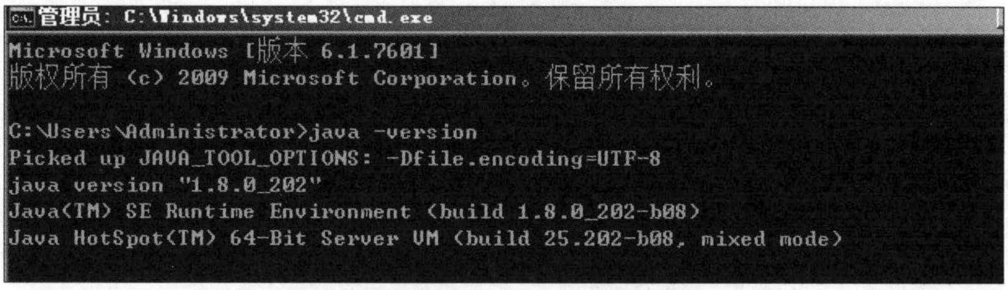

```
管理员: C:\Windows\system32\cmd.exe
Microsoft Windows [版本 6.1.7601]
版权所有 (c) 2009 Microsoft Corporation。保留所有权利。

C:\Users\Administrator>java -version
Picked up JAVA_TOOL_OPTIONS: -Dfile.encoding=UTF-8
java version "1.8.0_202"
Java(TM) SE Runtime Environment (build 1.8.0_202-b08)
Java HotSpot(TM) 64-Bit Server VM (build 25.202-b08, mixed mode)
```

图 2-18　Java 运行环境已安装

2. 下载 Maven

以 Windows 系统为例，从 http://maven.apache.org/download.cgi 下载 Maven 的安装包 apache-maven-3.6.1-bin.zip，如图 2-19 所示。

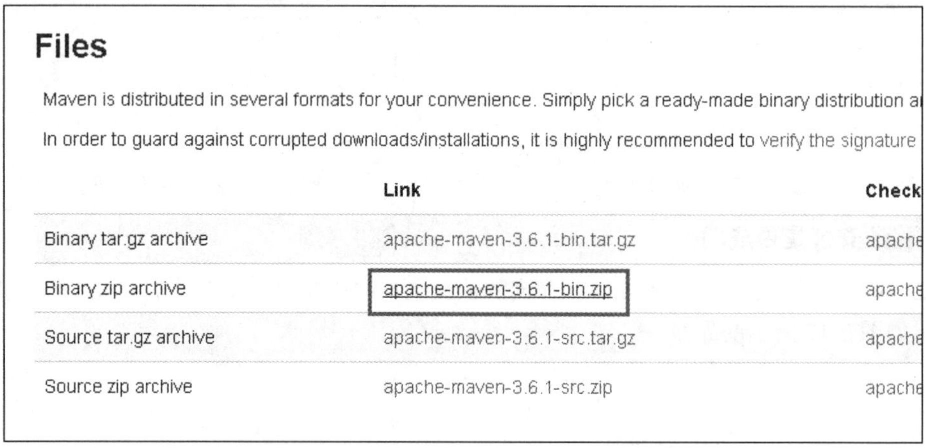

图 2-19　下载 Maven

3. Maven 环境配置

下载完成之后，解压安装到计算机 E 盘根目录下，这里以作者使用的 Maven 3.2.5 版本作为演示案例，配置方法是一样的，如图 2-20 所示。

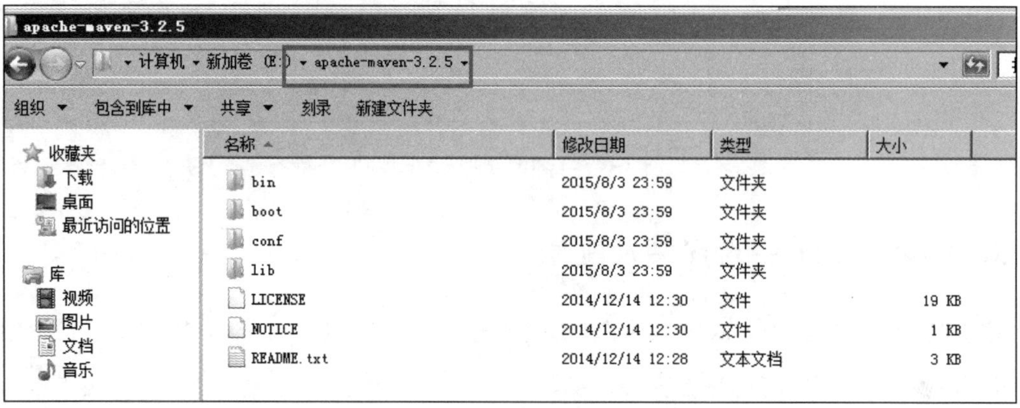

图 2-20　Maven 的解压

解压完成后，Maven 环境的配置可以按照以下步骤进行。

Step 01 在桌面上找到“计算机”并右击，在弹出的快捷菜单中单击“属性”选项，进入“系统属性”界面，选择“高级”选项卡，单击“环境变量”按钮，如图 2-21 所示。

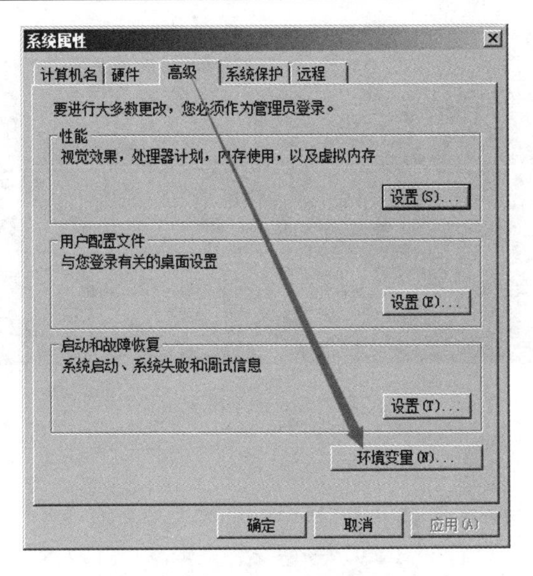

图 2-21　单击“环境变量”按钮

Step 02 打开“环境变量”界面，单击“新建”按钮，输入变量名 MAVEN_HOME，变量值为 Maven 解压目录，单击“确定”按钮，如图 2-22 所示。单击“新建”按钮，输入变量名“Path”，输入变量值“;%MAVEN_HOME%\bin;”，这个值放在路径的最后面，如图 2-23 所示。

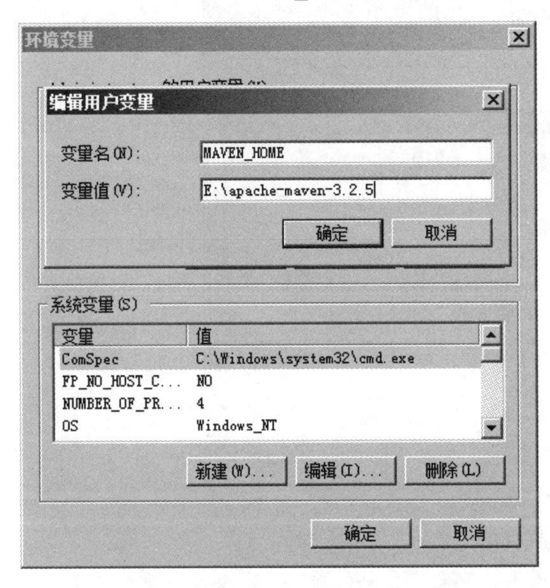

图 2-22　新建变量 MAVEN_HOME

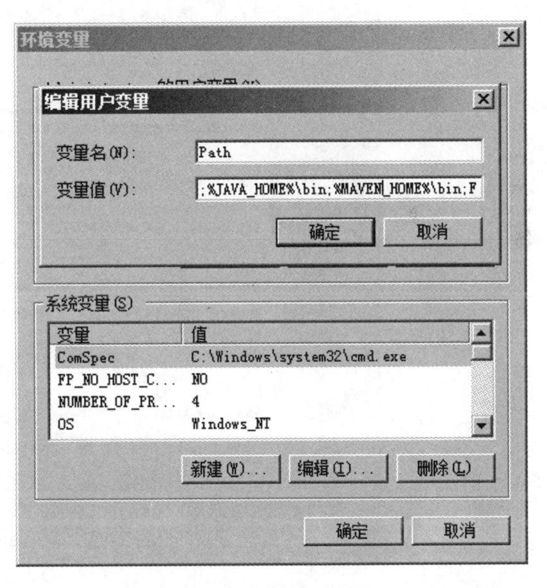

图 2-23　配置 Path

注　意

变量值的前后都有分号。

Step 03 验证配置是否正确。在命令行输入“mvn -version”或者“mvn -v”命令，如果出现版本信息，就表示配置成功，如图 2-24 所示。

```
管理员: C:\Windows\system32\cmd.exe
Microsoft Windows [版本 6.1.7601]
版权所有 (c) 2009 Microsoft Corporation。保留所有权利。

C:\Users\Administrator>mvn -v
Picked up JAVA_TOOL_OPTIONS: -Dfile.encoding=UTF-8
Apache Maven 3.2.5 (12a6b3acb947671f09b81f49094c53f426d8cea1; 2014-12-15T01:29:2
3+08:00)
Maven home: E:\apache-maven-3.2.5\bin\..
Java version: 1.8.0_202, vendor: Oracle Corporation
Java home: F:\Program Files\Java\jdk1.8.0_202\jre
Default locale: zh_CN, platform encoding: UTF-8
OS name: "windows 7", version: "6.1", arch: "amd64", family: "dos"
C:\Users\Administrator>
```

图 2-24　Maven 环境配置成功

4. 安装 Maven 插件

在 Eclipse 中单击 Help，选择 Eclipse Marketplace 选项，在 Find 栏中输入“maven”，选择 Maven Integration for Eclipse（Luna）1.5.0，等待安装完毕，如图 2-25 所示。若 Eclipse 中有 Maven 插件，则跳过这步操作。

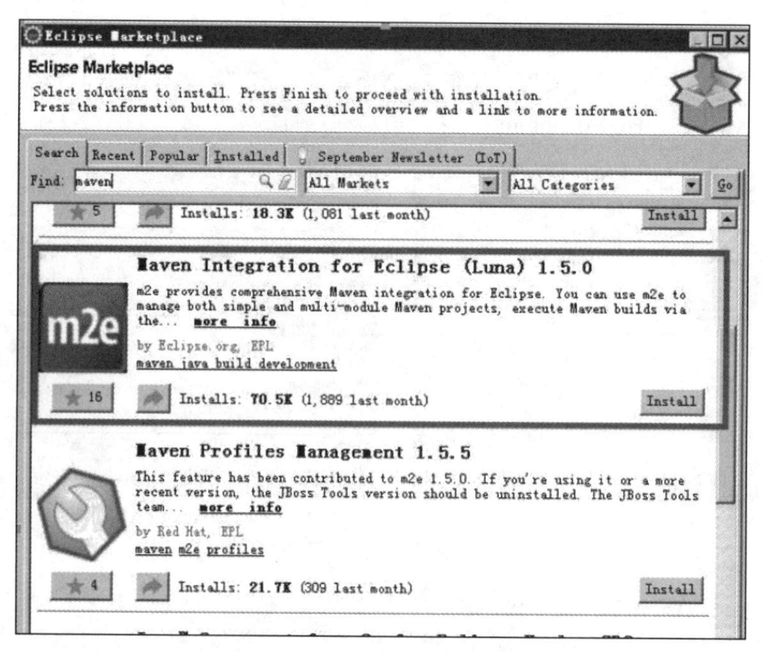

图 2-25　Maven 插件的安装

重启 Eclipse 后，Maven 插件安装完毕。

5. Eclipse 中的 Maven 设置

在 Eclipse 中单击 Windows，找到并单击 Preferences 选项，打开 Preferences 界面，找到 Maven 展开并单击 User Settings，配置私服仓库位置，如图 2-26 所示。

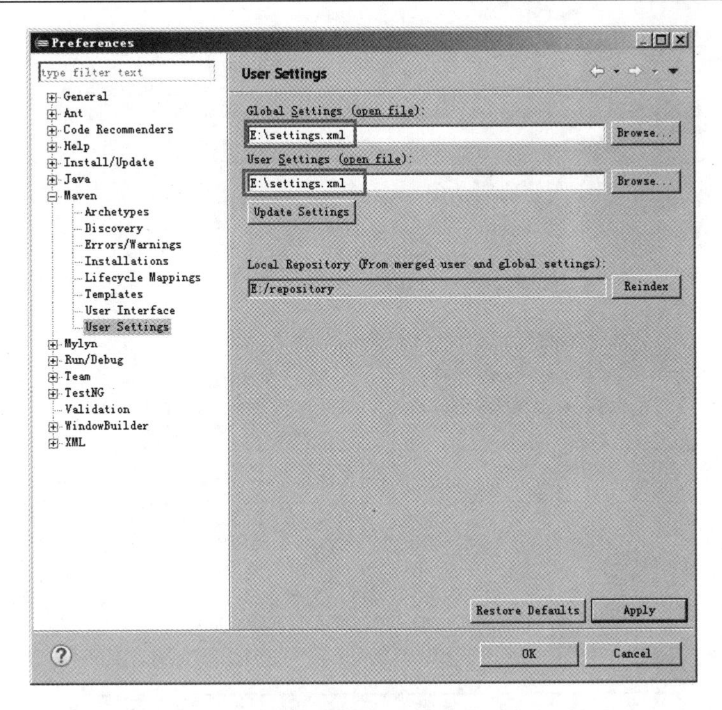

图 2-26　配置私服仓库

设置好之后，引用的 JAR 包就可以使用 Maven 私服进行统一管理了。

2.2.4　新建一个 Java 工程和测试类

基本开发环境已经安装完成了，下面我们来写一段程序吧。

首先，使用 Eclipse 创建一个 Java 项目，读者可以按照以下步骤进行操作：

Step 01 启动 Eclipse 之后，在左侧区域依次单击菜单选项 File→New，再选择 Java Project 选项，如图 2-27 所示。

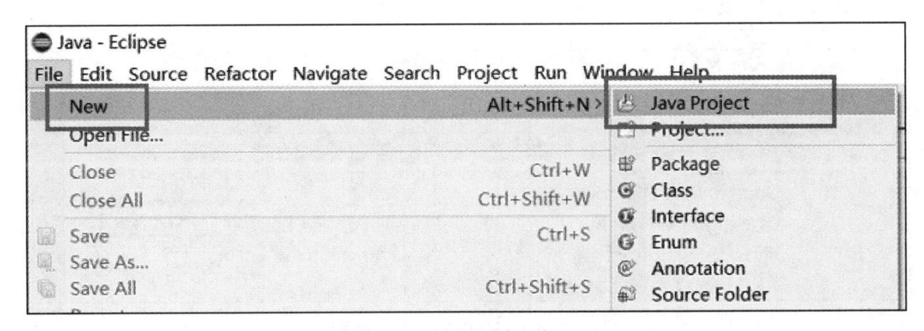

图 2-27　选择 Java Project

Step 02 在 New Java Project 界面的 Project name 栏中输入“JavaDemo”，再单击 Next 按钮，如图 2-28 所示。

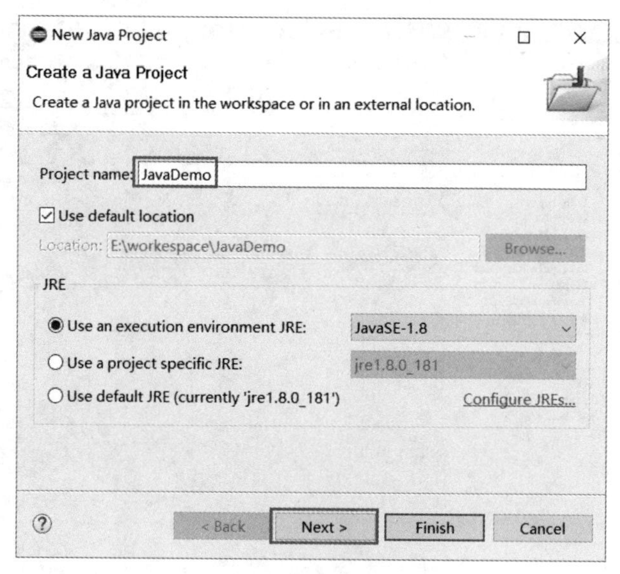

图 2-28　输入项目名

Step 03 单击 Finish 按钮，就完成了一个简单 Java 项目的创建过程，如图 2-29 所示。

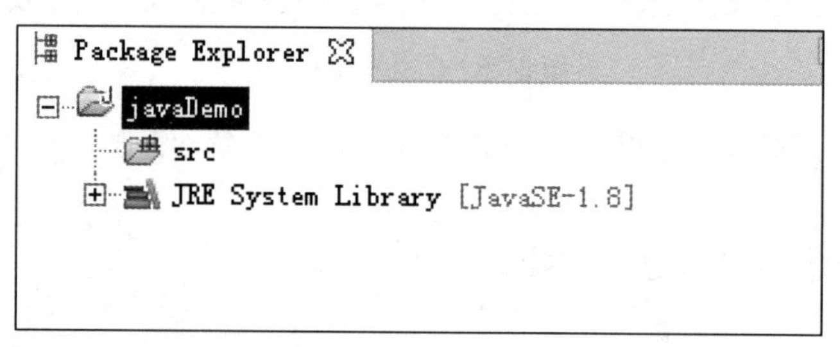

图 2-29　创建 Java 项目成功

接着，我们来创建一个包，读者可以按照以下步骤进行操作：

Step 01 选中 src 并右击，在弹出的快捷菜单中选择 New 选项，再选择 Package 选项，如图 2-30 所示。

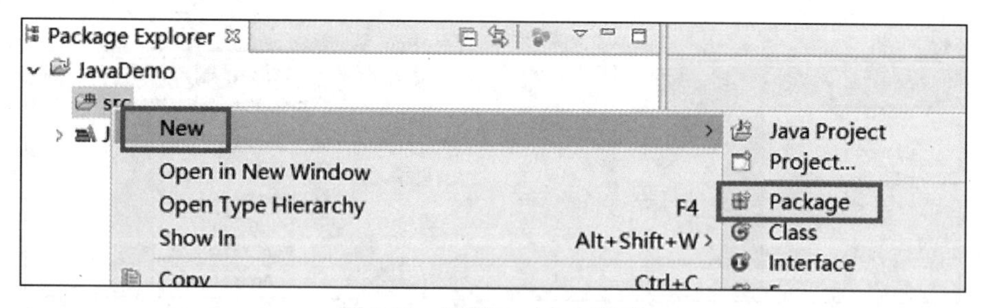

图 2-30　选择 Package 选项

Step 02 在 New Java Package 界面的 Name 栏中输入包名，如 com.demo.test，单击 Finish 按钮完成包的创建，如图 2-31 和图 2-32 所示。

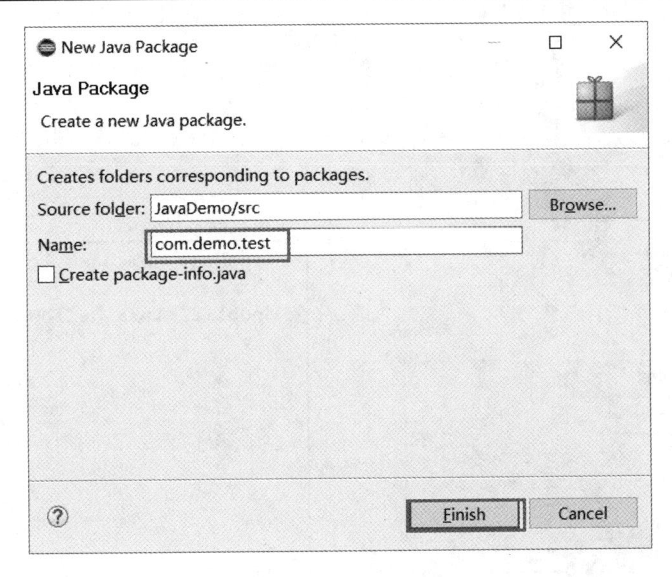

图 2-31　输入包名

图 2-32　创建包成功

接着，我们来创建一个测试类，读者可以按照以下步骤进行操作：

Step 01 选中刚才创建好的包并右击，在弹出的快捷菜单中单击 New 选项，再选择 Class 选项，如图 2-33 所示。

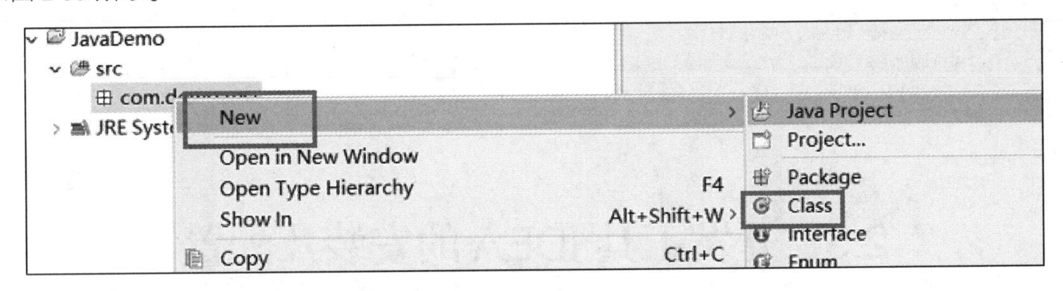

图 2-33　选择 Class 选项

Step 02 在 New Java Class 界面的 Name 栏中输入类名，如 HelloWorld，单击 Finish 按钮即可完成类的创建，如图 2-34 和图 2-35 所示。

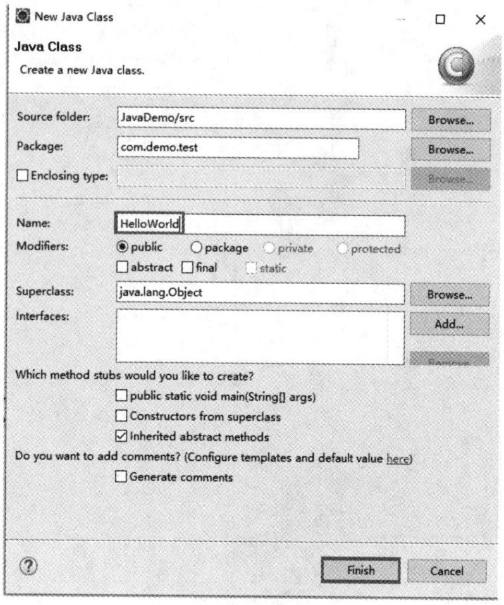

图2-34 输入类名

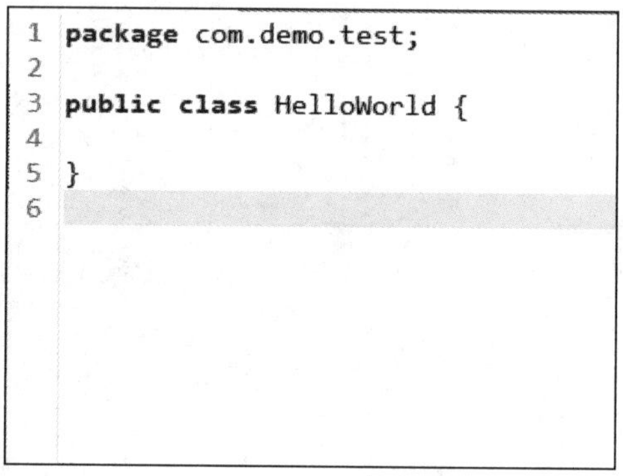

图2-35 创建类成功

Step 03 编写一小段代码，开启我们的编程之路。

具体示例代码如下：

```
package com.demo.test;

/**
 *
 * @author rongrong
 *    第一个程序
 *
 */
public class HelloWorld {
    public static void main(String[] args) {
        System.out.println("HelloWorld!");
    }
}
```

2.3 开发工具IDEA的安装及配置

IDEA是作者最喜欢的一款开发工具，是业界公认为最好的Java开发工具之一。

早期学Java时人们一般用Eclipse和MyEclipse这两款开发工具，虽说Eclipse是开源和免费的，但是在安装插件上并不是很理想，而MyEclipse作者从未用过，这两款作者都不太喜欢。这里作者强烈推荐IDEA这款开发工具，至于为什么，当你使用时间长了之后自然就知道它的强大和便捷了。

2.3.1　下载和安装 IDEA

1．下载安装

从官方网站（https://www.jetbrains.com/idea/download/#section=windows）下载 IDEA，版本主要分为社区版和商业版两种，商业版付费，功能多，社区版免费，功能少，这里我们选择商业版。

进入 IDEA 官网后，选择 Ultimate，单击 DOWNLOAD 按钮，如图 2-36 所示。

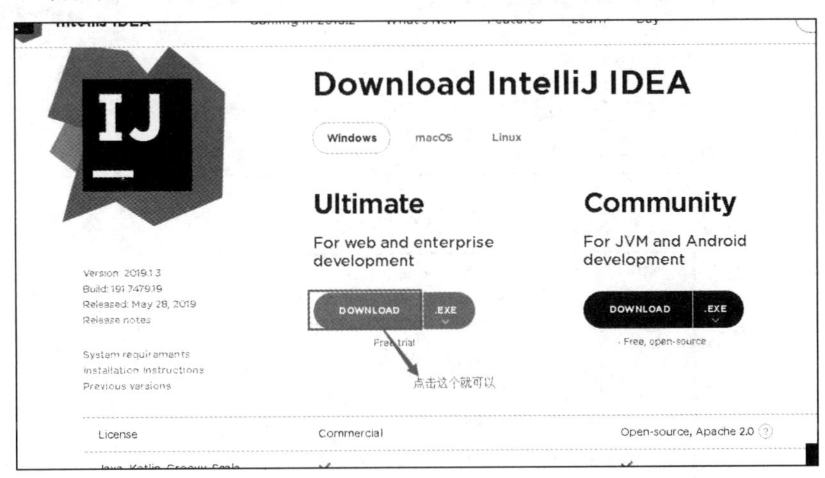

图 2-36　IDEA 的下载

下载成功后，一步一步安装即可，安装过程如图 2-37~图 2-42 所示。

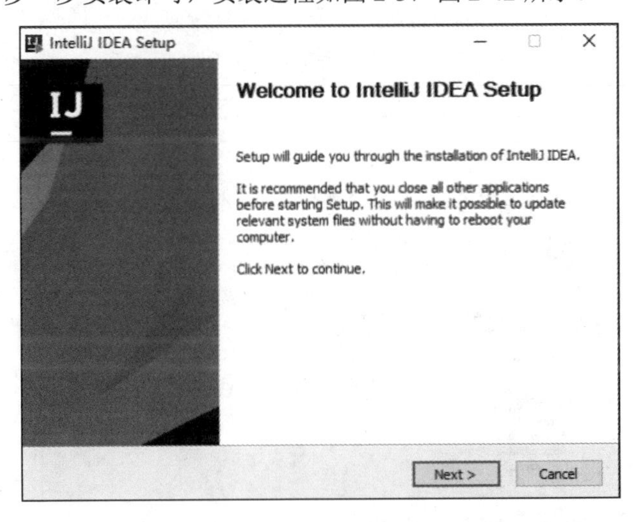

图 2-37　安装向导步骤 1

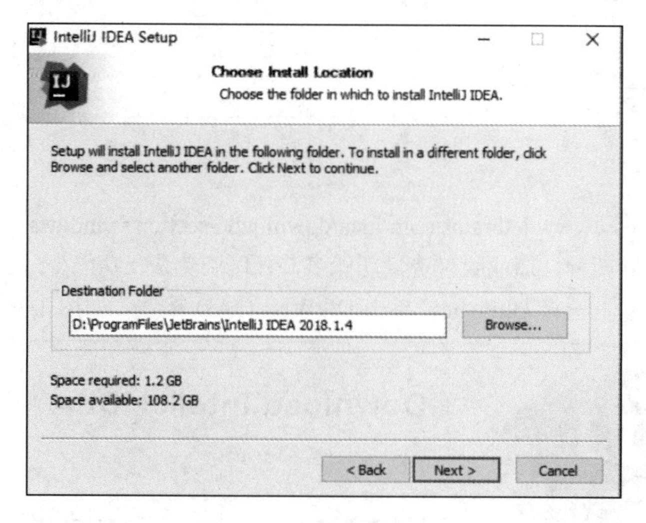

图 2-38　安装向导步骤 2

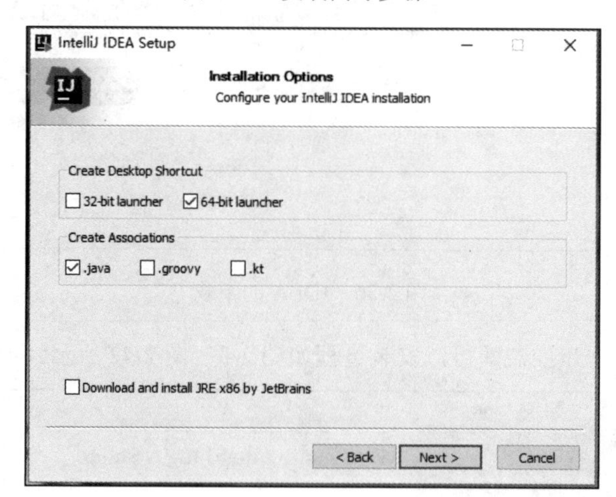

图 2-39　安装向导步骤 3

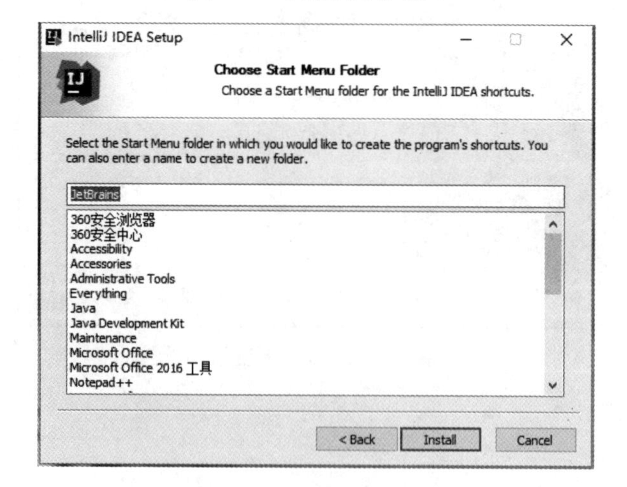

图 2-40　安装向导步骤 4

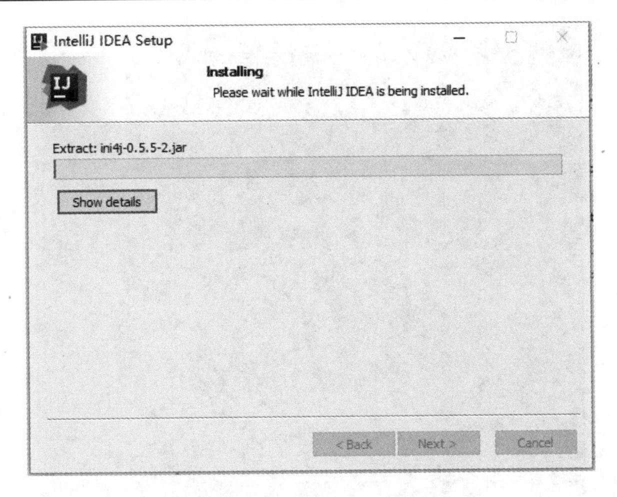

图 2-41　安装向导步骤 5

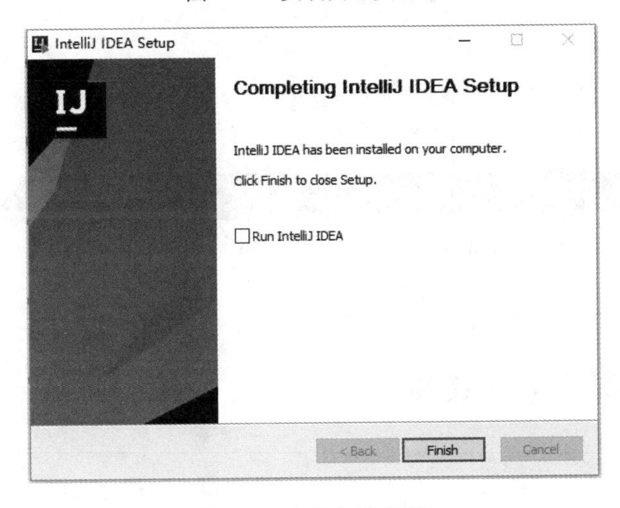

图 2-42　安装向导步骤 6

最后单击 Finish 按钮，就安装好了，这时会在桌面上生成一个 64 位的快捷图标，如图 2-43 所示。

图 2-43　安装成功后会在桌面上生成一个快捷图标

2. IDEA 激活

安装完成后，首次启动软件会弹出激活对话框，如图 2-44 所示，可采用注册码激活。

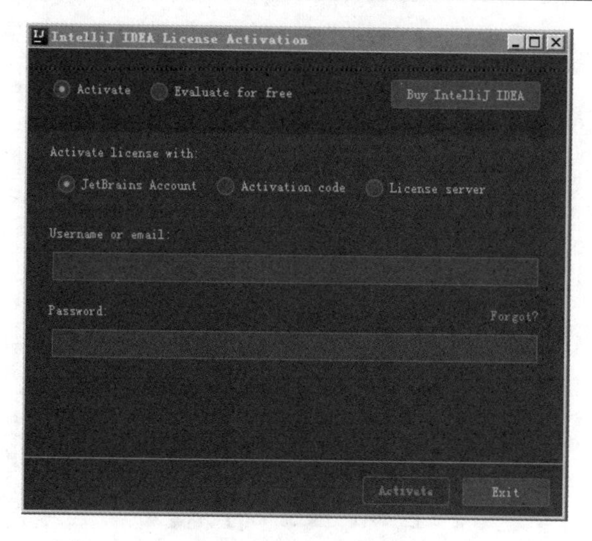

图 2-44 激活对话框

读者可从 https://www.jetbrains.com/idea/buy/#commercial?billing=yearly 购买正版注册码，复制并粘贴到 Activation code 中，单击 OK 按钮即可。

注 意

作者使用的是 2019.1.3 版本，有效期到 2020 年 6 月 5 日。官网购买的 JetBrains 全家桶的激活码，可以激活 JetBrains 全部的产品。

2.3.2 IDEA 主题和字体设置

刚安装好的 IDEA 主题的默认背景色是白色，字体也很小，看起来很不舒服。接下来我们一起修改 IDEA 的主题、字体样式和背景色。

1. 设置 IDEA 主题

按 Ctrl+Alt+S 快捷键，快速进入 Settings 界面，如图 2-45 所示。

在界面左侧单击 Appearance & Behavior 选项，再单击 Appearance 选项，在右侧的 Theme 下拉列表中可以看到有 Darcula、High contrast、IntelliJ 三个主题供选择，这里选择 IntelliJ，如图 2-46 所示。

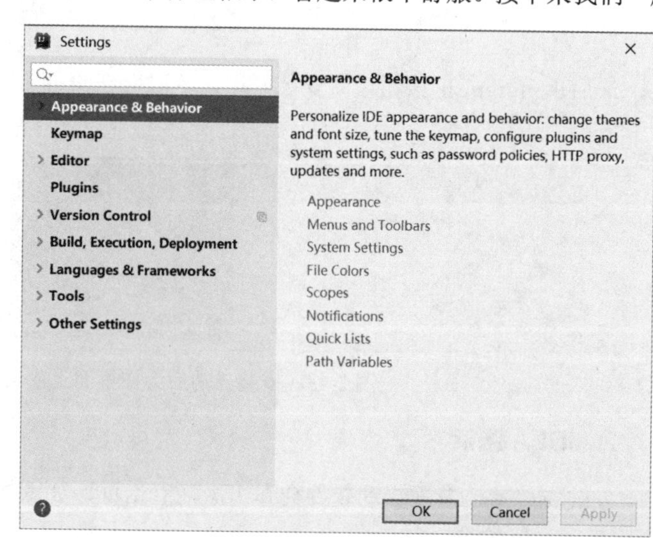

图 2-45 进入 Settings 界面

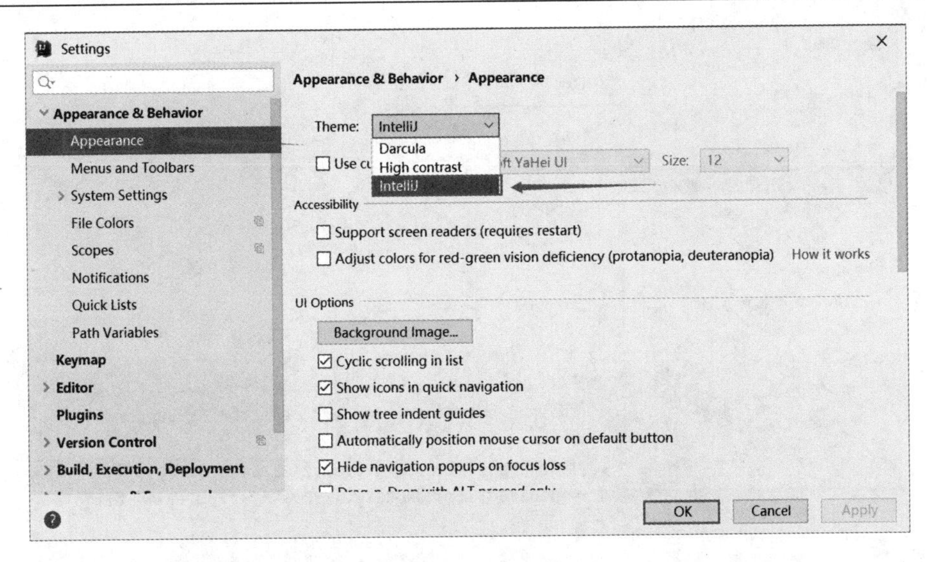

图 2-46　主题设置

注　意

大多数用户选择 Darcula 这款暗黑色主题，很炫酷。

2. 设置 IDEA 字体

在主题下方选择编码的字体和大小，如图 2-47 所示。

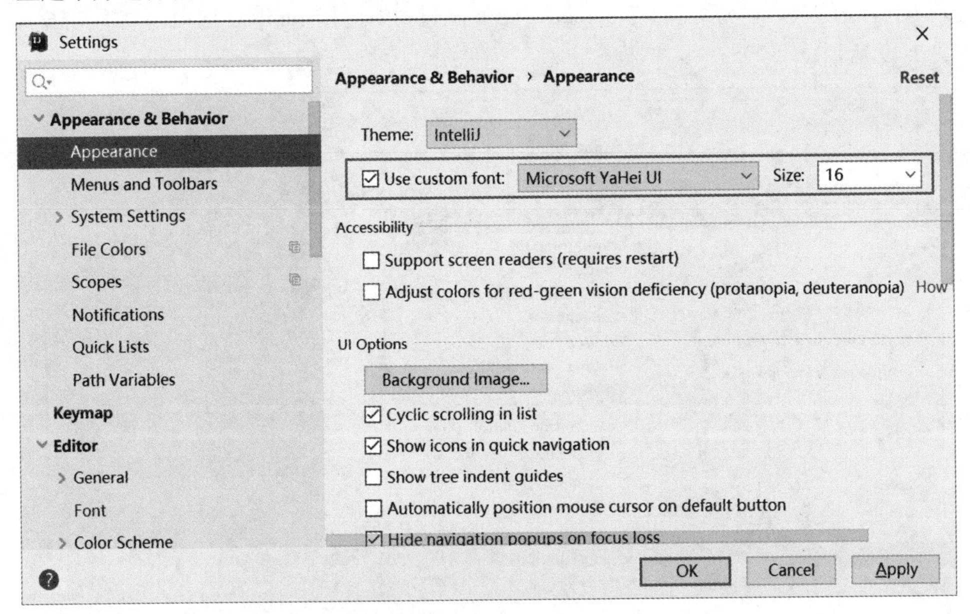

图 2-47　字体设置步骤 1

然后找到 Editor，展开后找到 Font，在右侧的 Size 栏处输入字体大小，如图 2-48 所示。

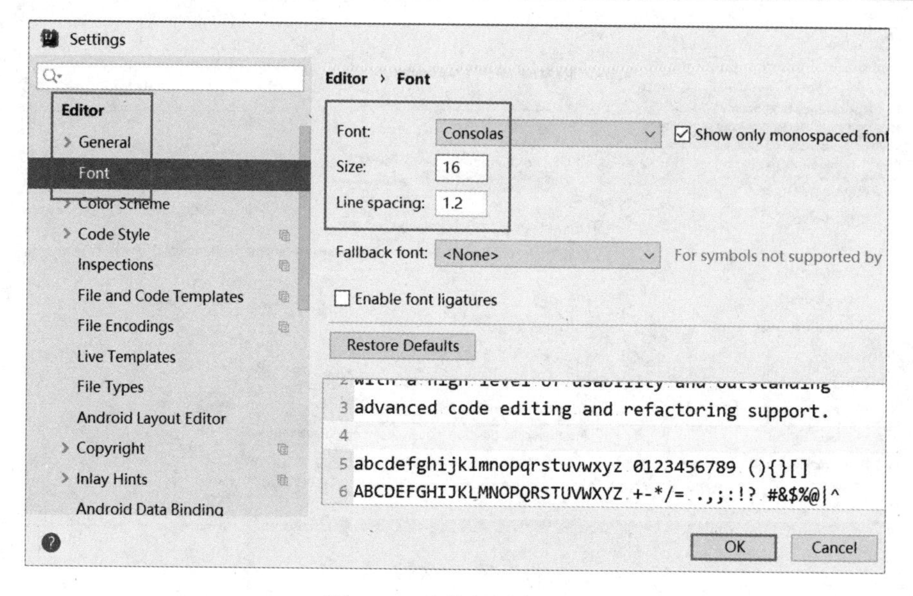

图 2-48　字体设置步骤 2

这样设置主题和字体后，工作界面看上去就变得舒服多了。

2.3.3　与 Eclipse 操作习惯进行同步的设置

进入 IDEA 设置项，然后选择 Keymap，在下拉列表中选择 Eclipse 选项，然后单击 Apply 按钮，如图 2-49 所示。

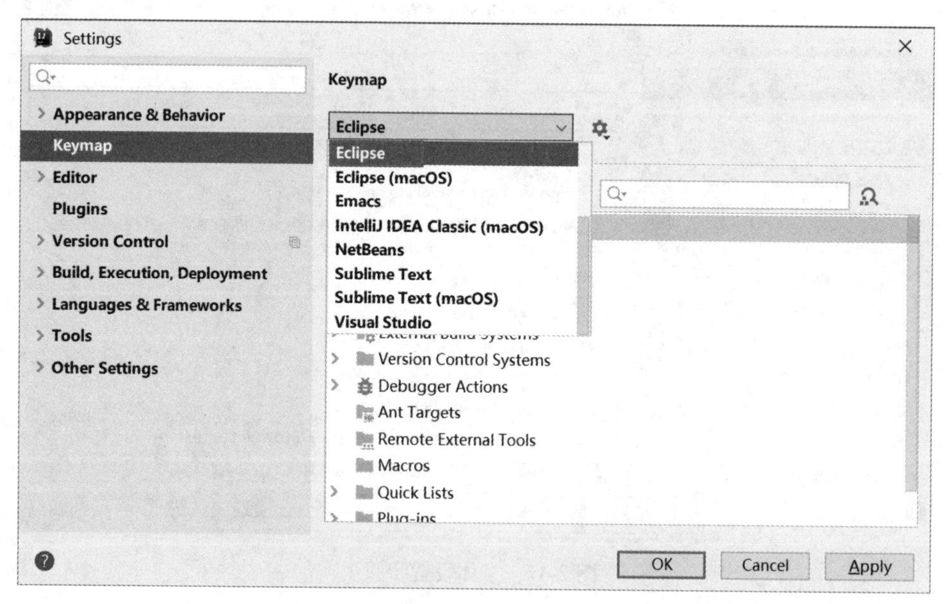

图 2-49　与 Eclipse 操作习惯进行同步的设置

2.3.4 IDEA 必备开发插件安装

好的插件会为工作助力不少，IDEA 的插件不仅高效，而且特别美观。下面为读者推荐几款常用的插件。

1．lombok

支持各种注解，从此不用再编写 GET 和 SET 方法了，可以把注解还原为原本的 Java 代码，非常方便。

2．GsonFormat

一键根据 JSON 文本生成 Java 类，特别方便。

3．Rainbow Brackets

彩虹颜色的括号，看着很舒服，层次清晰，提高了输入代码的效率。

4．activate-power-mode

打字飞快，可以让你的屏幕跳动起来，效果特别“炫”。

5．Grep console

自定义控制台日志颜色。

6．CodeGlance

类似 SublimeText 的 Mini Map 插件，小地图查看代码，特别方便好用。

7．Background Image Plus

该插件可以自定义背景，想想别人看到你的 IDE 背景是一个动漫人物会怎样羡慕。安装插件后，打开“View”选项，就可以看到“Set Background Image”选项，然后选择自己喜欢的图片即可。

8．Markdown Support

安装这个插件之后，编写 README.md 特别“舒服”。

2.3.5 IDEA 常用的快捷键

表 2-1 列出了 IDEA 常用的快捷键。

表 2-1　IDEA 常用的快捷键

快捷键名称	说　明
Alt+回车	导入包，自动修正
Ctrl+Alt+L	格式化代码
Ctrl+Alt+I	自动缩进
Ctrl+Alt+O	优化导入的类和包

（续表）

快捷键名称	说　明
Alt+Insert	生成代码（如 GET 方法、SET 方法、构造函数等）
Ctrl+E	最近更改的代码
Ctrl+Shift+Space	自动补全代码
Ctrl+空格	代码提示
Ctrl+Alt+Space	类名或接口名提示
Ctrl+P	方法参数提示
Ctrl+J	自动代码
Ctrl+Alt+T	把选中的代码放在 TRY{}、IF{}、ELSE{} 内
Ctrl+D	复制行
Ctrl+X	剪切、删除行
Ctrl+N	查找类
Ctrl+Shift+N	查找文件
Ctrl+Shift+Alt+N	查找类中的方法或变量
F7	步入
F8	步过
F9	恢复程序
fori/sout/psvm + Tab	for 循环和输出，main 方法快捷键
Ctrl + O	重写方法
Ctrl + I	实现方法
Ctr+Shift+U	字母大小写转化
Alt+/	代码提示

2.3.6 使用 IDEA 创建一个 Maven 项目

要使用 IDEA 创建 Maven 项目，读者可以按照以下步骤进行操作：

Step 01 单击 Create New Project 按钮，如图 2-50 所示。

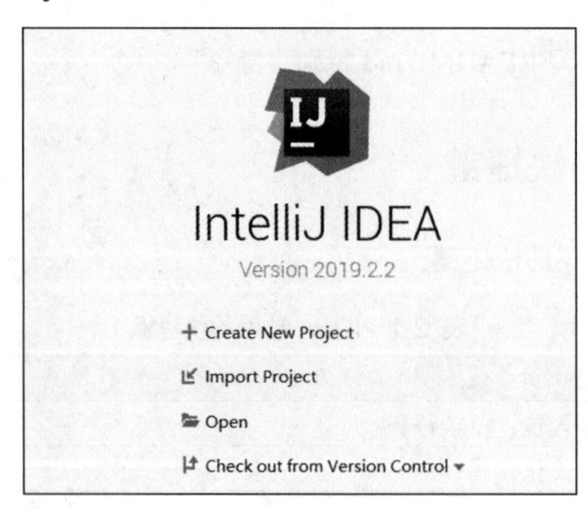

图 2-50　单击 Create New Project 按钮

Step 02　选择左边的 Maven，其他项保持默认设置即可，最后单击 Next 按钮，如图 2-51 所示。

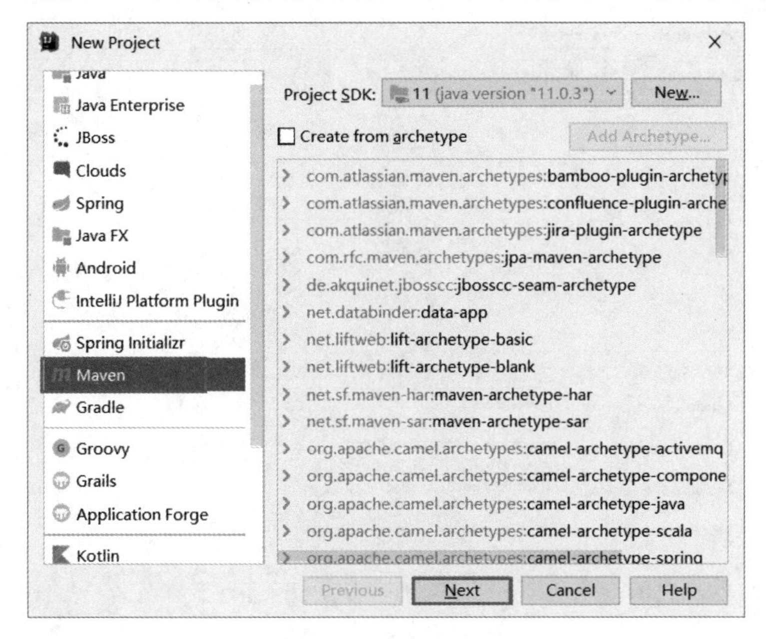

图 2-51　选择 Maven 项目

Step 03　填写 GroupId 和 ArtifactId（这里 GroupId 一般填写公司名，ArtifactId 一般填写项目名），然后单击 Next 按钮，如图 2-52 所示。

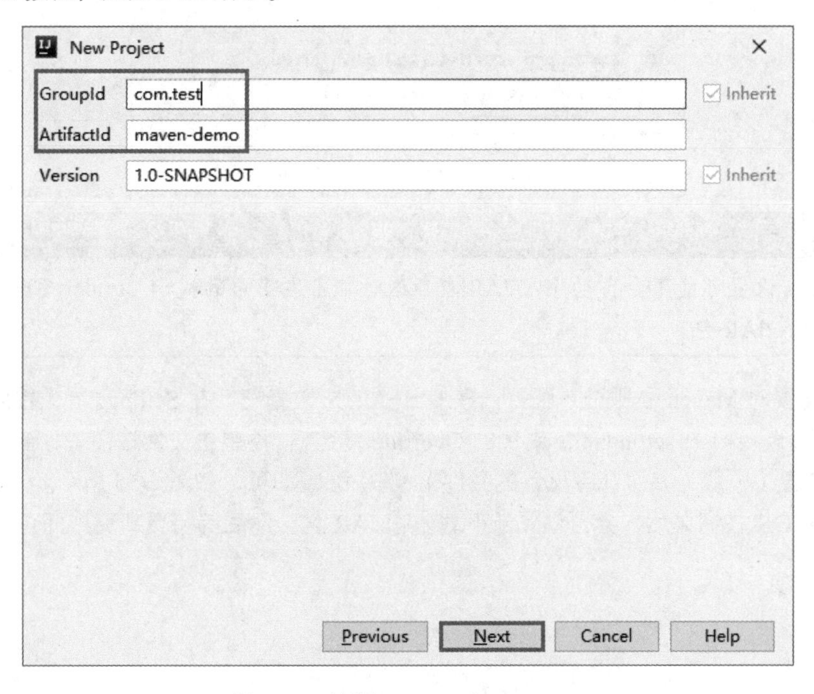

图 2-52　填写 GroupId 和 ArtifactId

Step 04　配置自己的 Maven，可以设置项目的路径，然后单击 Finish 按钮，如图 2-53 所示。

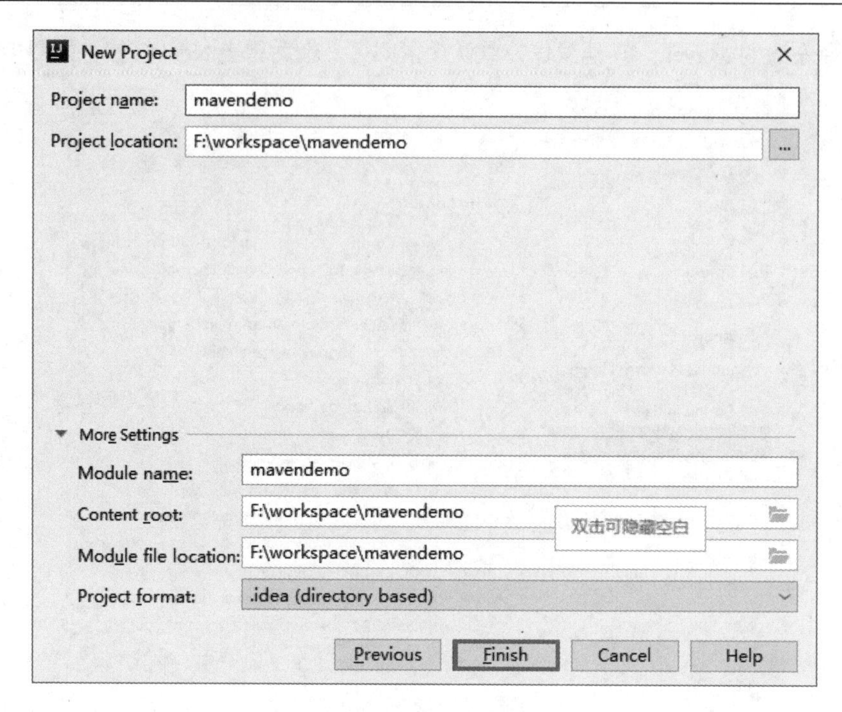

图 2-53　设置项目路径

Step 05 少安毋躁，等一等项目构建。最后，右下角会有提示信息，单击 Import Changes 即可，如图 2-54 所示。

图 2-54　等待项目构建完成

> **说　明**
>
> 有些 IDEA 设置可能不会自动导入 JAR 包，这时单击右下角的提示 “Import Changes” 即可正常导入 JAR 包。

Step 06 还需要对 Maven 私服进行配置，按 Ctrl+Alt+S 快捷键，在 Settings 界面搜索 maven，单击 Maven，然后选择 User settings file 右侧的 Override 复选框，再单击文件按钮 ，查找 settings.xml 文件所在的位置（一般为私服仓库配置的文件），选中配置即可，如图 2-55 所示。

Step 07 单击 OK 按钮之后，会自动更新下载依赖 JAR 包，然后等待更新完成即可。

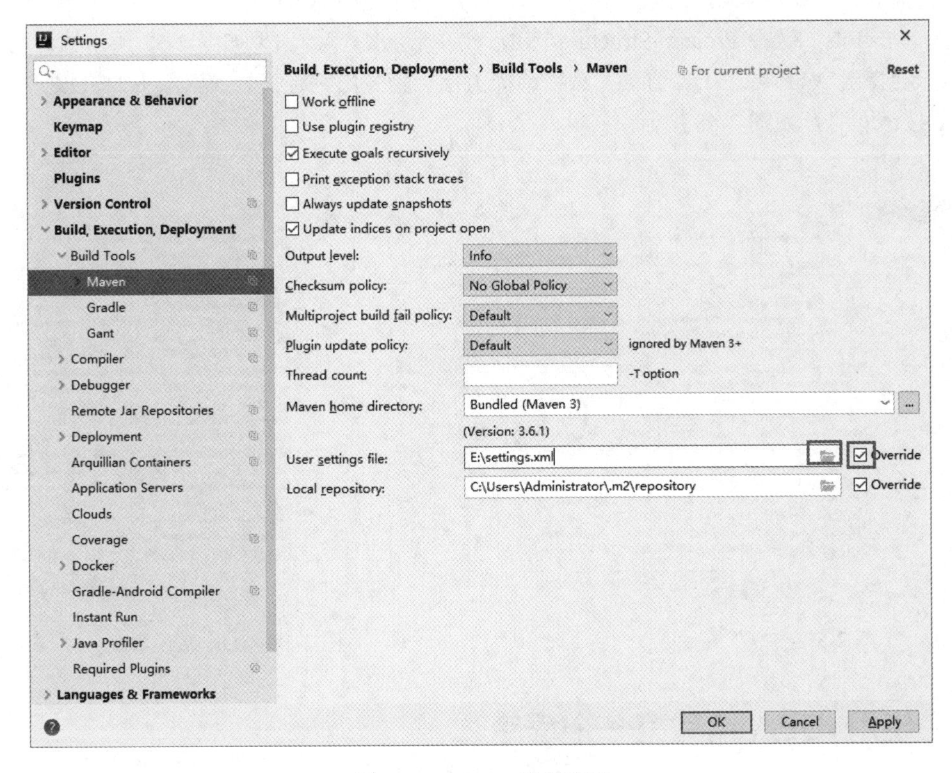

图 2-55　Maven 私服配置

2.3.7　IDEA 中项目的 JDK 设置

创建好项目后，我们来为项目设置 JDK，可以按照以下步骤进行操作：

Step 01　单击 File，选择 Settings 选项，进入设置页。找到 Build，Execution，Deployment 并展开，找到 Compiler 并展开，单击 Java Compiler，将当前项目 JDK 改成 1.8，如图 2-56 所示，再单击 Apply 按钮。

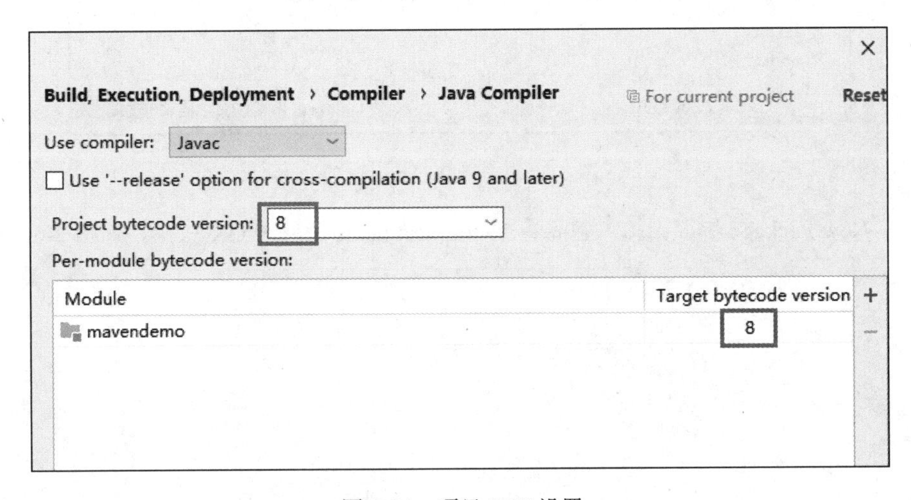

图 2-56　项目 JDK 设置

Step 02 单击 File，选择 Project Structure 选项，选中 SDKs，会出现如图 2-57 所示的界面，单击“+”标志会弹出 Add New SDK 界面。然后选择 JDK，会弹出路径框，找到本机的 JDK 安装路径，单击 OK 按钮即可，如图 2-58 所示。

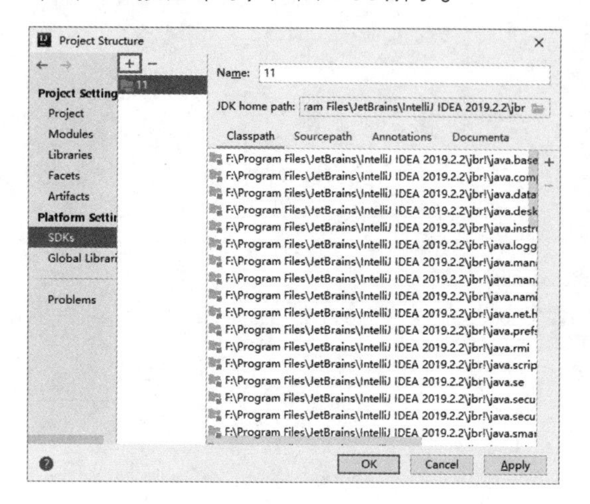

图 2-57 “+”显示

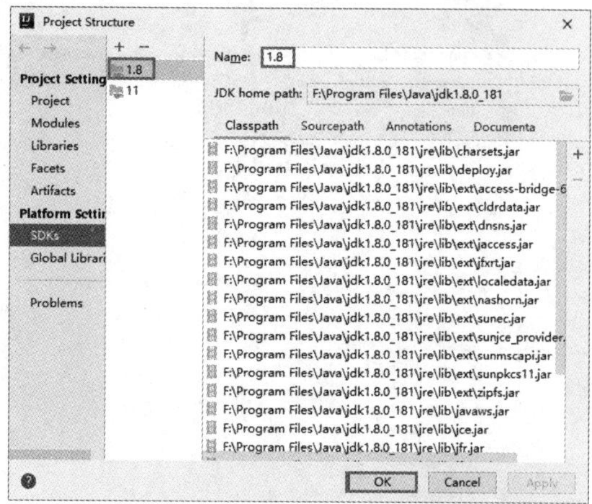

图 2-58 JDK 路径加载

2.3.8 使用 IDEA 编写第一个程序

本小节使用 IDEA 创建一个包，读者可以按照以下步骤进行操作：

Step 01 选中 src→main→java 并右击，在弹出的快捷菜单中单击 New 选项，再选择 Package 选项，如图 2-59 所示。

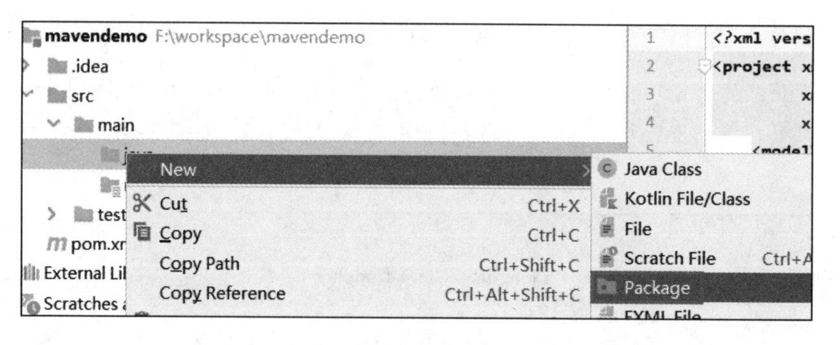

图 2-59 选择 Package 选项

Step 02 在 New Package 界面中输入包名，如 com.test.demo，单击 OK 按钮，如图 2-60 所示。

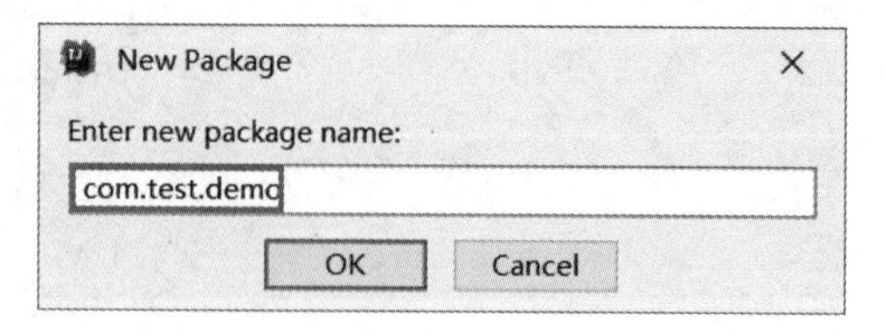

图 2-60 输入包名，完成包的创建

接下来，再创建一个测试类，可以按照以下步骤进行操作：

Step 01 选中刚才创建好的包并右击，在弹出的快捷菜单中单击 new 选项，再选择 Java Class 选项，如图 2-61 所示。

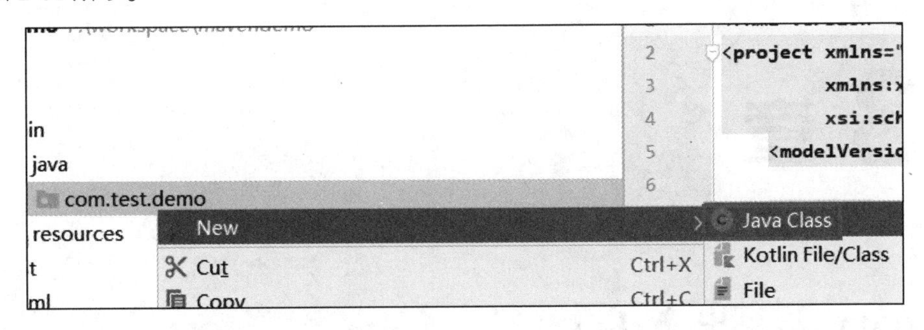

图 2-61　选择 Java Class 选项

Step 02 在 New Java Class 界面的 Name 栏中输入类名，如 HelloWorld，再单击 Class 选项即可完成类的创建，如图 2-62 所示。

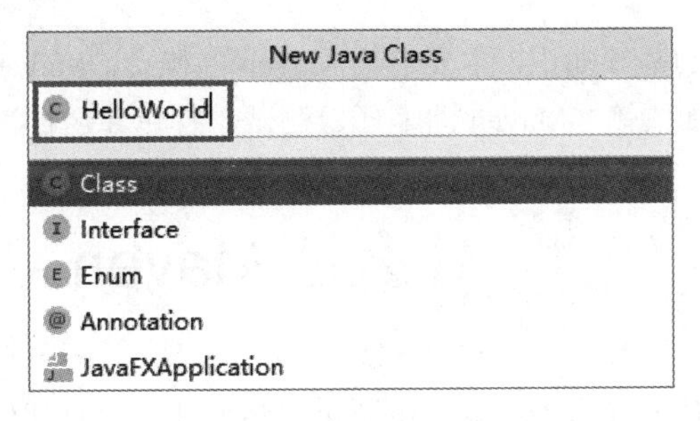

图 2-62　输入类名

Step 03 编写代码输出“HelloWorld!”。

至此，自动化开发环境搭建完成。

2.4　小　　结

本章主要介绍了自动化测试开发环境搭建的相关知识，包括 JDK、Maven 的安装和环境配置，开发工具 Eclipse、IDEA 的安装及配置，IDEA 常用插件、快捷键及如何使用 Eclipse 和 IDEA 工具编写程序等操作，为实际编写自动化测试脚本做了很好的铺垫。

通过本章的学习，读者应该能够掌握以下内容：

（1）JDK、Maven 的安装及环境配置。

（2）Eclipse 工具的使用、配置及程序的编写。

（3）IDEA 工具的使用、配置及程序的编写。

第 3 章

Maven 基础入门

本章介绍 Maven 入门的基础知识，主要包括 Maven 的概念，Maven 的仓库配置，pom 文件说明及如何在 pom 文件中添加依赖，Maven 的编译、测试、打包和运行等基本操作。

3.1 什么是 Maven

Maven 是一个项目构建和管理的工具，主要可以帮助我们进行代码编译、依赖管理，实现项目的一键构建。现在我们一起来学习 Maven 的使用。

3.2 为什么要使用 Maven

很多公司都喜欢采用 Maven 构建项目，为什么都喜欢使用 Maven 呢？

（1）使用 Maven 构建的项目，整个项目的体积小。

（2）Maven 项目不需要手动导入 JAR 包，通过在 pom.xml 中添加依赖会自动从 Maven 仓库下载 JAR 包，方便快捷。

（3）可以一键实现快速构建项目，完成编译、测试、运行、打包和安装过程。

（4）Maven 支持跨平台操作，可在 Windows、Linux 和 Mac 系统上使用。

（5）有利于提高团队的开发效率，降低项目维护成本，属于主流技术。

因此，一般公司都使用 Maven 来构建项目。

3.3　Maven 仓库的配置

说到 Maven 仓库，首先要清楚仓库地址的概念。仓库地址就是下载项目引用所需 JAR 包时用来存储这些包的本地路径。

3.3.1　仓库的分类

仓库一般分为如下三类：

- 本地仓库。
- 私服（公司的仓库）。
- 中央仓库。

3.3.2　三类仓库之间的关系

三类仓库之间的关系是：当我们在项目中依赖一个 JAR 包时，Maven 程序会先去本地仓库中查找，如果没找到，就回私服去查找，如果还是没有找到，最后就会去中央仓库查找并下载，其过程如图 3-1 所示。

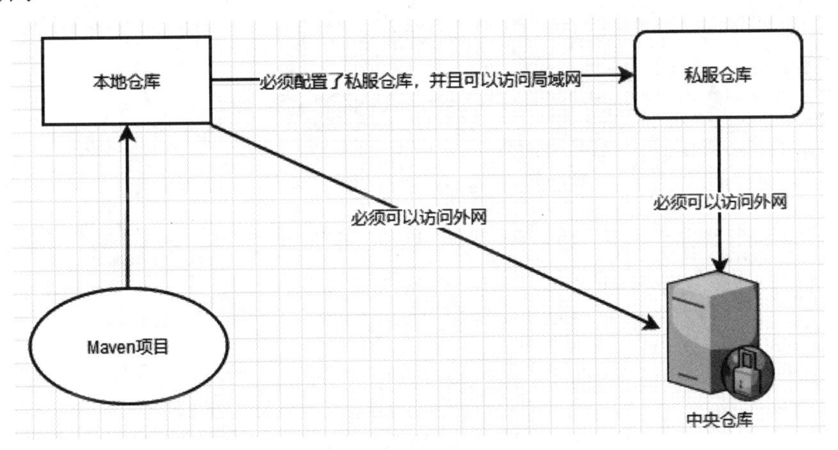

图 3-1　三类仓库之间的关系

3.3.3　本地仓库的配置

找到已安装的 Maven 路径，在 apache-maven-3.3.9\conf 目录下找到 settings.xml 文件，并使用 Notepad 打开，按 Ctrl+F 快捷键找到 localRepository 标签，将路径设置为 E:/repository，如图 3-2 所示。

```
<settings xmlns="http://maven.apache.org/SETTINGS/1.0.0"
          xmlns:xsi="http://www.w3.org/2001/XMLSchema-ins
          xsi:schemaLocation="http://maven.apache.org/SET
  <localRepository>E:/repository</localRepository>
  <pluginGroups>

  </pluginGroups>
```

图 3-2　本地仓库设置

说　明

关于路径可以自定义，只要不在系统盘就行，如果不设置，默认会下载到 C 盘用户的.m2 目录下。也可以把别人配置好的本地仓库下的所有文件，直接复制到自己设定的目录下。因为仓库一般很大，依赖较多时，首次下载需要很长一段时间。

3.4　配置 Maven 私服地址

在实际工作中，很多项目都会用到 Maven 私服仓库，由于公司都是统一化管理，要配置统一的私服仓库，因此需要在 setting.xml 中加入如下内容：

```
<mirrors>
    <mirror>
      <!--This is used to direct the public snapshots repo in the
          profile below over to a different nexus group -->
      <id>nexus-public-snapshots</id>
      <mirrorOf>public-snapshots</mirrorOf>
      <url>http://192.168.1.118:8888/nexus/content/repositories/
        apache-snapshots/</url>
    </mirror>
    <mirror>
      <!--This sends everything else to /public -->
      <id>nexus</id>
      <mirrorOf>*</mirrorOf>
      <url>http://maven.aliyun.com/nexus/content/groups/public/</url>
    </mirror>
  </mirrors>
```

3.5　pom 文件说明

pom.xml 文件一般描述了 Maven 项目的基本信息，至少需要包含 4 个元素：modelVersion、groupId、artifactId 和 version。

比如，一个基本的 pom.xml 文件内容如下：

```
<?xml version="1.0" encoding="UTF-8"?>
<project xmlns="http://maven.apache.org/POM/4.0.0"
         xmlns:xsi="http://www.w3.org/2001/XMLSchema-instance"
         xsi:schemaLocation="http://maven.apache.org/POM/4.0.0
```

```
        http://maven.apache.org/xsd/maven-4.0.0.xsd">
    <modelVersion>4.0.0</modelVersion>
    <groupId>com.test</groupId>          //当前项目的信息
    <artifactId>maven-demo</artifactId>
    <version>1.0-SNAPSHOT</version>      //SNAPSHOT（快照）表示该项目还在开发中
</project>
```

其中，主要的标签含义如下：

- project：pom.xml 文件中的顶层元素。
- modelVersion：指对象模型版本，一般很少改动。
- groupId：指创建项目组织的唯一标识。
- artifactId：本项目的唯一 ID。
- version：本项目目前所处的版本号。而 SNAPSHOT 版本用于说明项目处于开发阶段。

在实际项目编译构建时，需要添加编译及部署插件，具体内容如下。

```
<build>
      <plugins>
          <plugin>
              <groupId>org.apache.maven.plugins</groupId>
              <artifactId>maven-compiler-plugin</artifactId>    //编译插件
              <version>2.4.3</version>                          //插件的版本号
              <configuration>                    //对插件进行配置
                  <source>1.7</source>           //源代码编译版本
                  <target>1.7</target>           //目标平台编译版本
                  <encoding>UTF-8</encoding>     //设置插件或资源文件的编码方式
              </configuration>
          </plugin>
          <plugin>
              <groupId>org.apache.maven.plugins</groupId>
              <artifactId>maven-surefire-plugin</artifactId>
                                                 //执行测试用例的插件
              <version>2.17</version>            //插件的版本号
              <configuration>                    //对插件进行配置
                  <suiteXmlFiles>
                      <suiteXmlFile>${suiteXmlFile}</suiteXmlFile>
                                                 //测试套件执行路径
                  </suiteXmlFiles>
              </configuration>
          </plugin>
      </plugins>
  </build>
```

3.6 在 pom 文件中添加依赖 JAR 包

在实际开发中需要引用 JAR 包后再进行开发，那么怎样在 pom 中添加依赖呢？

3.6.1 手动添加依赖

如果想添加 testng.jar 包，那么可以按照以下步骤进行操作：

Step 01 可以访问网址 https://mvnrepository.com/，在搜索框中输入“testng”，按回车键，搜索 TestNG 依赖，如图 3-3 所示。

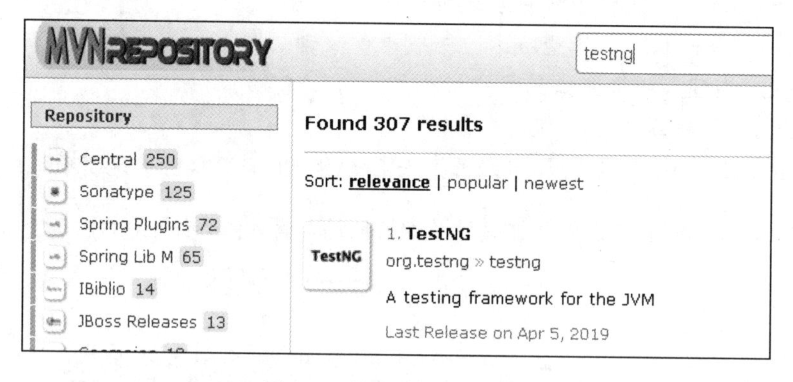

图 3-3　搜索 TestNG 依赖

Step 02 单击 TestNG 按钮，选择对应的版本，如 6.14.3，如图 3-4 所示。

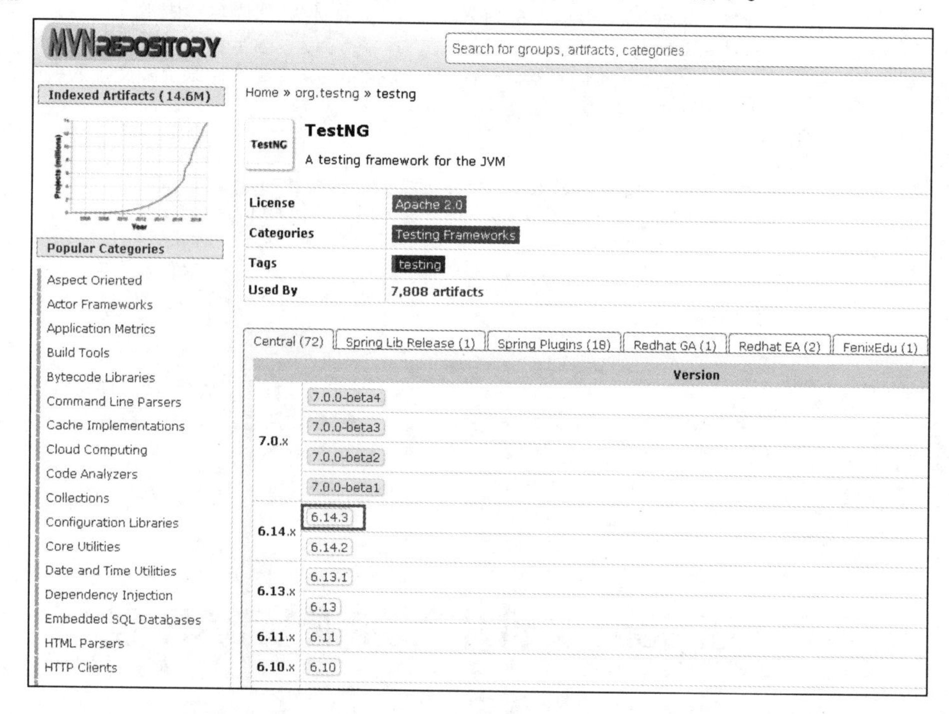

图 3-4　选择对应的版本

Step 03 复制框中的内容，如图 3-5 所示。

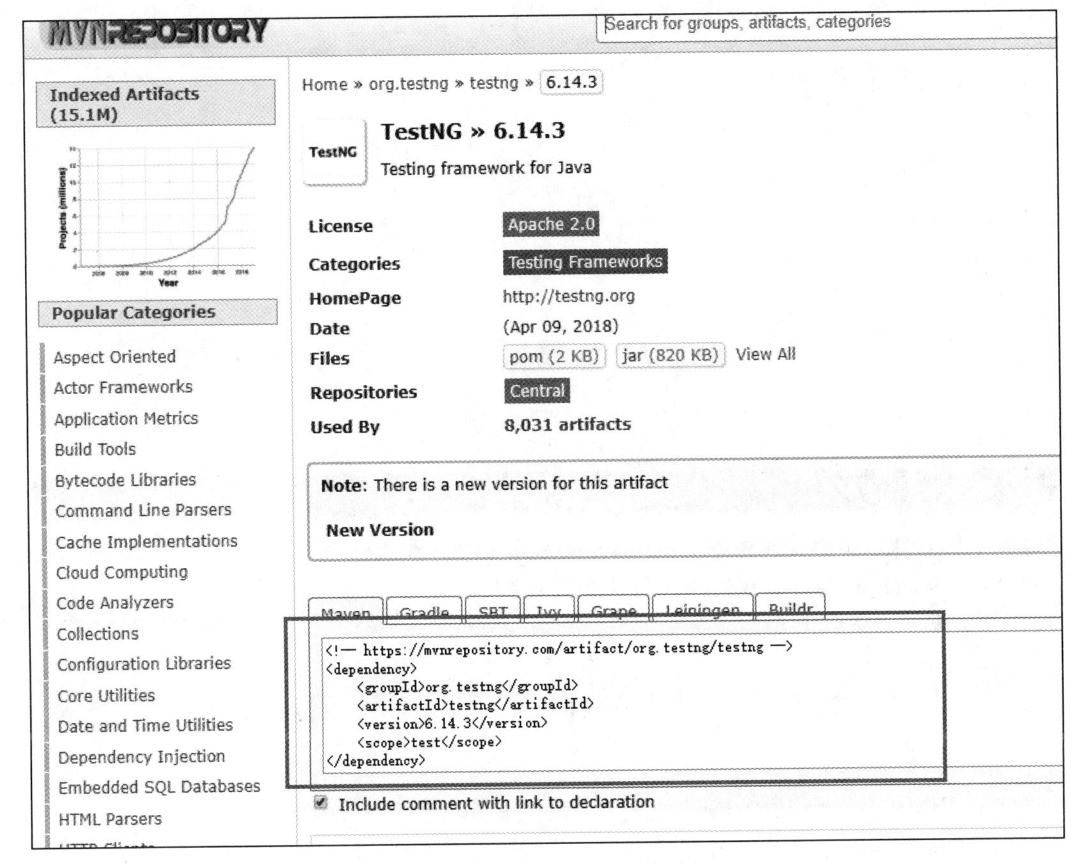

图 3-5 复制框中的内容

Step 04 在 pom 中添加依赖，将复制的内容粘贴到 pom 文件的 dependencies 标签内，如图 3-6 所示。

```xml
<dependencies>
    <!-- https://mvnrepository.com/artifact/org.testng/testng -->
    <dependency>
        <groupId>org.testng</groupId>
        <artifactId>testng</artifactId>
        <version>6.14.3</version>
        <scope>test</scope>
    </dependency>
</dependencies>
```

图 3-6 添加依赖

3.6.2 Maven 项目的目录结构

在命令行定位到项目根目录，使用 tree 命令查看，结果如下：

```
F:\mavendemo>tree
卷 新加卷 的文件夹 PATH 列表
卷序列号为 5C5B-6DDB
```

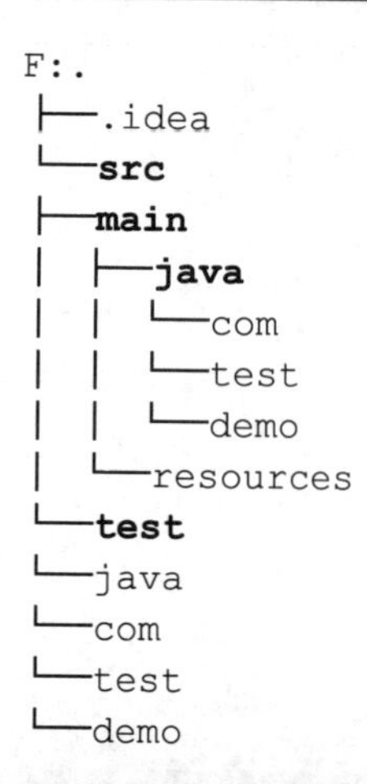

注 意

上面加粗斜线显示的是目录名，src/main/java 用于存放源代码，src/main/test 用于存放测试代码，src/target 用于存放编译、打包后的文件。

3.7 使用 Maven 编译和测试

在实际工作中，主要使用 Maven 的工作场景在编译和测试中居多。

下面举例说明 Maven 的编译和测试。

3.7.1 编写一个主类

创建一个名为 com.test.demo 的包。在这个包下新建一个名为 HelloWorld 的类，具体示例代码如下：

```
package com.test.demo;

public class HelloWorld {

    public String sayHello() {
        return "Hello World";
    }

    public static void main( String[] args ) {
        System.out.println(new HelloWorld().sayHello());
    }

}
```

3.7.2　编写一个测试类

创建一个名为 TestHelloWorld 的测试类，具体示例代码如下：

```
package com.test.demo;
import org.testng.Assert;
import org.testng.annotations.Test;
public class TestHelloWorld {

    @Test
    public void testSayHello() {
        HelloWorld helloWorld = new HelloWorld();
        String result = helloWorld.sayHello();
        Assert.assertEquals("Hello World", result);
    }
}
```

3.7.3　编译和测试

在命令行定位到项目根目录下，执行命令 mvn clean compile 后，输出的结果信息如下：

```
Picked up JAVA_TOOL_OPTIONS: -Dfile.encoding=UTF-8
[INFO] Scanning for projects...
[INFO]
[INFO] ------------------------------------------------------------------------
[INFO] Building maven-demo 1.0-SNAPSHOT
[INFO] ------------------------------------------------------------------------
[INFO]
[INFO] --- maven-clean-plugin:2.5:clean (default-clean) @ maven-demo ---
[INFO] Deleting F:\mavendemo\target
[INFO]
[INFO] --- maven-resources-plugin:2.6:resources (default-resources) @
    maven-demo ---
[WARNING] Using platform encoding (UTF-8 actually) to copy filtered resources,
  i.e. build is platform dependent!
[INFO] Copying 0 resource
[INFO]
[INFO] --- maven-compiler-plugin:2.5.1:compile (default-compile)
  @ maven-demo ---
[WARNING] File encoding has not been set, using platform encoding UTF-8, i.e.
  build is platform dependent!
[INFO] Compiling 1 source file to F:\mavendemo\target\classes
[INFO] ------------------------------------------------------------------------
[INFO] BUILD SUCCESS
[INFO] ------------------------------------------------------------------------
[INFO] Total time: 1.336 s
[INFO] Finished at: 2019-06-23T17:33:29+08:00
[INFO] Final Memory: 13M/309M
[INFO] ------------------------------------------------------------------------
```

注　意

clean 的意思是清理输出目录 target 下生成的 JAR 包文件，而 compile 是编译项目主代码。

然后，用 Maven 来测试刚才编写的测试用例，执行命令 mvn clean test 后，输出的结果信息如下：

```
Picked up JAVA_TOOL_OPTIONS: -Dfile.encoding=UTF-8
[INFO] Scanning for projects...
[INFO]
[INFO] ------------------------------------------------------------------------
[INFO] Building maven-demo 1.0-SNAPSHOT
[INFO] ------------------------------------------------------------------------
[INFO]
[INFO] --- maven-clean-plugin:2.5:clean (default-clean) @ maven-demo ---
[INFO] Deleting F:\mavendemo\target
[INFO]
[INFO] --- maven-resources-plugin:2.6:resources (default-resources)
 @ maven-demo ---
[WARNING] Using platform encoding (UTF-8 actually) to copy filtered resources,
 i.e. build is platform dependent!
[INFO] Copying 0 resource
[INFO]
[INFO] --- maven-compiler-plugin:2.5.1:compile (default-compile)
 @ maven-demo ---
[WARNING] File encoding has not been set, using platform encoding UTF-8, i.e.
 build is platform dependent!
[INFO] Compiling 1 source file to F:\mavendemo\target\classes
[INFO]
[INFO] --- maven-resources-plugin:2.6:testResources (default-testResources)
 @ maven-demo ---
[WARNING] Using platform encoding (UTF-8 actually) to copy filtered resources,
 i.e. build is platform dependent!
[INFO] skip non existing resourceDirectory F:\mavendemo\src\test\resources
[INFO]
[INFO] --- maven-compiler-plugin:2.5.1:testCompile (default-testCompile)
 @ maven-demo ---
[WARNING] File encoding has not been set, using platform encoding UTF-8, i.e.
 build is platform dependent!
[INFO] Compiling 1 source file to F:\mavendemo\target\test-classes
[INFO]
[INFO] --- maven-surefire-plugin:2.17:test (default-test) @ maven-demo ---
[INFO] ------------------------------------------------------------------------
[INFO] BUILD SUCCESS
[INFO] ------------------------------------------------------------------------
[INFO] Total time: 2.032 s
[INFO] Finished at: 2019-06-23T17:27:28+08:00
[INFO] Final Memory: 15M/309M
[INFO] ------------------------------------------------------------------------
```

3.7.4 打包和运行

打包就是将我们编写的应用打成 JAR 包或者 WAR 包的形式，执行命令 mvn clean package 就可以完成打包。执行命令 mvn clean package 后，输出的结果信息如下：

```
Picked up JAVA_TOOL_OPTIONS: -Dfile.encoding=UTF-8
[INFO] Scanning for projects...
[INFO]
[INFO] ------------------------------------------------------------------------
[INFO] Building maven-demo 1.0-SNAPSHOT
```

```
[INFO] ------------------------------------------------------------------------
[INFO]
[INFO] --- maven-clean-plugin:2.5:clean (default-clean) @ maven-demo ---
[INFO] Deleting F:\mavendemo\target
[INFO]
[INFO] --- maven-resources-plugin:2.6:resources (default-resources)
 @ maven-demo ---
[WARNING] Using platform encoding (UTF-8 actually) to copy filtered resources,
 i.e. build is platform dependent!
[INFO] Copying 0 resource
[INFO]
[INFO] --- maven-compiler-plugin:2.5.1:compile (default-compile)
 @ maven-demo ---
[WARNING] File encoding has not been set, using platform encoding UTF-8, i.e.
 build is platform dependent!
[INFO] Compiling 1 source file to F:\mavendemo\target\classes
[INFO]
[INFO] --- maven-resources-plugin:2.6:testResources (default-testResources)
 @ maven-demo ---
[WARNING] Using platform encoding (UTF-8 actually) to copy filtered resources,
 i.e. build is platform dependent!
[INFO] skip non existing resourceDirectory F:\mavendemo\src\test\resources
[INFO]
[INFO] --- maven-compiler-plugin:2.5.1:testCompile (default-testCompile)
 @ maven-demo ---
[WARNING] File encoding has not been set, using platform encoding UTF-8,
 i.e. build is platform dependent!
[INFO] Compiling 1 source file to F:\mavendemo\target\test-classes
[INFO]
[INFO] --- maven-surefire-plugin:2.17:test (default-test) @ maven-demo ---
[INFO] Surefire report directory: F:\mavendemo\test-output
-------------------------------------------------------
 T E S T S-------------------------------------------------------
Running com.test.demo.TestHelloWorld
Configuring TestNG with: TestNG652Configurator
Tests run: 1, Failures: 0, Errors: 0, Skipped: 0, Time elapsed: 0.498 sec
 - in com.test.demo.TestHelloWorld
Picked up JAVA_TOOL_OPTIONS: -Dfile.encoding=UTF-8

Results :

Tests run: 1, Failures: 0, Errors: 0, Skipped: 0

[INFO]
[INFO] --- maven-jar-plugin:2.4:jar (default-jar) @ maven-demo ---
[INFO] Building jar: F:\mavendemo\target\maven-demo-1.0-SNAPSHOT.jar
[INFO] ------------------------------------------------------------------------
[INFO] BUILD SUCCESS
[INFO] ------------------------------------------------------------------------
[INFO] Total time: 3.356 s
[INFO] Finished at: 2019-06-23T17:46:00+08:00
[INFO] Final Memory: 17M/311M
[INFO] ------------------------------------------------------------------------
```

运行完后，会在 target 目录下生成对应的 JAR 包文件，如图 3-7 所示。

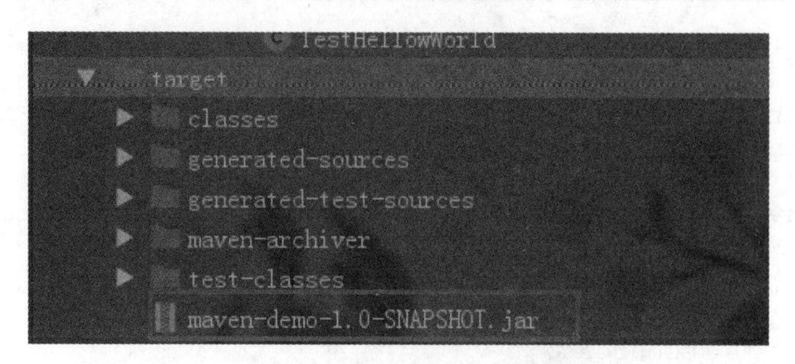

图 3-7 执行打包命令后生成的 JAR 包文件

如果别的项目要引用这个 JAR 包，我们可以直接这个 JAR 包复制到对应项目的 CLASSPATH 中。但是，这并不是一个好的解决办法，也违背了我们想要自动解决依赖的初衷。

所以，怎样才能让其他项目直接引用这个 JAR 包呢？我们执行命令 mvn clean install 后即可完成引用，具体输出的结果信息如下：

```
Picked up JAVA_TOOL_OPTIONS: -Dfile.encoding=UTF-8
[INFO] Scanning for projects...
[INFO]
[INFO] ------------------------------------------------------------------------
[INFO] Building maven-demo 1.0-SNAPSHOT
[INFO] ------------------------------------------------------------------------
[INFO]
[INFO] --- maven-clean-plugin:2.5:clean (default-clean) @ maven-demo ---
[INFO] Deleting F:\mavendemo\target
[INFO]
[INFO] --- maven-resources-plugin:2.6:resources (default-resources)
  @ maven-demo ---
[WARNING] Using platform encoding (UTF-8 actually) to copy filtered resources,
  i.e. build is platform dependent!
[INFO] Copying 0 resource
[INFO]
[INFO] --- maven-compiler-plugin:2.5.1:compile (default-compile)
   @ maven-demo ---
[WARNING] File encoding has not been set, using platform encoding UTF-8, i.e.
  build is platform dependent!
[INFO] Compiling 1 source file to F:\mavendemo\target\classes
[INFO]
[INFO] --- maven-resources-plugin:2.6:testResources (default-testResources)
  @ maven-demo ---
[WARNING] Using platform encoding (UTF-8 actually) to copy filtered resources,
  i.e. build is platform dependent!
[INFO] skip non existing resourceDirectory F:\mavendemo\src\test\resources
[INFO]
[INFO] --- maven-compiler-plugin:2.5.1:testCompile (default-testCompile)
  @ maven-demo ---
[WARNING] File encoding has not been set, using platform encoding UTF-8,
  i.e. build is platform dependent!
[INFO] Compiling 1 source file to F:\mavendemo\target\test-classes
[INFO]
[INFO] --- maven-surefire-plugin:2.17:test (default-test) @ maven-demo ---
[INFO] Surefire report directory: F:\mavendemo\test-output
-------------------------------------------------------
 T E S T S-----------------------------------------------
Running com.test.demo.TestHelloWorld
Configuring TestNG with: TestNG652Configurator
```

```
Tests run: 1, Failures: 0, Errors: 0, Skipped: 0, Time elapsed: 0.611
  sec - in com.test.demo.TestHelloWorld
Picked up JAVA_TOOL_OPTIONS: -Dfile.encoding=UTF-8

Results :

Tests run: 1, Failures: 0, Errors: 0, Skipped: 0

[INFO]
[INFO] --- maven-jar-plugin:2.4:jar (default-jar) @ maven-demo ---
[INFO] Building jar: F:\mavendemo\target\maven-demo-1.0-SNAPSHOT.jar
[INFO]
[INFO] --- maven-install-plugin:2.4:install (default-install) @ maven-demo ---
[INFO] Installing F:\mavendemo\target\maven-demo-1.0-SNAPSHOT.jar to
E:\repository\com\test\maven-demo\1.0-SNAPSHOT\maven-demo-1.0-SNAPSHOT.jar
[INFO] Installing F:\mavendemo\pom.xml to
E:\repository\com\test\maven-demo\1.0-SNAPSHOT\maven-demo-1.0-SNAPSHOT.pom
[INFO] ------------------------------------------------------------------------
[INFO] BUILD SUCCESS
[INFO] ------------------------------------------------------------------------
[INFO] Total time: 4.643 s
[INFO] Finished at: 2019-06-23T20:39:34+08:00
[INFO] Final Memory: 16M/211M
[INFO] ------------------------------------------------------------------------
```

3.7.5 使用 Archetype 生成项目

执行命令 mvn archetype:generate，可创建一个基本的 Maven 项目。

我们需要先定位创建项目的根目录，从盘符开始，在命令行输入如下命令：

```
mkdir demotest（创建项目目录）
cd demotest（定位到项目根目录下）
mvn archetype:generate（执行创建命令）
```

第一次运行时，mvn 会自动下载一些必要的文件到“本地仓库”。我们可以在下载过程中到用户目录的.m2\repository 下查看，这时会发现多了很多文件。

下载完成后会进入交互模式，提示用户输入一些基本信息，类似下面这样：

```
F:\demotest>mvn archetype:generate
Picked up JAVA_TOOL_OPTIONS: -Dfile.encoding=UTF-8
[INFO] Scanning for projects...
[INFO]
[INFO] ------------------------------------------------------------------------
[INFO] Building Maven Stub Project (No POM) 1
[INFO] ------------------------------------------------------------------------
[INFO]
[INFO] >>> maven-archetype-plugin:3.0.0:generate (default-cli)
  > generate-sources @ standalone-pom >>>
[INFO]
[INFO] <<< maven-archetype-plugin:3.0.0:generate (default-cli)
  < generate-sources @ standalone-pom <<<
[INFO]
[INFO] --- maven-archetype-plugin:3.0.0:generate (default-cli)
  @ standalone-pom ---
Downloading: https://repo.maven.apache.org/maven2/org/apache/maven/shared/
```

```
  maven-artifact-transfer/0.9.0/maven-artifact-transfer-0.9.0.pom
Downloaded: https://repo.maven.apache.org/maven2/org/apache/maven/shared/
maven-artifact-transfer/0.9.0/maven-artifact-transfer-0.9.0.pom (8 KB at 5.4
KB/sec)
Downloading: https://repo.maven.apache.org/maven2/org/apache/maven/shared/
  maven-common-artifact-filters/3.0.0/maven-common-artifact-filters-3.0.0.
  pom
Downloaded: https://repo.maven.apache.org/maven2/org/apache/maven/shared/
  maven-common-artifact-filters/3.0.0/maven-common-artifact-filters-3.0.0.
  pom (5 KB at 10.1 KB/sec)
Downloading: https://repo.maven.apache.org/maven2/org/apache/maven/shared/
  maven-shared-components/22/maven-shared-components-22.pom
Downloaded: https://repo.maven.apache.org/maven2/org/apache/maven/shared/
  maven-shared-components/22/maven-shared-components-22.pom (5 KB at 11.2
  KB/sec)
Downloading: https://repo.maven.apache.org/maven2/org/apache/maven/wagon/
  wagon-provider-api/2.8/wagon-provider-api-2.8.pom
Downloaded: https://repo.maven.apache.org/maven2/org/apache/maven/wagon/
  wagon-provider-api/2.8/wagon-provider-api-2.8.pom (2 KB at 3.8 KB/sec)
Downloading: https://repo.maven.apache.org/maven2/org/apache/maven/wagon/
  wagon/2.8/wagon-2.8.pom
Downloaded: https://repo.maven.apache.org/maven2/org/apache/maven/wagon/
  wagon/2.8/wagon-2.8.pom (19 KB at 41.0 KB/sec)
Downloading: https://repo.maven.apache.org/maven2/org/codehaus/groovy/
  groovy/1.8.3/groovy-1.8.3.pom
Downloaded: https://repo.maven.apache.org/maven2/org/codehaus/groovy/
  groovy/1.8.3/groovy-1.8.3.pom (32 KB at 26.9 KB/sec)
Downloading: https://repo.maven.apache.org/maven2/antlr/antlr/2.7.7/
  antlr-2.7.7.pom
Downloaded: https://repo.maven.apache.org/maven2/antlr/antlr/2.7.7/
  antlr-2.7.7.pom (0 B at 0.0 KB/sec)
Downloading: https://repo.maven.apache.org/maven2/asm/asm/3.2/asm-3.2.pom
Downloaded: https://repo.maven.apache.org/maven2/asm/asm/3.2/asm-3.2.pom
  (0 B at 0.0 KB/sec)
Downloading: https://repo.maven.apache.org/maven2/asm/asm-parent/3.2/
  asm-parent-3.2.pom
Downloaded: https://repo.maven.apache.org/maven2/asm/asm-parent/3.2/
  asm-parent-3.2.pom (0 B at 0.0 KB/sec)
Downloading: https://repo.maven.apache.org/maven2/asm/asm-commons/3.2/
  asm-commons-3.2.pom
Downloaded: https://repo.maven.apache.org/maven2/asm/asm-commons/3.2/
  asm-commons-3.2.pom (0 B at 0.0 KB/sec)
Downloading: https://repo.maven.apache.org/maven2/asm/asm-tree/3.2/
  asm-tree-3.2.pom
Downloaded: https://repo.maven.apache.org/maven2/asm/asm-tree/3.2/
  asm-tree-3.2.pom (0 B at 0.0 KB/sec)
Downloading: https://repo.maven.apache.org/maven2/asm/asm-util/3.2/
  asm-util-3.2.pom
Downloaded: https://repo.maven.apache.org/maven2/asm/asm-util/3.2/
  asm-util-3.2.pom (0 B at 0.0 KB/sec)
Downloading: https://repo.maven.apache.org/maven2/asm/asm-analysis/3.2/
  asm-analysis-3.2.pom
Downloaded: https://repo.maven.apache.org/maven2/asm/asm-analysis/3.2/
  asm-analysis-3.2.pom (0 B at 0.0 KB/sec)
Downloading: https://repo.maven.apache.org/maven2/org/codehaus/plexus/
  plexus-interactivity-api/1.0-alpha-6/plexus-interactivity-api-1.0-
  alpha-6.pom
Downloaded: https://repo.maven.apache.org/maven2/org/codehaus/plexus/
  plexus-interactivity-api/1.0-alpha-6/plexus-interactivity-api-1.0-alpha-
```

```
  6.pom (0 B at 0.0 KB/sec)
Downloading: https://repo.maven.apache.org/maven2/org/codehaus/plexus/
  plexus-interactivity/1.0-alpha-6/plexus-interactivity-1.0-alpha-6.pom
Downloaded: https://repo.maven.apache.org/maven2/org/codehaus/plexus/
plexus-interactivity/1.0-alpha-6/plexus-interactivity-1.0-alpha-6.pom
(0 B at 0.0 KB/sec)
Downloading: https://repo.maven.apache.org/maven2/org/codehaus/plexus/
  plexus-components/1.1.9/plexus-components-1.1.9.pom
Downloaded: https://repo.maven.apache.org/maven2/org/codehaus/plexus/
  plexus-components/1.1.9/plexus-components-1.1.9.pom (0 B at 0.0 KB/sec)
Downloading: https://repo.maven.apache.org/maven2/org/apache/maven/shared/
  maven-script-interpreter/1.0/maven-script-interpreter-1.0.pom
Downloaded: https://repo.maven.apache.org/maven2/org/apache/maven/shared/
  maven-script-interpreter/1.0/maven-script-interpreter-1.0.pom (4 KB at 8.0
  KB/sec)
Downloading: https://repo.maven.apache.org/maven2/org/apache/ant/ant/1.8.1/
  ant-1.8.1.pom
Downloaded: https://repo.maven.apache.org/maven2/org/apache/ant/ant/1.8.1/
  ant-1.8.1.pom (0 B at 0.0 KB/sec)
Downloading: https://repo.maven.apache.org/maven2/org/apache/ant/
  ant-parent/1.8.1/ant-parent-1.8.1.pom
Downloaded: https://repo.maven.apache.org/maven2/org/apache/ant/ant-parent/
  1.8.1/ant-parent-1.8.1.pom (0 B at 0.0 KB/sec)
Downloading: https://repo.maven.apache.org/maven2/org/apache/maven/
  archetype/archetype-catalog/3.0.0/archetype-catalog-3.0.0.jar
Downloading: https://repo.maven.apache.org/maven2/net/sourceforge/jchardet/
  jchardet/1.0/jchardet-1.0.jar
Downloading: https://repo.maven.apache.org/maven2/org/apache/maven/
  archetype/archetype-common/3.0.0/archetype-common-3.0.0.jar
Downloading: https://repo.maven.apache.org/maven2/org/apache/maven/
  archetype/archetype-descriptor/3.0.0/archetype-descriptor-3.0.0.jar
Downloading: https://repo.maven.apache.org/maven2/jdom/jdom/1.0/
  jdom-1.0.jar
Downloaded: https://repo.maven.apache.org/maven2/org/apache/maven/
  archetype/archetype-catalog/3.0.0/archetype-catalog-3.0.0.jar (19 KB at
  39.7 KB/sec)
Downloading: https://repo.maven.apache.org/maven2/org/codehaus/groovy/
  groovy/1.8.3/groovy-1.8.3.jar
Downloaded: https://repo.maven.apache.org/maven2/jdom/jdom/1.0/
jdom-1.0.jar (0 B at 0.0 KB/sec)
Downloading: https://repo.maven.apache.org/maven2/antlr/antlr/2.7.7/
  antlr-2.7.7.jar
Downloaded: https://repo.maven.apache.org/maven2/antlr/antlr/2.7.7/
  antlr-2.7.7.jar (0 B at 0.0 KB/sec)
Downloading: https://repo.maven.apache.org/maven2/asm/asm/3.2/asm-3.2.jar
Downloaded: https://repo.maven.apache.org/maven2/net/sourceforge/jchardet/
  jchardet/1.0/jchardet-1.0.jar (26 KB at 26.5 KB/sec)
Downloading: https://repo.maven.apache.org/maven2/asm/asm-commons/3.2/
  asm-commons-3.2.jar
Downloaded: https://repo.maven.apache.org/maven2/org/apache/maven/
  archetype/archetype-descriptor/3.0.0/archetype-descriptor-3.0.0.jar (24 KB
  at 20.6 KB/sec)
Downloading: https://repo.maven.apache.org/maven2/asm/asm-util/3.2/
  asm-util-3.2.jar
Downloaded: https://repo.maven.apache.org/maven2/asm/asm-util/3.2/
  asm-util-3.2.jar (0 B at 0.0 KB/sec)
Downloading: https://repo.maven.apache.org/maven2/asm/asm-analysis/
  3.2/asm-analysis-3.2.jar
Downloaded: https://repo.maven.apache.org/maven2/asm/asm-analysis/
```

```
3.2/asm-analysis-3.2.jar (0 B at 0.0 KB/sec)
Downloading: https://repo.maven.apache.org/maven2/asm/asm-tree/
  3.2/asm-tree-3.2.jar
Downloaded: https://repo.maven.apache.org/maven2/asm/asm-commons/3.2/
  asm-commons-3.2.jar (33 KB at 20.2 KB/sec)
Downloading: https://repo.maven.apache.org/maven2/org/codehaus/plexus/
  plexus-utils/3.0.21/plexus-utils-3.0.21.jar
Downloaded: https://repo.maven.apache.org/maven2/asm/asm-tree/3.2/
  asm-tree-3.2.jar (22 KB at 10.6 KB/sec)
Downloading: https://repo.maven.apache.org/maven2/org/codehaus/plexus/
  plexus-interactivity-api/1.0-alpha-6/plexus-interactivity-api-1.0-alpha-
  6.jar
Downloaded: https://repo.maven.apache.org/maven2/asm/asm/3.2/asm-3.2.jar
(43 KB at 19.6 KB/sec)
Downloading: https://repo.maven.apache.org/maven2/org/apache/maven/
  shared/maven-invoker/2.2/maven-invoker-2.2.jar
Downloaded: https://repo.maven.apache.org/maven2/org/codehaus/plexus/
  plexus-interactivity-api/1.0-alpha-6/plexus-interactivity-api-1.0-alpha-
  6.jar (12 KB at 4.7 KB/sec)
Downloading: https://repo.maven.apache.org/maven2/org/apache/maven/shared/
  maven-artifact-transfer/0.9.0/maven-artifact-transfer-0.9.0.jar
Downloaded: https://repo.maven.apache.org/maven2/org/apache/maven/shared/
  maven-invoker/2.2/maven-invoker-2.2.jar (30 KB at 8.3 KB/sec)
Downloading: https://repo.maven.apache.org/maven2/org/apache/maven/shared/
  maven-common-artifact-filters/3.0.0/maven-common-artifact-filters-
  3.0.0.jar
Downloaded: https://repo.maven.apache.org/maven2/org/codehaus/plexus/
  plexus-utils/3.0.21/plexus-utils-3.0.21.jar (240 KB at 56.1 KB/sec)
Downloading: https://repo.maven.apache.org/maven2/org/apache/maven/shared/
  maven-script-interpreter/1.0/maven-script-interpreter-1.0.jar
Downloaded: https://repo.maven.apache.org/maven2/org/apache/maven/shared/
  maven-artifact-transfer/0.9.0/maven-artifact-transfer-0.9.0.jar (121 KB at
  27.4 KB/sec)
Downloading: https://repo.maven.apache.org/maven2/org/apache/ant/ant/1.8.1/
  ant-1.8.1.jar
Downloaded: https://repo.maven.apache.org/maven2/org/apache/ant/ant/1.8.1/
  ant-1.8.1.jar (0 B at 0.0 KB/sec)
Downloaded: https://repo.maven.apache.org/maven2/org/apache/maven/shared/
  maven-script-interpreter/1.0/maven-script-interpreter-1.0.jar (21 KB at 4.0
  KB/sec)
Downloaded: https://repo.maven.apache.org/maven2/org/apache/maven/shared/
  maven-common-artifact-filters/3.0.0/maven-common-artifact-filters-
  3.0.0.jar (56 KB at 10.6 KB/sec)
Downloaded: https://repo.maven.apache.org/maven2/org/apache/maven/
  archetype/archetype-common/3.0.0/archetype-common-3.0.0.jar (324 KB at 51.1
  KB/sec)
Downloaded: https://repo.maven.apache.org/maven2/org/codehaus/groovy/
  groovy/1.8.3/groovy-1.8.3.jar (5394 KB at 19.0 KB/sec)
[INFO] Generating project in Interactive mode
```

执行这个命令后，会看到很多输出，然后按照提示一步一步操作，一个 Maven 项目就创建成功了。

至此，关于 Maven 的入门知识总结完毕。本章的知识点相对烦琐、复杂，读者需要多次阅读和实践。关于更多 Maven 的用法，有兴趣的读者可以到 Maven 官网去了解。

3.8 小　结

本章主要介绍了 Maven 入门的相关知识，包括 Maven 的概念及优势，对 Maven 仓库的理解和配置，Maven 的编译、测试、打包和运行以及使用 Archetype 生成项目操作等。

通过本章的学习，读者应该能够掌握以下内容或具有如下能力：

（1）理解 Maven 概念及其优势。

（2）理解 Maven 仓库的概念，并可以自行配置 Maven 仓库。

（3）可以使用 Maven 进行编译、测试、打包和运行操作。

第 4 章

Git 基础入门

本章介绍 Git 入门的基础知识，主要包括 Git 的概念、Git 的工作流程、客户端的配置及常用操作。

4.1　Git 介绍

4.1.1　什么是 Git

Git 是一种版本控制器，直白地说，就是代码管理的软件，也是面试时面试官可能会问你的知识点，是目前世界上最先进的分布式版本控制系统。

4.1.2　为什么要使用 Git

使用 Git 的好处如下：

- 自由和源码开放。
- 本地就是一个版本库，相当于隐形备份。
- 版本库安全。
- 占用资源少。
- 更好地支持解决合并、冲突。
- 对文件操作方便、快捷。
- 属于主流代码管理工具。

4.1.3　Git 与 SVN 的区别

SVN 与 Git 的区别如下：

SVN 是集中式版本控制，本地没有版本库的修改记录，必须联网才能工作。在互联网工作模式中，网速不给力时，提交大文件会比较慢。

Git 是分布式版本控制，安全性高，本地会有一个完整的版本库，不完全依赖于网络。如果中央服务器出了问题，从其他人那里复制一个就能直接使用。

4.2　Git 的工作流程

一般工作流程如下：

（1）从远程仓库克隆代码到本地作为工作目录。

（2）在检出的代码上进行添加或修改。

（3）如果其他人有修改提交，就可以获取最新代码。

（4）在提交代码前，查看代码中有哪些地方做了修改。

（5）提交修改的代码。

（6）修改完成后，如果发现错误，就可以撤回修改，并再次修改并提交。

Git 的工作流程如图 4-1 所示。

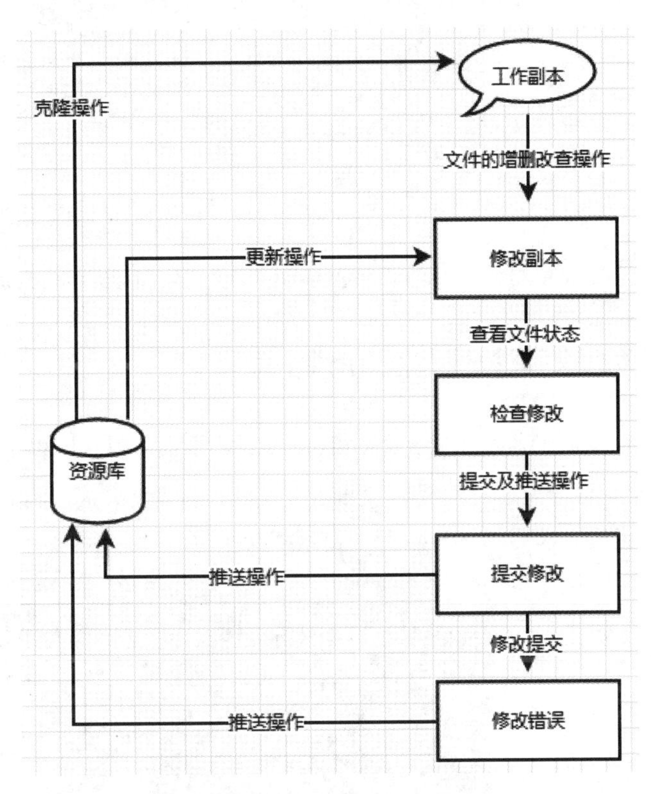

图 4-1　Git 的工作流程

4.3　Git 客户端配置

4.3.1　在 Windows 上安装 Git

下载安装 Git 客户端。在百度搜索 Git，进入下载页面，选择 Git - Downloads，单击进入下载页面，单击 64-bit Git for Windows Setup 进行下载，如图 4-2 所示。

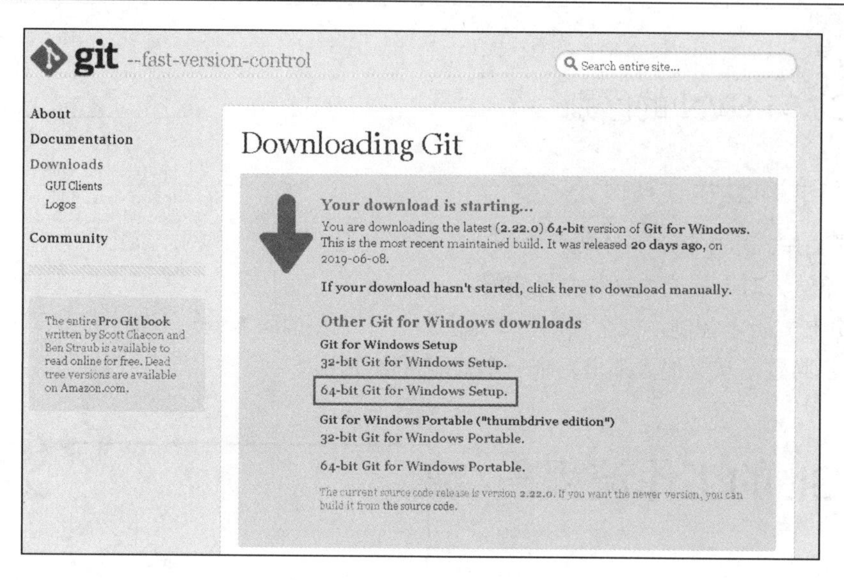

图 4-2　Git 客户端下载

下载好安装包后，一路单击“下一步”按钮即可完成安装。

4.3.2　注册 GitHub 账号

我们需要注册一个 GitHub 账号，读者可以按照以下步骤进行操作。

Step 01 打开浏览器，在地址栏输入“https://github.com”，按照表单提示依次输入用户名、邮箱和密码，然后单击 Sign up for GitHub 按钮，如图 4-3 所示。

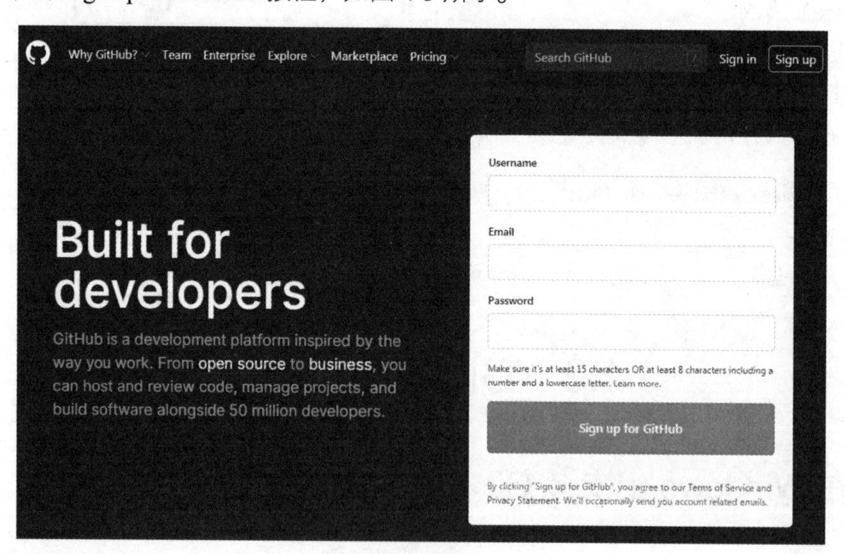

图 4-3　注册 GitHub 账号

Step 02 注册完成后，选择 Free 免费账号完成设置，然后单击 Continue 按钮，如图 4-4 所示。

Step 03 在问卷部分填写问卷，这里我们选择跳过问卷，直接进入下一步，如图 4-5 所示。

图 4-4　注册成功后的设置

图 4-5　跳过问卷

Step 04 进行邮箱验证，如图 4-6 所示。

图 4-6 注册成功，邮箱验证

Step 05 登录注册 GitHub 时使用的邮箱，找到 GitHub 发送的验证邮件，单击任意一个链接即可完成验证，并跳回到注册完成后的页面。

4.3.3 配置个人的用户名和电子邮件地址

有了 GitHub 账号后，接下来就要开始执行客户端的一系列配置操作。在桌面任意空白处单击鼠标右键，启动 Git Base Here，然后输入并执行如下命令：

```
git config --global user.name "username"
git config --global user.email “username@mail.com”
```

4.3.4 在客户端生成 SSH key

在终端输入并执行如下命令，生成 SSH 公钥和私钥：

```
ssh-keygen -t rsa -C 'username@mail.com'
```

然后一直按回车键（-C 参数是你的邮箱地址），如图 4-7 所示。

```
MINGW64:/c/Users/Administrator/Desktop
Administrator@dell-PC MINGW64 ~/Desktop
$ ssh-keygen -t rsa -C ' yourmail '
Generating public/private rsa key pair.
Enter file in which to save the key (/c/Users/Administrator/.ssh/id_rsa):
Created directory '/c/Users/Administrator/.ssh'.
Enter passphrase (empty for no passphrase):
Enter same passphrase again:
Your identification has been saved in /c/Users/Administrator/.ssh/id_rsa.
Your public key has been saved in /c/Users/Administrator/.ssh/id_rsa.pub.
The key fingerprint is:
SHA256:fOwfJbDOqRoXFJQOXlwSSgNv2nZx4uTHOPEv5QuelaY yourmail
The key's randomart image is:
+---[RSA 2048]----+
|        ..ooO=o  |
|        o.=+* +  |
|        .++B * + |
|        +.+.O =o |
|       S + B.=+o |
|        o B.o*o. |
|         o oE..  |
|          .      |
|                 |
+----[SHA256]-----+
```

图 4-7 生成 SSH key

此时，在你的用户目录下会生成.ssh 目录。

4.3.5　配置 SSH key 添加公钥

配置 SSH key，读者可以按照以下步骤进行操作：

Step 01 进入.ssh 目录，然后使用 Notepad 打开~/.ssh/id_rsa.pub 文件（~表示用户目录，比如作者使用的是 Windows 系统，这个目录就是 C:\Users\Administrator），复制其中的内容。

Step 02 登录 GitHub 网站，单击右上角的头像，在弹出的快捷菜单中选择 Settings 选项，如图 4-8 所示。

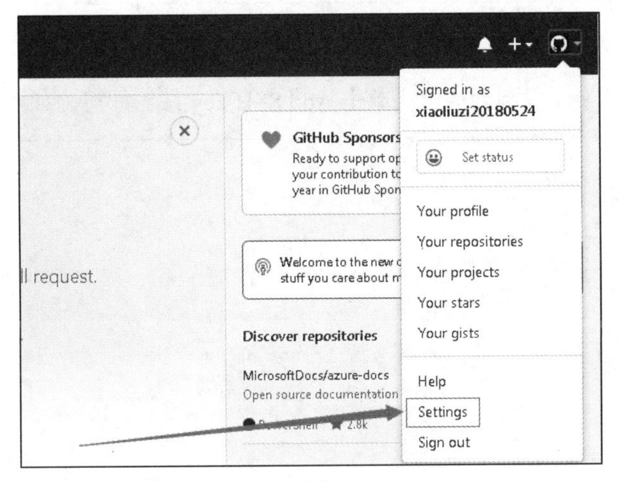

图 4-8　找到 Settings 选项

Step 03 进入配置页面后，选择左侧的 SSH and GPG keys 选项，如图 4-9 所示。

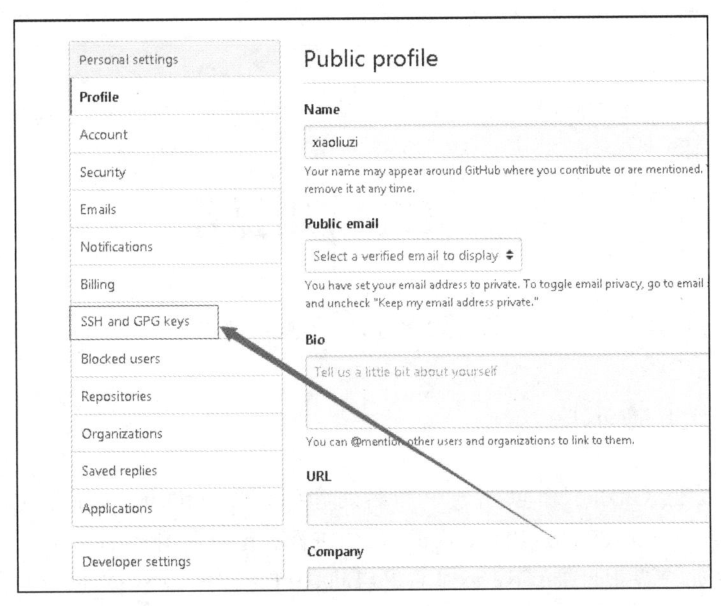

图 4-9　进入配置页面，选择 SSH and GPG keys 选项

Step 04 单击右侧的 New SSH key 按钮，新建一个 SSH key，如图 4-10 所示。

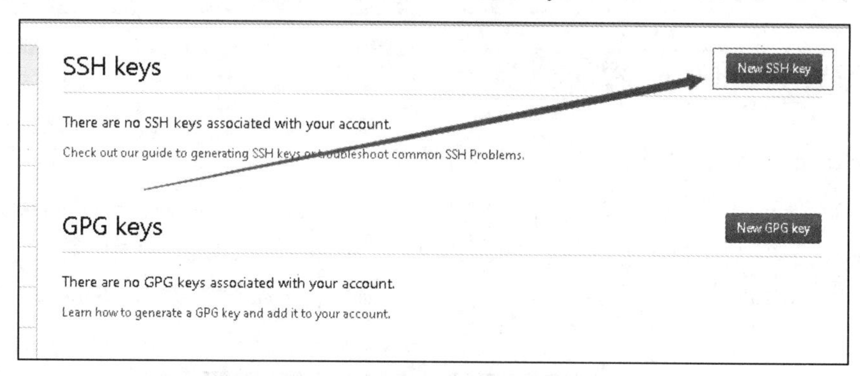

图 4-10　单击 New SSH key 按钮

Step 05 把之前生成的 key 复制到这里，单击 Add SSH key 按钮即可，如图 4-11 所示。

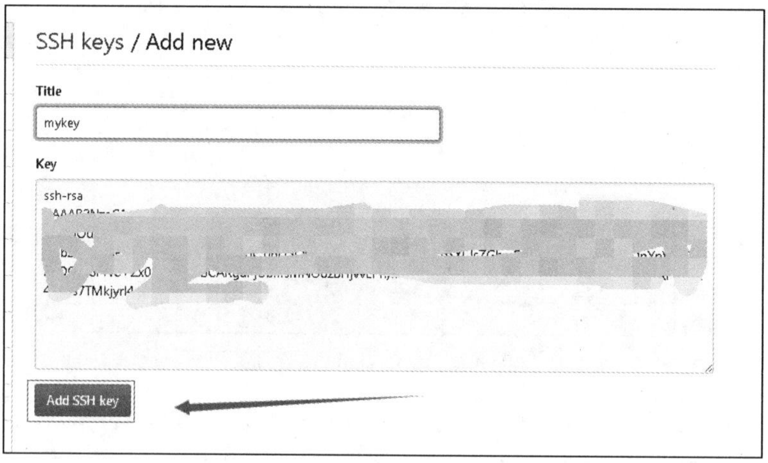

SSH keys / Add new

Title

mykey

Key

ssh-rsa

Add SSH key

图 4-11　添加生成的 key

至此，Git 的客户端配置完成。

4.4　Git 常用操作

完成 Git 的客户端配置后，下面将开始学习 Git 的基本操作。

4.4.1　创建一个版本库

首先，我们要在 GitHub 上创建一个同名的仓库，如 gitDemo。记下生成仓库地址，如 git@github.com:xiaoliuzi20180524/gitDemo.git，后面进行绑定时使用。

在本地硬盘（如 C 盘根目录）下，通过右击启动 Git Base Here，先创建一个目录，如 gitDemo，并进入该目录下，依次执行如下命令：

```
mkdir gitDemo
cd gitDemo
```

说　明

此时 gitDemo 只是一个空目录。

4.4.2　初始化本地仓库

要把这个目录变成 Git 可以管理的仓库，执行如下命令：

```
git init
```

说　明

目录下会自动生成.git，请勿删除，该文件用于版本管理。

4.4.3　添加和提交文件

我们先在初始化目录下新建 readme.txt 文件，因为是示例，所以在这个文件中添加任意内容并保存。

然后，把文件添加到仓库，执行如下命令：

```
git add readme.txt
```

说　明

执行上面的命令没有任何显示，这就对了，UNIX 的哲学是“没有消息就是好消息”，说明添加成功。

要把文件提交到仓库，执行如下命令：

```
git commit -m "test add file"
```

4.4.4　将本地仓库和远程仓库相关联

要将本地仓库与远程仓库相关联，执行如下命令：

```
git remote add origin git@github.com:xiaoliuzi20180524/gitDemo.git
```

效果如图 4-12 所示。

```
Administrator@dell-PC MINGW64 /d/gitDemo (master)
$ git remote add origin git@github.com:xiaoliuzi20180524/gitDemo.git
```

图 4-12　将本地仓库与远程仓库相关联

要把本地仓库的所有内容都推送到远程仓库，执行如下命令：

```
git push -u origin master
```

效果如图 4-13 所示。

```
$ git push -u origin master
Warning: Permanently added the RSA host key for IP address '13.250.177.223' to t
he list of known hosts.
Enumerating objects: 3, done.
Counting objects: 100% (3/3), done.
Writing objects: 100% (3/3), 230 bytes | 230.00 KiB/s, done.
Total 3 (delta 0), reused 0 (delta 0)
```

图 4-13　把本地仓库的所有内容都推送到远程仓库

从现在起，只要在本地提交了内容，就可以执行如下命令推送并提交到中央仓库：

```
git push origin master
```

效果如图 4-14 所示。

```
Administrator@dell-PC MINGW64 /d/gitDemo (master)
$ git push origin master
Everything up-to-date
```

图 4-14　把本地提交的内容推送到中央仓库

用命令 git clone 从远程仓库获取代码，可使用以下两种方式：

（1）HTTPS 方式：git clone https://github.com/xiaoliuzi20180524/gitDemo.git。

（2）SSH 方式：git clone git@github.com:xiaoliuzi20180524/gitDemo.git。

4.4.5　查看版本的操作内容

在实际开发的过程中，每天可能会提交多次不同的文件。我们先来模拟一下这个过程，针对刚开始添加的文件反复添加、提交多次。

要查看版本的操作内容，执行如下命令：

```
git log
```

当然，还有另一种查看版本操作日志的方式，也是个人比较喜欢的方式，执行如下命令：

```
git log --pretty=oneline
```

效果如图 4-15 所示。

```
$ git log --pretty=oneline
d9669171c9c5890fd282c40a7e7fe0c372074233 (HEAD -> master) test third version
6b39a4a6ce09c472e7f9c09e50c79c78b2efee16 test second version
9e42e41abf01d85e163b3d63c41bf5b099920d47 test first version
dca156cf9c72b17f5d1aaff88ebfbfc79d5b91e2 test add file
5a928358b3328cd276e751f9ffda0534964ab7cb test add file
```

图 4-15　查看版本的操作内容

显然这种方式比较直观。

4.4.6　版本回退操作

日常开发经常会有版本回退操作（或回滚操作），现在的版本显示如图 4-15 所示。本地最新版本是 d9669171c，上一个版本是 6b39a4a6c。

要回退到上一个版本的操作，执行如下命令：

```
git reset --hard HEAD^
```

说　明

Git 的版本号是按十六进制生成的。执行完上面的命令后会提示 HEAD is now at 6b39a4a test second version。

然后，使用再查看日志的命令，查看当前版本是否为 6b39a4a6c，效果如图 4-16 所示。

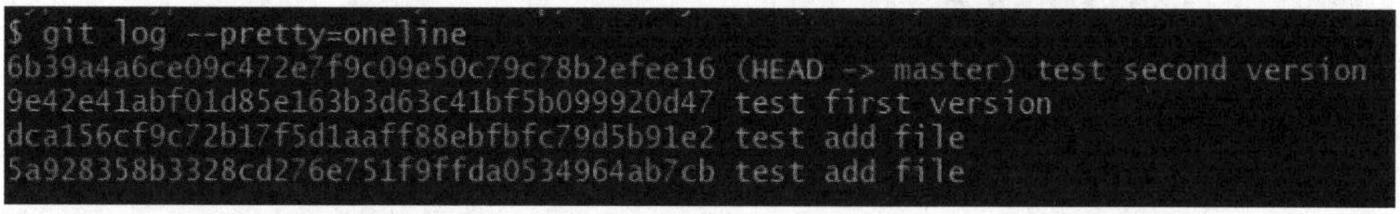

```
$ git log --pretty=oneline
6b39a4a6ce09c472e7f9c09e50c79c78b2efee16 (HEAD -> master) test second version
9e42e41abf01d85e163b3d63c41bf5b099920d47 test first version
dca156cf9c72b17f5d1aaff88ebfbfc79d5b91e2 test add file
5a928358b3328cd276e751f9ffda0534964ab7cb test add file
```

图 4-16　返回上一个版本

如果想回退到某个指定版本，比如 dca156cf9（图 4-16 中的倒数第二个），可以用命令 git reset --hard+版本号执行回退到某个版本的操作，执行如下命令：

```
git reset --hard dca156cf9
```

说　明

执行完上面的命令后会提示 HEAD is now at dca156c test add file。

然后，再次使用查看日志的命令，查看当前版本是否为 dca156cf9，效果如图 4-17 所示。

```
$ git log --pretty=oneline
dca156cf9c72b17f5d1aaff88ebfbfc79d5b91e2 (HEAD -> master) test add file
5a928358b3328cd276e751f9ffda0534964ab7cb test add file
```

图 4-17　回退到指定版本

4.4.7　查看工作区状态

比如对 readme.txt 的内容做了修改，想查看 Git 的状态，执行如下命令：

```
git status
```

效果如图 4-18 所示。

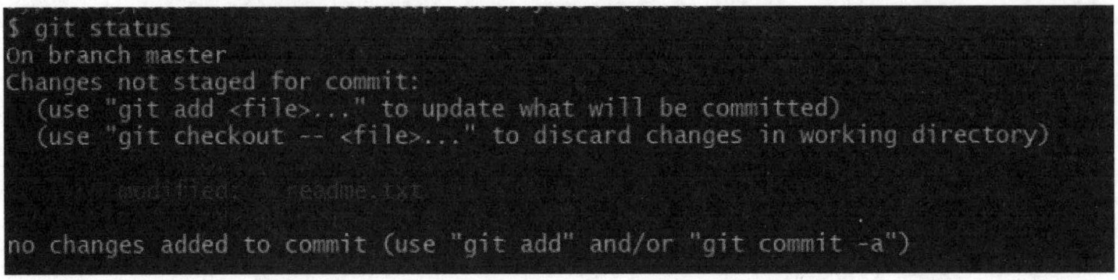

```
$ git status
On branch master
Changes not staged for commit:
  (use "git add <file>..." to update what will be committed)
  (use "git checkout -- <file>..." to discard changes in working directory)

        modified:   readme.txt

no changes added to commit (use "git add" and/or "git commit -a")
```

图 4-18　查看工作区状态

4.4.8　撤销修改操作

如果想撤回上次的修改操作，那么可以使用 git checkout – file 命令来撤销修改，执行如下命令：

```
git checkout -- readme.txt
```

再次执行 git status 命令，就会发现文件回退到改动之前了，如图 4-19 所示。

```
$ git status
On branch master
nothing to commit, working tree clean
```

图 4-19　撤销修改操作

4.4.9　删除文件操作

首先，我们使用 git add delete.txt 命令增加一个文件。

接着，使用“rm +文件”删除文件，执行如下命令：

```
rm delete.txt
```

注　意

同 Linux 命令差不多，但不同于 Linux，这里没有-rf 参数。

再来查看文件状态：

```
$ git status
On branch master
Changes to be committed:
  (use "git reset HEAD <file>..." to unstage)
       new file:   delete.txt
Changes not staged for commit:
  (use "git add/rm <file>..." to update what will be committed)
  (use "git checkout -- <file>..." to discard changes in working directory)
       deleted:    delete.txt
```

然后提交修改即可：

```
$ git commit -m "remove test.txt"
[master cc6aa8f] remove test.txt
 1 file changed, 0 insertions(+), 0 deletions(-)
 create mode 100644 mytest/delete.txt
```

4.4.10 分支操作

在日常开发中，会有多个分支，针对分支还会有一系列的操作。接着我们来学习分支的操作。比如，创建测试分支 test，然后切换到 test 分支，输入并执行如下命令：

```
$ git checkout -b test
Switched to a new branch 'test'
```

说 明

git checkout 命令加上-b 参数表示创建并切换，相当于以下两条命令：

```
$ git branch test
$ git checkout test
Switched to branch 'test'
```

要使用 git branch 命令查看当前所有分支，执行如下命令：

```
$ git branch
* test
  master
```

接下来，在新分支 test 上正常提交，比如修改 readme.txt 的内容，然后提交。输入并执行如下命令：

```
$ git add readme.txt
$ git commit -m "branch test"
[test b17d20e] branch test
 1 file changed, 1 insertion(+)
```

现在，test 分支的工作已经完成，我们再切换回 master 分支。输入并执行如下命令：

```
$ git checkout master
Switched to branch 'master'
```

切换回 master 分支后，再次查看 readme.txt 文件，刚才添加的内容不见了。因为那次提交是在 test 分支上，而 master 分支此刻的提交点并没有变。

接着，我们把 test 分支的内容合并到 master 分支上。输入并执行如下命令：

```
$ git merge test
Updating d46f35e..b17d20e
Fast-forward
 readme.txt | 1 +
 1 file changed, 1 insertion(+)
```

git merge 命令用于合并指定分支到当前分支。合并后，再次查看 readme.txt 的内容，就可以看到和 test 分支最新提交的内容是完全一样的。

接下来，我们删除 test 分支。输入并执行如下命令：

```
$ git branch -d test
Deleted branch test (was b17d20e).
```

删除后，查看 branch，可以发现就只剩下 master 分支了。输入并执行如下命令：

```
$ git branch
* master
```

4.4.11 解决冲突操作

1. 制造一个冲突

在本地 readme.txt 中，原文本默认是“this is a test!”，在服务器端修改 readme.txt，修改文本内容为“我就想冲突下，搞事情、搞事情！”。同时，修改本地的 readme.txt 中的文本内容为“201905031506”，然后提交。

接着，提交本地的代码到远程仓库，然后执行 git pull（获取最新代码）命令，如图 4-20 所示。

```
Administrator@dell-PC MINGW64 /d/gitDemo (master)
$ git pull
Auto-merging readme.txt
CONFLICT (content): Merge conflict in readme.txt
Automatic merge failed; fix conflicts and then commit the result.

Administrator@dell-PC MINGW64 /d/gitDemo (master|MERGING)
$ ll
total 1
-rw-r--r-- 1 Administrator 197121 134 五月    3 15:16 readme.txt

Administrator@dell-PC MINGW64 /d/gitDemo (master|MERGING)
$ cat readme.txt
<<<<<<< HEAD
201905031506
=======
我就想冲突下，搞事情、搞事情！
>>>>>>> c2f01559d7a474c967322fcc462cbfe1d3523619
```

图 4-20 制造冲突

不负众望，代码果然发生冲突了。

2. 解决文件中冲突的部分

把冲突标记删掉，解决冲突，提交修改，并同步到远程仓库。输入并执行如下命令：

```
git add readme.txt
git commit -m '解决冲突的测试'
git push origin master（提交修改）
```

效果如图 4-21 所示。

图 4-21 解决冲突

至此，关于 Git 的基础知识介绍完毕。本章实际动手操作较多，读者需要多次阅读和反复实践。但实际工作中不一定必须用命令行的形式，推荐一款客户端工具 TortoiseGit，该工具和 SVN 操作一样，上手方便快捷，在这里就不详细介绍了。

4.5 小　　结

本章主要介绍 Git 基础知识，包括 Git 的概念及优势、Git 与 SVN 的区别、Git 的工作流程、客户端配置及 Git 的常用操作等。

通过本章的学习，读者应该能够掌握以下内容：

（1）Git 的概念及优势。

（2）Git 的工作流程及客户端配置。

（3）Git 的常用操作。

第 5 章

页面元素定位

本章介绍常用定位插件工具的安装及使用，定位页面元素常用的 8 种方法，主要包括新旧版本 Firefox、Chrome 定位插件的安装及使用，常用页面元素定位方法的操作讲解。

5.1 定位插件安装

从本章开始可以说是真正意义地开始自动化测试之路，也是学习自动化测试的重中之重。元素定位基础可以说是我们学习自动化测试的必会技能，细心的读者可能发现一些自动化测试技术交流群中，大部分问题都是关于元素怎么定位的。下面我们开始学习自动化测试中的元素定位。

5.1.1 旧版本 Firefox 定位插件安装

目前最新的 Firefox 浏览器已经无法安装 FireBug 和 FirePath 这些定位辅助插件了，FirePath 作为一个以安装 FireBug 为前提的插件，自然无法继续在 Firefox 浏览器中使用。

虽然新版本不再支持，但是如果我们还想用这些定位插件，怎么办呢？我们可以安装历史版本的浏览器，采用离线的方式安装这些定位辅助插件。读者可以按照以下步骤进行操作。

Step 01 通过 https://pan.baidu.com/s/1Hgak8OYf87KAN2cOyU_nIA 网址下载历史版本的 Firefox 浏览器及定位插件包（提取码为 n5t3）。下载并解压后，启动浏览器并设置为不升级。

> **注 意**
>
> 这里作者使用的是 10.0 版本的 Firefox 浏览器，无须安装，直接启动即可使用。版本如图 5-1 所示，安装成功后，建议勾选不再升级，因为有时候不小心点击升级后，会导致定位插件无法再次使用。

图 5-1 10.0 版本的 Firefox 浏览器

Step 02 启动 Firefox 浏览器，单击“工具”选项卡，选择“附件组件”选项。单击“扩展”按钮，在右侧单击齿轮图标，如图 5-2 所示，弹出下拉框，选择从文件安装附加组件，会弹出路径框，找到插件，单击“添加”按钮，根据提示直接单击“立即重启”按钮即可。

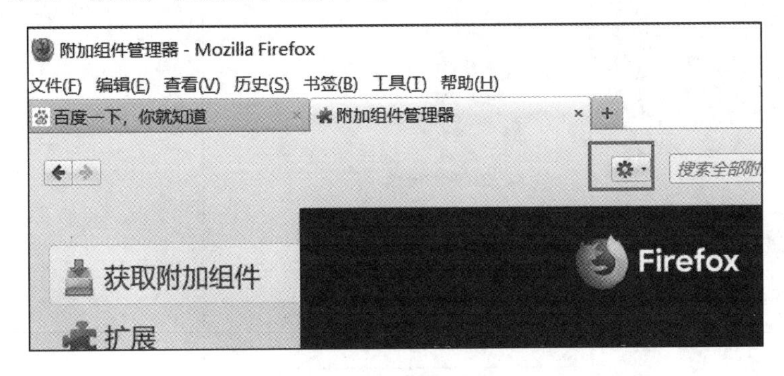

图 5-2 齿轮显示

插件安装成功，如图 5-3 所示。

图 5-3 插件安装成功

5.1.2 最新版本 Firefox 定位插件安装

读者可以按照以下步骤安装最新版本 Firefox 浏览器的定位插件。

Step 01 在 Firefox 浏览器中单击“附加组件”选项，如图 5-4 所示。

图 5-4 打开附加组件

Step 02 单击“扩展”按钮，在右侧的“寻找更多扩展”搜索框中输入“xpath”，然后按回车键，如图 5-5 所示。

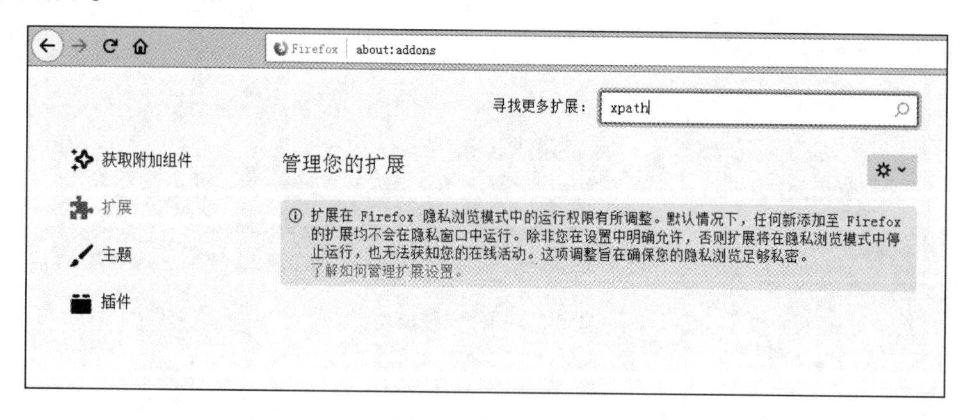

图 5-5 搜索扩展

Step 03 找到 xPath Finder，单击添加到 Firefox 按钮，如图 5-6 所示。

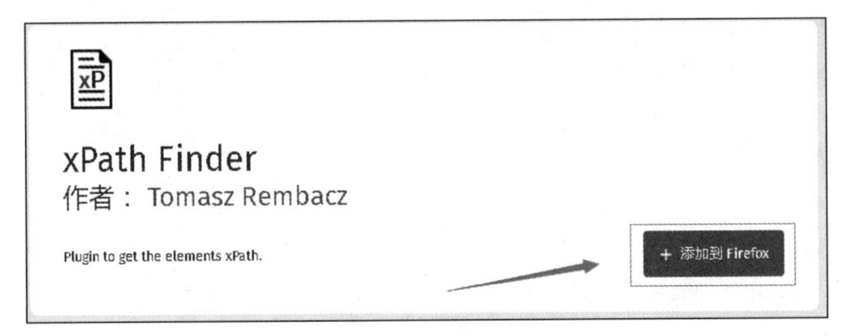

图 5-6　添加组件

Step 04 添加成功后，单击插件图标就可以获取想要获取的元素的 XPath 路径，如图 5-7 所示。

图 5-7　使用插件定位元素

5.1.3　Chrome 浏览器定位插件安装

Ranorex Selocity 是一款在 Chrome 浏览器中类似 FirePath 的定位插件，也是自动化测试人员比较喜欢的一款定位插件。Chrome 插件安装非常方便，读者可以按照以下步骤进行操作。

Step 01 启动 Chrome 浏览器，输入地址：https://chrome.google.com/webstore/detail/ranorex-selocity/ocgghcnnjekfpbmafindjmijdpopafoe，如图 5-8 所示。

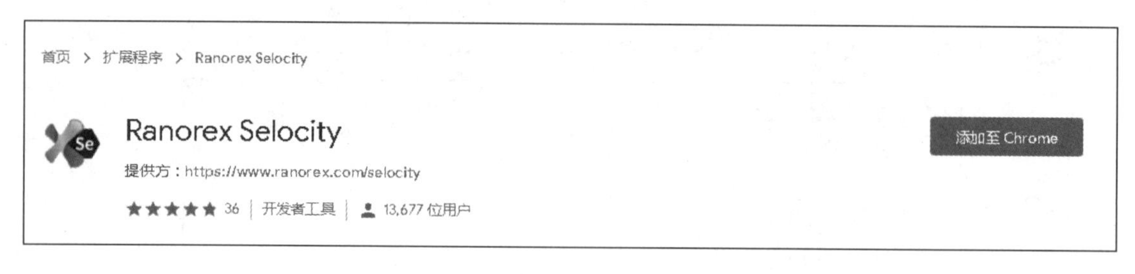

图 5-8 安装

Step 02 单击“添加至 Chrome”按钮即可，安装成功后如图 5-9 所示。

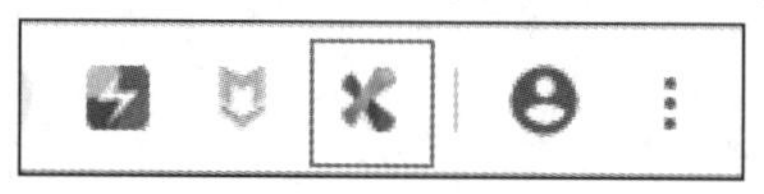

图 5-9 插件安装成功

Step 03 安装 Ranorex Selocity 后，打开百度首页，按 F12 键，进入开发者工具界面，单击左侧的箭头，再单击想要定位的位置，然后单击右侧的 Ranorex Selocity，就可以查看对应的定位方式，如图 5-10 所示。

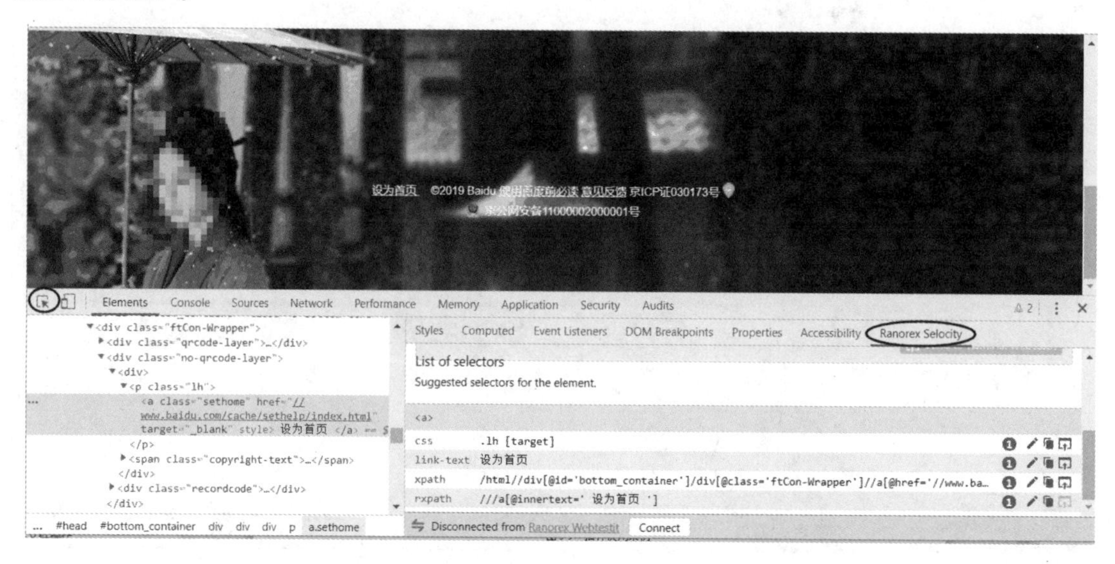

图 5-10 插件使用案例

简单 3 步定位到“设为首页”元素，并提供了 CSS 和 XPath 外的 link-text 定位方式，还可以编辑、复制对应的定位方式，并可以在编辑文本框校验编写的定位表达式是否正确。

5.2 定位页面元素的方法

相信很多使用 Web 自动化测试的读者都深有体会，其实就是通过操作页面元素对象来模拟用户的操作行为。

我们要先找到这些元素对象，才能进行一系列操作。首先告诉自动化工具或者代码要操作哪个元素，毕竟代码和工具无法像人工一样识别页面上的元素。那么怎样让这些动作精准地作用到我们想要操作的元素对象上呢？

下面我们就一起来学习元素的定位操作。当然，如果有 JavaScript 和 HTML 的基础，上手就会更快。

5.2.1　查看页面元素

用 360 浏览器打开博客园“我的中心”页面，右击页面并选择“审查元素”选项，就可以看到整个页面的 HTML 代码。

单击图 5-11 框中的箭头图标，移动鼠标到左面页头的“欢迎你，Refain”，就可以自动定位到“欢迎你，Refain”位置处的 HTML 代码。查看“欢迎你，Refain”的属性，我们可以清楚地看到有 id 属性。

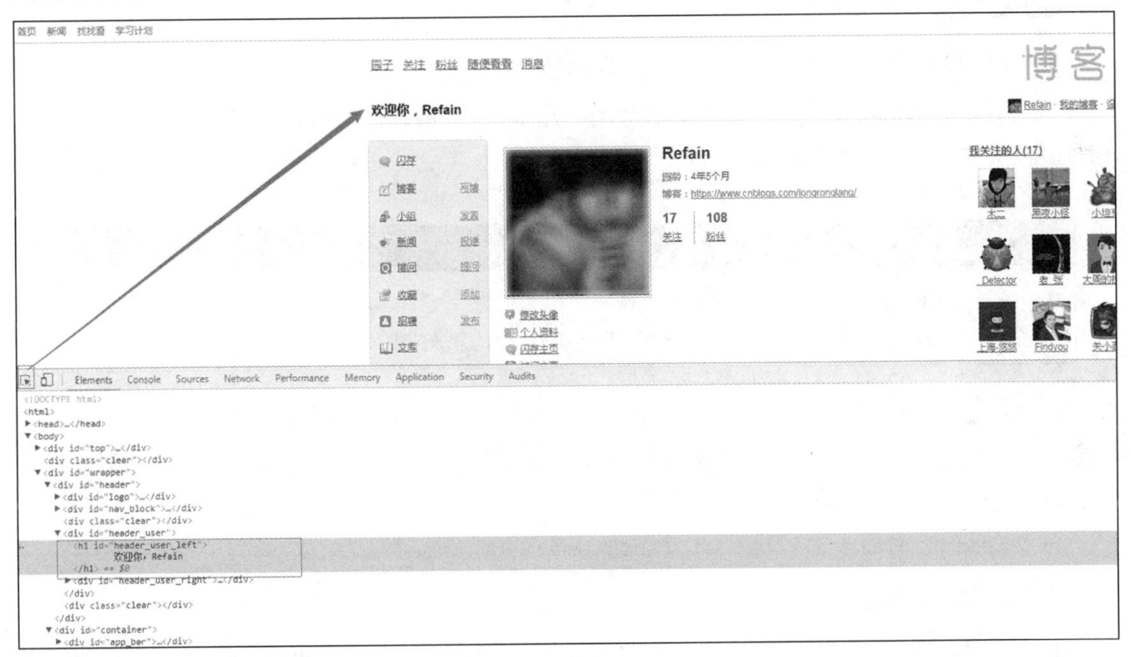

图 5-11　查看页面元素

5.2.2　常用元素定位方法

WebDriver 通过 findElement 方法来找到页面的某个元素，常使用的方法有 id、linkText、partialLinkText、name、tagName、xpath、className 和 cssSelector 这 8 种。常用的定位页面元素的方法说明如表 5-1 所示。

表 5-1　常用的定位页面元素的方法

定 位 方 法	定位方法对应实现示例
使用 id 定位	driver.findElement(By.id("id 的属性值"));
使用 name 定位	driver.findElement(By.name("name 属性值"));
使用 linkText 定位	driver.findElement(By.linkText("超链接的全部文本"));
使用 partialLinkText 定位	driver.findElement(By.partialLinkText("超链接的部分文字"));
使用 xpath 定位	driver.findElement(By.xpath("xpath 定位表达式"));
使用 cssSelector 定位	driver.findElement(By.cssSelector("css 定位表达式"));
使用 className 定位	driver.findElement(By.className("class 的属性值"));
使用 tagName 定位	driver.findElement(By.tagName("页面中的 HTML 标签"));

下面我们就这些定位方法逐一介绍，以百度搜索输入框为例，HTML 代码如下：

```
<input id="kw" name="wd" class="s_ipt" value="" maxlength="255"
autocomplete="off">
```

1. 使用 id 定位

从百度搜索框 HTML 代码片段中，发现有一个 id="kw"的属性，这时就可以通过这个 id 定位到百度搜索输入框，具体代码示例如下：

```
WebElement element = driver.findElement(By.id("kw"));
```

提　示

如果你细心点就会发现，By 是介词，表示“用”的意思。上面的代码意思就是用 id 的方式查找 id 属性为 kw 的元素。当时我就是这么学的，很好用。

2. 使用 name 定位

在搜索框 HTML 代码片段中，也有一个 name="wd"的属性，我们也可以通过 name 属性定位到百度搜索输入框，具体代码示例如下：

```
WebElement element = driver.findElement(By.name("wd"));
```

3. 使用 class 定位

再细心点，你会发现在搜索框 HTML 代码片段中还有一个 className="s_ipt"的属性，我们也可以通过 className 这个属性定位到百度搜索输入框，具体代码示例如下：

```
WebElement element = driver.findElement(By.className("s_ipt"));
```

注　意

常说的 class 属性就是 HTML 代码中的 className 属性，这点需要注意。

4. 使用 tagName 定位

学习了使用 id、name 和 class 属性来定位。下面我们换个方式，用标签（tagName）定位到百度搜索输入框，具体代码示例如下：

```
WebElement element = driver.findElement(By.tagName("input"));
```

5. 使用 linkText 定位

从字面意思上看是用超链接定位，通俗点讲就是用精确查询的超文本定位。以下面一段 HTML 代码为例来演示：

```
<a href="https://www.cnblogs.com/longronglang/" class="gray" target=
  "_blank">https://www.cnblogs.com/longronglang/</a>
```

这是一段超链接代码，我们可以通过超链接定位这个元素，具体代码示例如下：

```
WebElement element = driver.findElement(By.linkText("https://www.cnblogs.com
/longronglang/"));
```

6. 使用 partialLinkText 定位

这个方法就是使用模糊查询，比如一个网页中的超链接包含 Refain，定位含有 Refain 的超链接的元素，具体代码示例如下：

```
WebElement element = driver.findElement(By.partialLinkText("Refain"));
```

7. 使用 xpath 定位

一般做自动化测试的读者都很喜欢用这种方式，接着使用百度搜索框的例子，用 xpath 定位到搜索输入框，具体代码示例如下：

```
WebElement element =driver.findElement(By.xpath("//input[@id='kw']"));
```

8. 使用 cssSelector 定位

cssSelector 这种定位方式特别受欢迎。这次我们用 cssSelector 定位到搜索输入框，具体代码示例如下：

```
WebElement element = driver.findElement(By.cssSelector(".s_ipt"));
```

在这些定位方法中，除了 XPath 和 CSS 方式定位外，其他的定位方法都很容易理解和掌握。关于 XPath 和 CSS 定位方法，后面将会详细讲解。

5.2.3 XPath 定位方法详解

相信写过 Web 自动化的读者，对 XPath 定位感觉会特别亲切，而且特别喜欢使用这种方式。我们先来了解一些使用 XPath 定位时的注意事项：

- 不要使用带有空格的属性。
- 不要使用动态生成的 id、class 等。
- 使用 FireBug 会事半功倍。
- 定位时一定要找到唯一的属性，要确保定位的唯一性，根据唯一的属性进行各种定位。
- 查看页面是否存在 frame。

下面来举例说明 XPath 定位，如图 5-12 所示。

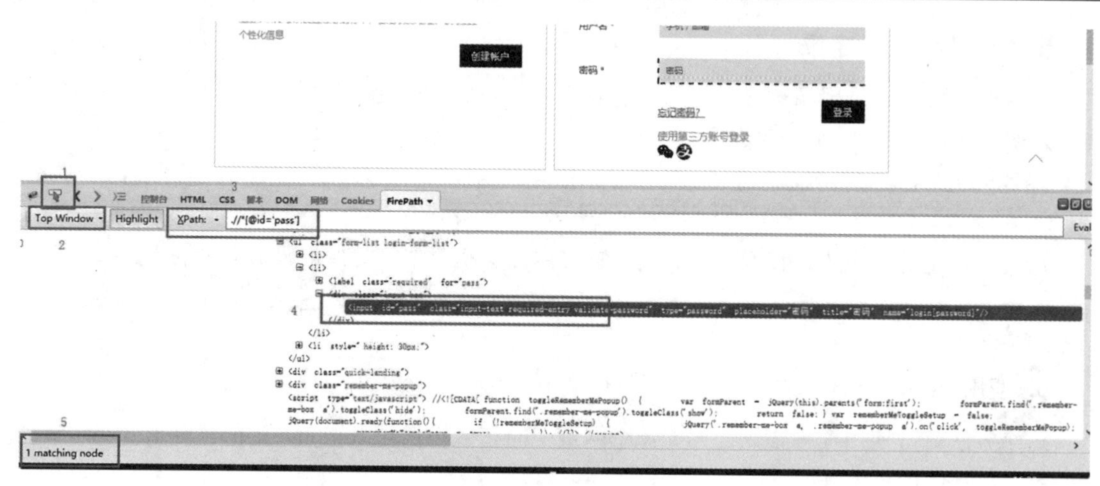

图 5-12 XPath 定位举例

按 F12 键，打开 FirePath，单击图中 1 处的箭头，指定要定位的元素。此时查看图中 5 处匹配的个数，若只有一个匹配，则直接复制图中 3 处的路径即可使用。

> **注 意**
>
> 需要关注图中 2 处的位置是否在 frame 中。若在 frame 中，则需要先切换 frame，调用切换 frame 的 action 即可。

1. 用 contains 关键字定位

contains 就是包含哪些关键字的意思。例如我们想定位页面元素文本包含“忘记密码”这个元素，如图 5-13 所示。

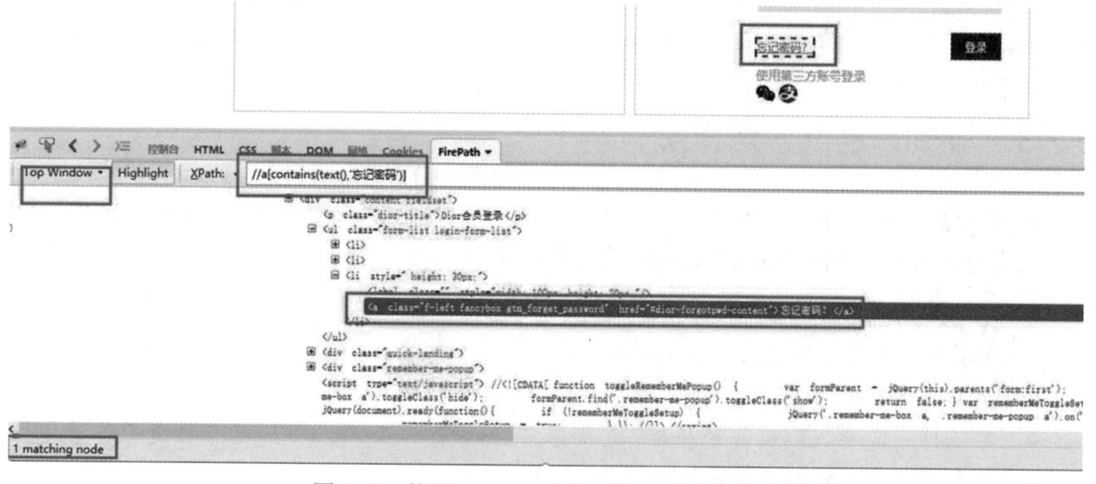

图 5-13 使用 contains 关键字定位的练习案例

XPath 表达式语句如下：

```
//a[contains(text(),'忘记密码')]
```

定位代码语句如下：

```
driver.findElement(By.xpath("//a[contains(text(),'忘记密码')]"));
```

定位解释：

contains 中的 text()表示标签中的文本信息，同时 contains 也支持@属性名称等，如//a[contains(@id，'*****')]等。

2. 使用元素属性定位

我们可以通过元素属性进行定位操作，如图 5-14 所示，例如定位 id 属性为 pass 的元素。

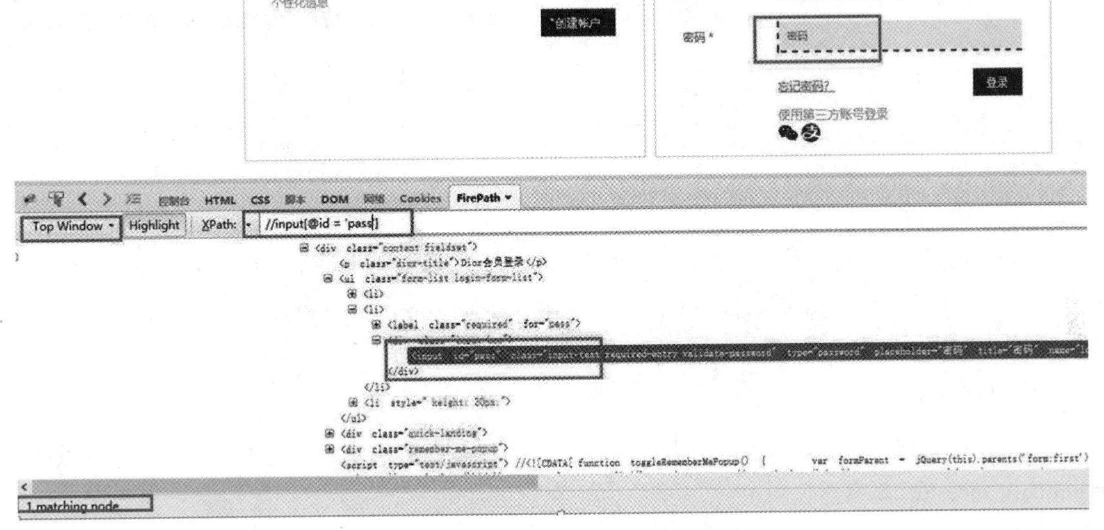

图 5-14　使用元素属性定位的练习案例

XPath 表达式语句如下：

```
//input[@id = 'pass']
```

定位代码语句如下：

```
driver.findElement(By.xpath("//input[@id = 'pass']"));
```

定位解释：

只要是该标签中存在的属性，理论上都可以使用，例如//input[@placeholder= '密码']等。有些动态生成的属性无法使用，过长的属性也不推荐使用。

3. 使用层级定位

我们还可以通过层级进行定位操作，如图 5-15 所示，例如定位密码输入框元素。

XPath 表达式语句如下：

```
//form[@id = 'login-form']//input[@placeholder= '密码']
```

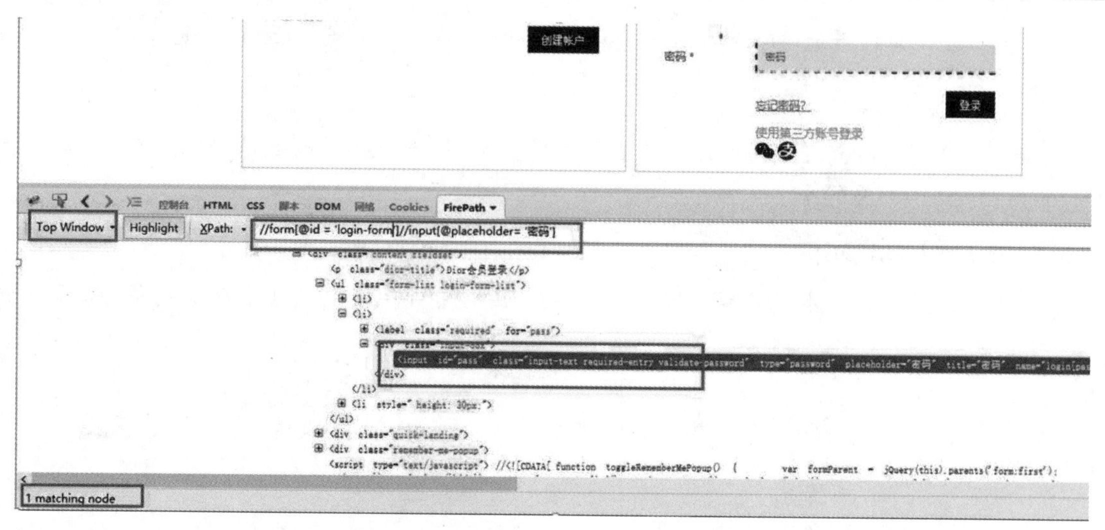

图 5-15 使用层级定位元素的练习案例

定位代码语句如下：

```
driver.findElement(By.xpath("//form[@id = 'login-form']
  //input[@placeholder= '密码']"));
```

定位解释：

先定位该元素的父节点或祖先节点，再定位当前节点，中间以“//”连接，层级定位可以结合 parent::和 ancestor::来灵活使用。

4. 使用兄弟节点定位

同样，我们也可以使用兄弟节点定位，如图 5-16 所示，例如定位 form 表单。

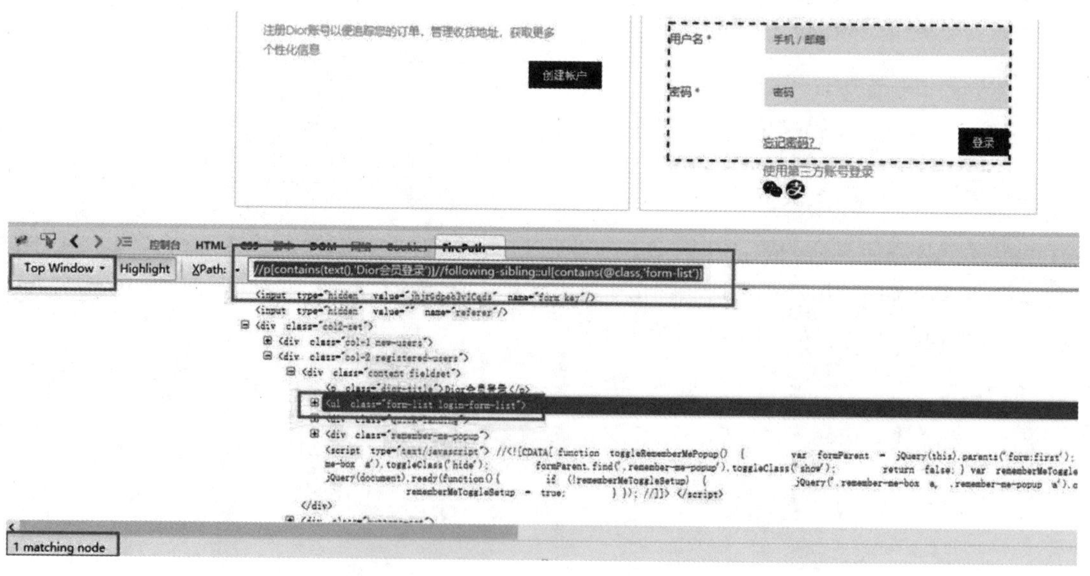

图 5-16 使用兄弟节点定位的练习案例

XPath 表达式语句如下：

```
//p[contains(text(),'Dior 会员登录')]//following-sibling::ul[contains(@class,
  'form-list')]
```

定位代码语句如下：

```
driver.findElement(By.xpath("//p[contains(text(), 'Dior 会员登录')]
  //following-sibling::ul[contains(@class, 'form-list')]"));
```

定位解释：

following-sibling::表示往下查找该元素的兄弟节点，preceding-sibling::表示往上查找该元素的兄弟节点。

5. 最不推荐的定位方式

按 F12 键打开 Chrome 浏览器的开发者工具，单击左上角的箭头并移到需要定位的元素，在 HTML 中右击，在弹出的快捷菜单中依次选择“Copy→Copy XPath”菜单选项。

需要特别注意是否收到 frame 的干扰，如图 5-17 所示。

- FireBug 一定要看，上面框中的内容表示当前元素在哪，是在主页还是在 frame 里面，要针对不同情形进行对应的切换。
- 下面框中的内容表示你所写的 XPath 对应的或者匹配到的元素个数一定要唯一。

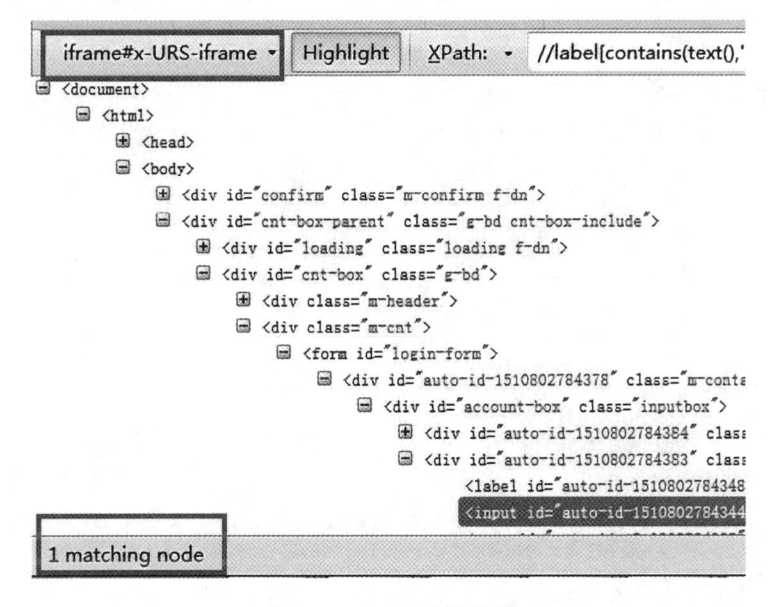

图 5-17　frame 干扰示例

总之，XPath 定位表达式需要多写多练，千万不要为了偷懒，直接复制表达式来用，这样只会让我们编写定位表达式的能力变得越来越弱。

5.2.4　CSS 定位方法详解

大部分人在使用 Selenium 定位元素时，用的都是 XPath 定位，因为 XPath 基本能解决定位的需求。相对 XPath 定位，CSS 定位往往容易被忽略掉，其实 CSS 定位也有它的价值，CSS 定位更快，语法更简洁。

在学习 CSS 定位方法之前，建议读者学习一下 CSS 选择器。当然，如果有 CSS 基础的话，学习 CSS 元素定位可以说是如虎添翼，学起来会更轻松。

接着我们一起来学习 CSS 元素定位，还是以百度首页搜索输入框为例，HTML 代码如下：

```
<input id="kw" name="wd" class="s_ipt" value="" maxlength="255"
  autocomplete="off">
```

1. 使用单一属性定位

（1）通过 id 属性定位

通过 id 属性来定位百度输入框元素。

CSS 表达式语句如下：

```
#kw
```

定位代码语句如下：

```
driver.findElement(By.cssSelector("#kw"));
```

定位解释：

查找页面中 id 属性为 kw 的页面元素。

（2）通过 class 属性定位

通过 class 属性来定位百度输入框元素。

CSS 表达式语句如下：

```
.s_ip
```

定位代码语句如下：

```
driver.findElement(By.cssSelector(".s_ipt"));
```

定位解释：

查找页面中 class 属性为 s_ipt 的页面元素。

（3）通过其他属性定位

除了 id、class 属性外，我们还可以使用其他属性来定位百度输入框元素，比如 name、type 等。

CSS 表达式语句如下：

```
[name='wd']
[type='text']
```

定位代码语句如下：

```
driver.findElement(By.cssSelector("[name='wd']"));
driver.findElement(By.cssSelector("[type='text']"));
```

定位解释：

查找页面中 name 属性为 'wd' 或 type 属性为 'text' 的元素，两种均可以定位百度输入框。

2. 通过组合属性定位

（1）通过组合 id 属性定位

我们还可以通过组合 id 属性来定位元素。

CSS 表达式语句如下：

```
input#kw
```

定位代码语句如下：

```
driver.findElement(By.cssSelector("input#kw"));
```

定位解释：

查找页面的 input 标签中 id 属性为 kw 的页面元素。

（2）class 组合属性定位

同样的，我们还可以通过组合 class 属性来定位元素。

CSS 表达式语句如下：

```
input.s_ipt
```

定位代码语句如下：

```
driver.findElement(By.cssSelector("input.s_ipt"));
```

定位解释：

查找页面的 input 标签中 class 属性为 s_ipt 的页面元素。

（3）其他属性组合定位

当然，我们还可以通过除了 id、class 属性外的其他属性组合定位元素。

CSS 表达式语句如下：

```
input[name='wd']
```

定位代码语句如下：

```
driver.findElement(By.cssSelector("input[name='wd']"));
```

定位解释：

查找页面的 input 标签中 name 属性为 'wd' 的页面元素。

（4）只使用属性名定位

其实，仅通过属性名也可以定位元素。

CSS 表达式语句如下：

```
input[name]
```

定位代码语句如下：

```
driver.findElement(By.cssSelector("input[name]"));
```

定位解释：

查找页面的 input 标签中属性名 name 的页面元素。

（5）通过组合两个其他属性定位

当然，我们也可以用两个其他属性组合来定位元素。

CSS 表达式语句如下：

```
[name='wd'][autocomplete='off']
```

定位代码语句如下：

```
driver.findElement(By.cssSelector("[name='wd'][autocomplete='off']"));
```

定位解释：

查找页面的 input 标签中 name 属性为 'wd' 并且 autocomplete 属性为 'off' 的页面元素。

3. 采用模糊匹配属性值的方法来定位

以在百度首页单击“百度一下”按钮为例，如图 5-18 所示。

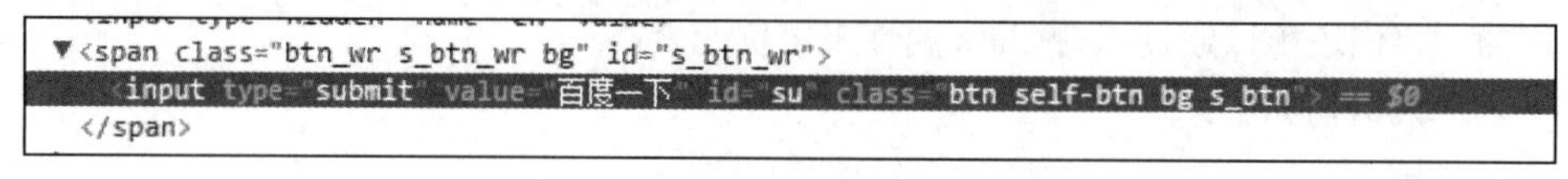

图 5-18　模糊匹配的练习案例

（1）元素属性值由多个空格隔开时，匹配其中的一个值来定位

有时，元素的某个属性值由多个空格隔开时，我们只需要匹配其中一个即可。

CSS 表达式语句如下：

```
input[class~='btn']
```

定位代码语句如下：

```
driver.findElement(By.cssSelector("input[class~='btn']"));
```

定位解释：

查找页面的 input 标签中 class 属性含有 'btn' 的页面元素。

（2）通过匹配属性值由字符串开头的值来定位

CSS 表达式语句如下：

```
input[class^='b']
```

定位代码语句如下：

```
driver.findElement(By.cssSelector("input[class^='b']"));
```

定位解释：

查找页面的 input 标签中 class 属性以 'b' 开头的页面元素。

（3）匹配属性值以字符串结尾的方法定位

CSS 表达式语句如下：

```
input[class$='btn']
```

定位代码语句如下：

```
driver.findElement(By.cssSelector("input[class$='btn']"));
```

定位解释：

查找页面的 input 标签中 class 属性以 'btn' 结尾的页面元素。

（4）匹配模糊属性值的方法

下面以图 5-19 为练习案例，例如匹配 class 属性。

```
<span class="bg s_ipt_wr quickdelete-wrap">
    <span class="soutu-btn"> </span>
    <input id="kw" class="s_ipt" autocomplete="off" maxlength="255" value="" name="wd">
    <a id="quickdelete" class="quickdelete" href="javascript:;" title="清空" style="top: 0px; right: 0px; display: none;"> </a>
</span>
```

图 5-19　匹配模糊属性值的练习案例

CSS 表达式语句如下：

```
input[class*='s']
```

定位代码语句如下：

```
driver.findElement(By.cssSelector("input[class*='s']"));
```

定位解释：

查找页面的 input 标签中 class 属性包含 's' 的页面元素。

4. 使用元素层级定位

下面以图 5-20 为练习案例，例如定位 form 下的所有 input 标签。

```
▼<form action="/web" target="_blank" id="advanced-search-form">
   <input type="hidden" name="query" value style="outline: orange dashed 2px !important; outline-offset: -1px !important;"> == $0
   <input name="fieldtitle" type="hidden" value style="outline: gray dashed 2px !important; outline-offset: -1px !important;">
   <input name="fieldcontent" type="hidden" value style="outline: gray dashed 2px !important; outline-offset: -1px !important;">
   <input name="fieldstripurl" type="hidden" value style="outline: gray dashed 2px !important; outline-offset: -1px !important;">
   <input name="bstype" type="hidden" value style="outline: gray dashed 2px !important; outline-offset: -1px !important;">
   <input name="ie" type="hidden" value="utf8" style="outline: gray dashed 2px !important; outline-offset: -1px !important;">
  ▶<dl>…</dl>
  ▶<dl>…</dl>
  ▶<dl class="js-as-select" style="padding-top:16px">…</dl>
  ▶<dl class="js-as-select" style="padding-top:16px">…</dl>
  ▶<dl>…</dl>
  ▶<p class="enter">…</p>
 </form>
```

图 5-20　元素层级定位的练习案例

CSS 表达式语句如下：

```
form>input
```

定位代码语句如下：

```
driver.findElement(By.cssSelector("form>input"));
```

定位解释：

查找页面 form 标签下的所有 input 标签，子元素定位使用“>”（大于号，可简单记为箭头指向子元素）。

使用函数 first-child、last-child 和 nth-child(n)来定位。还以图 5-20 为练习案例，先来定位 form 标签下第一个后代元素。

CSS 表达式语句如下：

```
input:first-child
```

定位代码语句如下：

```
driver.findElement(By.cssSelector("input:first-child"));
```

定位解释：

first-child 的意思是匹配当前标签下第一个后代元素，从图 5-20 可以看到 form 标签下的第一个后代元素为 input 标签。

然后，我们来定位 form 标签下最后一个后代元素。

CSS 表达式语句如下：

```
form p:last-child
```

定位代码语句如下：

```
driver.findElement(By.cssSelector("form p:last-child"));
```

定位解释：

last-child 的意思是匹配当前标签下最后一个后代元素，从图 5-20 可以看到 form 标签下的最后一个后代元素为 p 标签。

接着，定位 form 标签下第二个 input 标签的元素。

CSS 表达式语句如下：

```
form>input:nth-child(2)
```

定位代码语句如下：

```
driver.findElement(By.cssSelector("form>input:nth-child(2)"));
```

定位解释：

nth-child(N)的意思是匹配当前标签下第 N 个后代元素，即定位到 form 标签下的第二个 input 标签元素。

相对于 XPath，CSS 定位更复杂和烦琐。细心的读者会发现，其本质是 CSS 选择器的使用。更多关于 CSS 选择器的用法可以去 w3cschool 学习。

5.2.5 使用 jQuery 定位

元素定位是学习自动化测试必会的技能之一，也可以说是通往自动化测试之路的开门钥匙。

就元素定位方法而言，除了我们常用并熟知的8种元素定位方法之外，还有一种定位方法可以说是一种特殊的存在，那就是jQuery定位，是常用的8种元素定位方法之外的方法，相对于JS定位，jQuery语法比较简洁一些，而且方便快捷。

1. 关于jQuery 语法

jQuery语法是为HTML元素的选取编制的，可以对元素执行某些操作。

- 基础语法：$(selector).action()。
- 美元符号定义jQuery。
- 选择符（Selector）“查询”和“查找”HTML元素。

jQuery的action()执行对元素的操作示例如下：

- $(this).hide()：隐藏当前元素。
- $("p").hide()：隐藏所有段落。
- $(".test").hide()：隐藏所有 class="test" 的所有元素。
- $("#test").hide()：隐藏所有 id="test" 的元素。

提 示

jQuery 使用的语法是XPath与CSS选择器语法的组合。

2. 使用jQuery定位元素

下面以百度首页为例定位搜索框元素。

（1）根据id定位

```
//选取 id 为 kw 的元素
String jq_input = "$('#kw').val('使用 id 定位')";
js.executeScript(jq_input);
Thread.sleep(2000);
```

定位解释：

查找页面中input标签中id属性为kw的元素。

（2）根据type定位

```
//选取所有 type="text" 的 <input> 元素
jq_input = "$(':text').val('使用 type 定位')";
js.executeScript(jq_input);
Thread.sleep(2000);
```

定位解释：

查找页面中input标签中type属性为text的页面元素。

（3）根据class定位

```
//选取所有 class="s_ipt" 的元素
jq_input = "$('.s_ipt').val('使用 class 定位')";
js.executeScript(jq_input);
```

```
Thread.sleep(2000);
```

定位解释：

查找页面中 input 标签中 class 属性为 s_ipt 的页面元素。

（4）按层级定位

① 带有标签的层级定位

```
//选取所有 span 标签下子元素为 input 标签且 class 属性为 s_ipt 的元素
jq_input = "$('.s_ipt').val('带有标签的层级定位')";
js.executeScript(jq_input);
Thread.sleep(2000);
```

定位解释：

查找页面中所有 span 标签下子元素为 input 标签且 class 属性为 s_ipt 的元素。

② 不带标签的层级定位

```
//选取所有 input 标签且 class 属性为 s_ipt 的元素
jq_input = "$('input.s_ipt').val('不带有标签的层级定位 ')";
js.executeScript(jq_input);
Thread.sleep(2000);
```

定位解释：

查找页面中所有 input 标签且 class 属性为 s_ipt 的元素。

③ 选择第一个元素标签定位

```
//第一个 <input> 元素
jq_input = "$('span>input:first').val('选择第一个元素标签定位 ')";
js.executeScript(jq_input);
Thread.sleep(2000);
```

定位解释：

查找页面中第一个 input 元素。

④ 选择指定元素标签：eq（索引位）

```
//列表中的第 1 个元素（index 从 0 开始）
jq_input = "$('span input:eq(0)').val('选择最后一个元素')";
js.executeScript(jq_input);
Thread.sleep(2000);
```

定位解释：

查找页面中列表的第 1 个元素。

说　明
js = (JavascriptExecutor) driver，将 driver 强制转换为 JavascriptExecutor 对象。

如果网页中未引用 jQuery 类库，使用 jQuery 定位元素时，就需要先在页面中引入 jQuery 类库，示例代码如下：

```
/**
```

```
    * 向当前页面注入 jQuery，并返回加载是否成功
    *
    * @return
    */
   public boolean injectjQuery() {
      try {
         String injectJQuery = "var script =
          document.createElement('script');"
                 + "var filename = \"http://code.jquery.com/
                   jquery-1.10.1.min.js\";"
                 + "script.setAttribute(\"type\", \"text/javascript\");"
                 + "script.setAttribute(\"src\",  filename);"
                 + "if (typeof script!='undefined'){"
                 + "document.getElementsByTagName
                   (\"head\")[0].appendChild(script);"
                 + "}";
         ((JavascriptExecutor) driver).executeScript(injectJQuery);
         Thread.sleep(3000);
      } catch (InterruptedException e) {
         e.printStackTrace();
      }
      // 判断 jQuery 是否加载成功
      Boolean loaded = true;
      String s = (String) (((JavascriptExecutor) driver)
            .executeScript("return typeof jQuery"));
      if (!StringUtils.trimToEmpty(s).equals("function"))
         loaded = false;
      return loaded;
   }
```

以上就是使用 jQuery 定位的方法，读者需要多练习。更多关于 jQuery 的语法，有兴趣的读者可以去查看 w3school 的教程。

5.2.6　table 表格常见的定位操作

在我们进行测试的过程中，会发现 Web 系统中常常包含各种报表，特别是后台操作页面比较常见。本小节将详细讲解 table 表格的定位。

先来看 table 表格的真面目，如表 5-2 所示。

表 5-2　Table 表格示例

序　号	名　称	描　述
1	公众号	软件测试君
2	博客园	Refain
3	微信号	139××××201
4	QQ群	721××××703

被测页面源代码如下：

```
<!doctype html>
<html lang="en">
<head>
   <meta charset="UTF-8">
```

```
    <title>table 表格演示使用</title>
    <style type="text/css"> table.dataintable {
        margin-top: 15px;
        border-collapse: collapse;
        border: 1px solid #aaa;
        width: 50%;
    }

    table.dataintable th {
        vertical-align: baseline;
        padding: 5px 15px 5px 6px;
        background-color: #3F3F3F;
        border: 1px solid #3F3F3F;
        text-align: left;
        color: #fff;
    }

    table.dataintable td {
        vertical-align: text-top;
        padding: 6px 15px 6px 6px;
        border: 1px solid #aaa;
    }

    table.dataintable tr:nth-child(odd) {
        background-color: #F5F5F5;
    }

    table.dataintable tr:nth-child(even) {
        background-color: #fff;
    }    </style>
</head>
<body>
<table id="dataintable">
    <tr>
        <th>序号</th>
        <th>名称</th>
        <th>描述</th>
    </tr>
    <tr>
        <td>1</td>
        <td>公众号</td>
        <td>软件测试君</td>
    </tr>
    <tr>
        <td>2</td>
        <td>博客园</td>
        <td>Refain</td>
    </tr>
    <tr>
        <td>3</td>
        <td>微信号</td>
        <td>139××××201</td>
    </tr>
    <tr>
        <td>4</td>
        <td>QQ 群</td>
        <td>721××××03</td>
    </tr>
```

```
</table>
</body>
</html>
```

1. 定位 table 标签

通过 Selenium 定位方式（id、name、XPath、CSS 等方式）定位 table 标签。

定位代码语句如下：

```
table=driver.findElement(By.id("dataintable"));
```

定位解释：

查找页面中 id 属性为 dataintable 的页面表格。

2. 获取 table 表格总行数

定位代码语句如下：

```
elements = driver.findElements(By.tagName("tr"));
```

定位解释：

查找页面中标签是 tr 的元素，也就是获取 tr 标签的个数。

3. 获取 table 表格总列数

定位代码语句如下：

```
elements.get(0).findElements(By.tagName("th"))
```

定位解释：

查找页面中 tr 标签下的 th 元素，也就是 tr 标签下面 th 标签的个数。

4. 获取 table 表格单个单元格的值

定位代码语句如下：

```
elements.get(1).findElements(By.tagName("td")).get(2).getText()
```

定位解释：

获得页面 table 表格中第二行第三列的单元格文本。

5. 定位 table 表格指定单元格

XPath 表达式如下：

```
//*[@class='dataintable']/tbody/tr[2]/td[3]
```

CSS 表达式如下：

```
table.dataintable tbody tr:nth-child(2) td:nth-child(3)
```

定位代码语句如下：

```
cell=driver.findElement(By.xpath("//*[@class='dataintable']/tbody/tr[2]/
  td[3]"));
cell=driver.findElement(By.cssSelector("table.dataintable tbody
  tr:nth-child(2) td:nth-child(3)"));
```

定位解释：

查找页面 table 表格中第二行第三个单元格元素。

6. 遍历表格的全部单元格

首先，定位表格行数，即把所有 tr 元素对象存储到 List（列表）集合对象中。

然后，通过 for 循环遍历把对象从列对象中取出来。

最后，使用 findElements 函数把表格行对象中的所有单元格对象存储到名为 cols 的 List 中，再通过 for 循环遍历读取即可，具体示例代码如下：

```
WebElement tableElement = driver.findElement(By.className("dataintable"));
List<WebElement> rows = tableElement.findElements(By.tagName("tr"));
for (int i = 0; i < rows.size(); i++) {
    List<WebElement> cols = rows.get(i).findElements(By.tagName("td"));
    for (int j = 0; j < cols.size(); j++) {
        System.out.print(cols.get(j).getText() + "\t");
    }
    System.out.println("");
}
```

至此，关于页面元素的定位总结完毕，还请读者多次阅读、实践，并能灵活应用到实际工作中。当然，如果能够熟练掌握以上定位方法，将会给你的实际自动化测试工作增加很大助力。

5.3 小　　结

本章主要介绍页面元素定位操作的相关知识，包括定位插件的安装、常用页面元素定位方法的讲解等。

通过本章的学习，读者应该能够掌握以下内容：

（1）新旧版本的 Firefox 浏览器和 Chrome 浏览器定位插件的安装及使用。

（2）常用的 8 种元素定位方法的操作及使用。

（3）使用 jQuery 定位及 table 表格常见的定位操作。

第6章

主流测试框架 TestNG 的使用

本章介绍 TestNG 的基础知识，主要包括 TestNG 的基本介绍及各种场景下测试方法的使用。

6.1 TestNG 的基本介绍

TestNG 类似于 JUnit 单元测试框架，功能强大，是目前比较主流的测试框架。TestNG 有着相对完善的用例管理模块，再配合 Maven 第三方插件，使用起来特别方便。使用 TestNG 可以进行功能、接口、单元、集成等方面的测试，一般常与 Selenium 结合进行 Web 自动化测试，是开发人员使用最为广泛的测试框架之一。

从习惯上看，开发人员一般喜欢用 JUnit 来编写单元测试，而测试人员则更倾向于用 TestNG 来编写自动化测试。

从本章开始，我们一起来学习 TestNG 测试框架的使用。

6.1.1 TestNG 常见的代码

从本小节开始将真正进入编码环节，均以 IDEA 作为开发工具来编写代码。

首先，创建一个名为 com.testng.demo 的包。TestNG 的一个简单的测试类如下：

```
package com.testng.demo;

import org.testng.annotations.AfterClass;
import org.testng.annotations.BeforeClass;
import org.testng.annotations.Test;

public class TestNGDemo {
```

```
    @BeforeClass
    public void beforeClass() {
        System.out.println("This is beforeClass");
    }

    @Test
    public void test() {
        System.out.println("This is TestNG testCase");
    }

    @AfterClass
    public void afterClass() {
        System.out.println("this is afterClass");
    }
}
```

TestNG 对应的 XML 文件如图 6-1 所示。

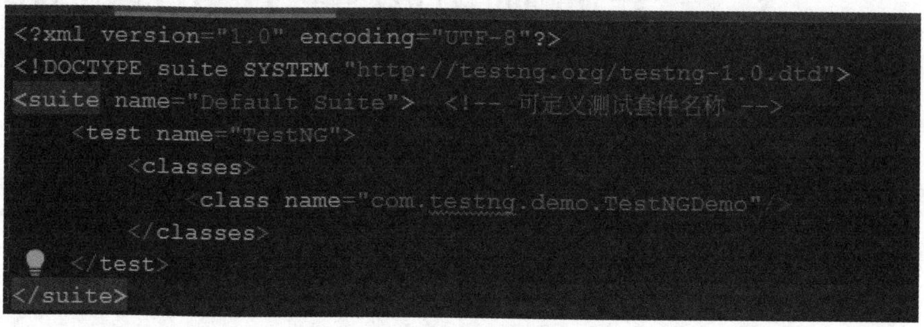

```
<?xml version="1.0" encoding="UTF-8"?>
<!DOCTYPE suite SYSTEM "http://testng.org/testng-1.0.dtd">
<suite name="Default Suite">  <!-- 可定义测试套件名称 -->
    <test name="TestNG">
        <classes>
            <class name="com.testng.demo.TestNGDemo"/>
        </classes>
    </test>
</suite>
```

图 6-1 TestNG 的 XML 文件

以上这段代码及对应的 XML 文件是我们在实际编写自动化脚本的过程中常见的结构。

6.1.2 TestNG 怎样执行测试

第一种：右击要执行的类，在弹出的快捷菜单中单击“Run→'测试类名'”，如图 6-2 所示。

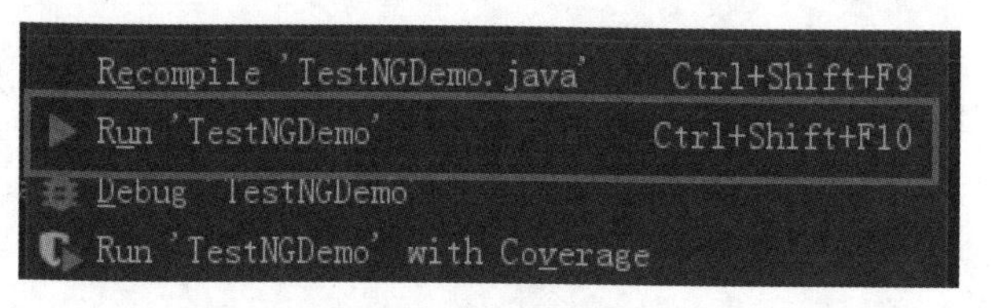

图 6-2 直接运行

第二种：通过 XML 文件来执行，右击 XML 文件，在弹出的快捷菜单中单击“Run→'XML 文件名'”，如图 6-3 所示。

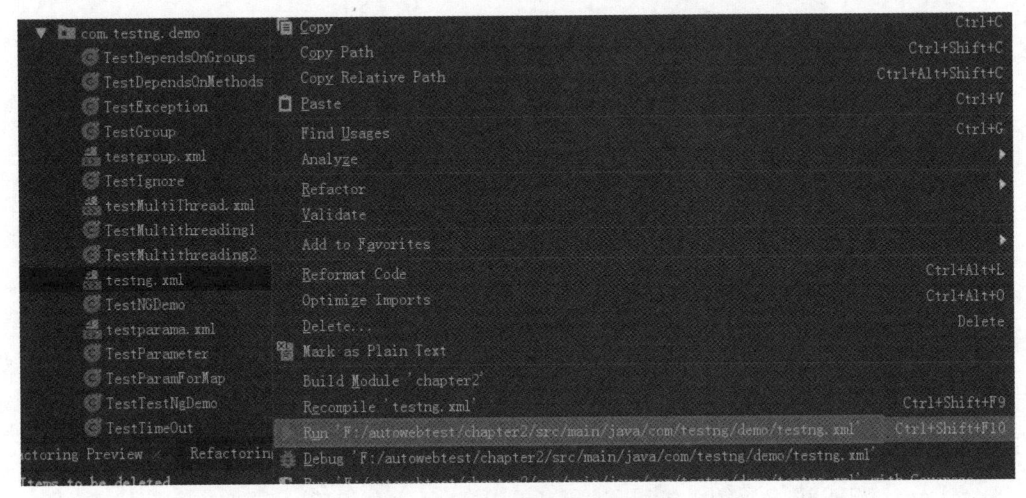

图 6-3　通过 XML 文件来运行

6.2　TestNG 的使用

6.2.1　快速开始

（1）准备工具。

- IntelliJ IDEA。
- TestNG 依赖 JAR 包。
- Maven。
- JDK1.8。

（2）创建 Maven 项目，再创建一个 Module，取名为 chapter1。Module 与 Maven 项目的创建类似，此处将不做演示，工程结构如图 6-4 所示。

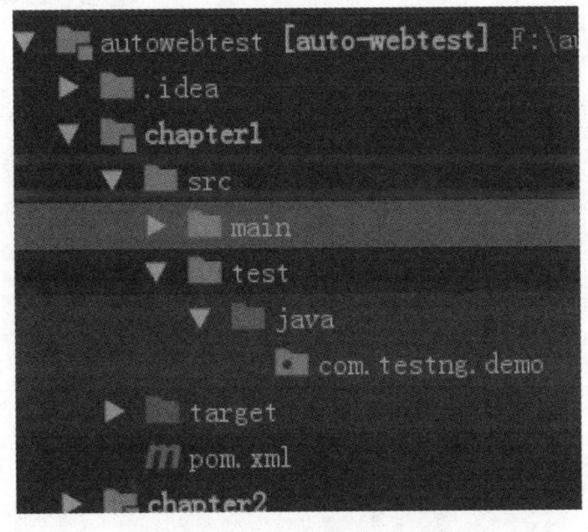

图 6-4　工程结构示例

（3）在 pom 文件中引入 TestNG 的依赖 JAR 包，添加如下内容：

```
<?xml version="1.0" encoding="UTF-8"?>
<project xmlns="http://maven.apache.org/POM/4.0.0"
        xmlns:xsi="http://www.w3.org/2001/XMLSchema-instance"
        xsi:schemaLocation="http://maven.apache.org/POM/4.0.0
         http://maven.apache.org/xsd/maven-4.0.0.xsd">
    <parent>
        <artifactId>auto-webtest</artifactId>
        <groupId>auto-webtest</groupId>
        <version>1.0-SNAPSHOT</version>
    </parent>
    <modelVersion>4.0.0</modelVersion>

    <artifactId>chapter1</artifactId>
    <dependencies>
        <dependency>
            <groupId>org.testng</groupId>
            <artifactId>testng</artifactId>
            <version>6.14.3</version>
        </dependency>
    </dependencies>

</project>
```

（4）入门案例。TestNG 的入门特别简单，代码如图 6-5 所示。@BeforeClass 注解方法表示用例执行前的数据准备，@Test 注解方法表示要执行的测试用例，@AfterClass 注解方法表示用例执行后的数据销毁处理。

```
@BeforeClass
public void beforeClass() {
    System.out.println("This is beforeClass");
}

@Test
public void test() {
    System.out.println("This is TestNG testCase");
}

@AfterClass
public void afterClass() {
    System.out.println("this is afterClass");
}
```

图 6-5 示例代码

执行结果如图 6-6 所示。

```
"F:\Program Files\Java\jdk1.8.0_202\bin\java.exe" ...
This is beforeClass
This is TestNG testCase
this is afterClass

===============================================
Default Suite
Total tests run: 1, Failures: 0, Skips: 0
===============================================

Picked up JAVA_TOOL_OPTIONS: -Dfile.encoding=UTF-8

Process finished with exit code 0
```

图 6-6　执行结果

6.2.2　注解及属性

上面的例子相对简单，旨在让读者快速了解 TestNG 的用法。

下面深入学习实际工作中常用注解的用法，以帮助我们更好地理解和使用。TestNG 提供了诸多注解，为实际测试工作带来了很多便利。TestNG 常见的注解/属性与描述如表 6-1 所示。

表 6-1　TestNG 常见的注解/属性与描述

注解/属性	描　述
@BeforeSuite	在该套件的所有测试都运行在注解的方法之前，仅运行一次
@AfterSuite	在该套件的所有测试都运行在注解方法之后，仅运行一次
@BeforeClass	在调用当前类的第一个测试方法之前运行，注解方法仅运行一次
@AfterClass	在调用当前类的第一个测试方法之后运行，注解方法仅运行一次
@BeforeTest	注解方法将在属于<test>标签的类的所有测试方法运行之前运行
@AfterTest	注解方法属于在<test>标签的类的所有测试方法运行之后运行
@BeforeGroups	此配置方法将在之前运行组列表。此方法保证在调用属于这些组的第一个测试方法之前不久运行
@AfterGroups	此配置方法将在之后运行组列表。该方法保证在调用属于这些组的最后一个测试方法之后不久运行
@BeforeMethod	注解方法将在每个测试方法之前运行
@AfterMethod	注解方法将在每个测试方法之后运行
@DataProvider	标记一种方法来提供测试方法的数据。注解方法必须返回一个Object [] []，其中每个Object []可以被分配给测试方法的参数列表。要从该DataProvider接收数据的@Test方法，就需要使用与此注解名称相等的dataProvider名称
@Factory	作为一个工厂，返回TestNG的测试类的对象将被用于标记的方法。该方法必须返回Object[]

（续表）

注解/属性	描　述
@Listeners	定义一个测试类的监听器
@Parameters	描述如何将参数传递给@Test方法
@Test	将类或方法标记为测试的一部分
alwaysRun	如果为true，就表示该测试方法所依赖的测试方法即使失败了也会继续执行
dataProvider	选定传入参数的构造器
dataProviderClass	确定参数构造器的Class类
dependsOnGroups	确定依赖的前置测试组名
dependsOnMethods	确定依赖的前置测试方法
enabled	默认为true，如果指定为false，就表示不执行该测试方法
expectedException	指定期待测试方法抛出的异常，多个异常类型以逗号分隔
groups	指定该测试方法所属的组，可以指定多个组，以逗号隔开
invocationCount	指测试方法需要被调用的次数
invocationTimeOut	每一次超时的调用时间，单位是毫秒
priority	测试方法优先级设置，数值越低，优先级越高
timeOut	整个测试方法超时时间，单位是毫秒

常用的注解举例如下：

```
package com.testng.demo;

import org.testng.Assert;
import org.testng.annotations.*;

/**
 * 常用注解示例
 *
 * @author : rongrong
 *
 */
public class AnnotationsDemo {
    @BeforeSuite
    public void beforeSuite() {
        System.out.println("beforeSuite。。。。。。");
    }

    @BeforeMethod
    public void beforeMethod() {
        System.out.println("beforeMethod。。。。。。");
    }

    @BeforeClass
    public void beforeClass() {
        System.out.println("beforeClass。。。。。。");
    }

    @BeforeTest
```

```
    public void beforeTest() {
        System.out.println("beforeTest。。。。。。 ");
    }

    @Test
    public void test1() {
        System.out.println("这是第一个测试。。。。。。 ");
        Assert.assertEquals(add(1, 1), 2);
    }

    @Test
    public void test2() {
        System.out.println("这是第二个测试。。。。。。 ");
    }

    @AfterTest
    public void afterTest() {
        System.out.println("afterTest。。。。。。 ");
    }

    @AfterClass
    public void afterClass() {
        System.out.println("afterClass。。。。。。 ");
    }

    @AfterMethod
    public void afterMethod() {
        System.out.println("afterMethod。。。。。。 ");
    }

    @AfterSuite
    public void afterSuite() {
        System.out.println("afterSuite。。。。。。 ");
    }

    /**
     * 两个数相加
     *
     * @param i
     * @param j
     * @return
     */
    public int add(int i, int j) {
        return i + j;
    }
}
```

对应 XML 文件配置如下：

```
<?xml version="1.0" encoding="UTF-8"?>
<!DOCTYPE suite SYSTEM "http://testng.org/testng-1.0.dtd">
<!-- 可定义测试套件名称 -->
<suite name="Default Suite">
    <test name="TestNG">
        <classes>
            <class name="com.testng.demo.AnnotationsDemo"/>
        </classes>
```

```
    </test>
</suite>
```

从 XML 文件可以看出测试级别为 suite→test→class→method。test 指的是 XML 文件中的 test 标签，而不是测试类里面的@Test。而@Test 实际上对应的是 XML 文件中的 method。所以在使用@BeforeSuite、@BeforeTest、@BeforeClass 和@BeforeMethod 注解时，它们也是按照上述级别的执行顺序来执行的。

以 XML 文件运行，运行结果如下：

```
beforeSuite。。。。。。
beforeTest。。。。。。
beforeClass。。。。。。
beforeMethod。。。。。。
这是第一个测试。。。。。。
afterMethod。。。。。。
beforeMethod。。。。。。
这是第二个测试。。。。。。
afterMethod。。。。。。
afterClass。。。。。。
afterTest。。。。。。
afterSuite。。。。。。

===============================================
Default Suite
Total tests run: 2, Failures: 0, Skips: 0
===============================================

Picked up JAVA_TOOL_OPTIONS: -Dfile.encoding=UTF-8

Process finished with exit code 0
```

从运行结果可以看到 beforeSuite/afterSuite、beforeClass/afterClass 和 beforeTest/afterTest 只执行了一次，而 beforeMethod/afterMethod 执行了两次。

6.2.3 套件测试

测试套件是用来串联测试用例脚本的，可以通过灵活配置来执行想要执行的测试用例脚本。通俗地讲，就是将一个或多个测试用例（测试类）放在一起运行，也称为套件测试。

下面将举例说明套件测试的使用。我们来创建两个测试类，第一个类为 TestSuiteDemo1.java，具体示例代码如下：

```
package com.testng.demo;

import org.testng.annotations.AfterClass;
import org.testng.annotations.BeforeClass;
import org.testng.annotations.Test;

/**
 * 套件测试类示例代码 1
 *
```

```
 * @author rongrong
 *
 */
public class TestSuiteDemo1 {
    @BeforeClass
    public void beforeClass() {
        System.out.println("This is beforeClass");
    }

    @Test
    public void test() {
        System.out.println("This is TestSuiteDemo1 testCase");
    }

    @AfterClass
    public void afterClass() {
        System.out.println("this is afterClass");
    }
}
```

第二个类为 TestSuiteDemo2.java，具体示例代码如下：

```
package com.testng.demo;

import org.testng.annotations.AfterClass;
import org.testng.annotations.BeforeClass;
import org.testng.annotations.Test;

/**
 * 套件测试类示例代码 2
 *
 * @author rongrong
 *
 */
public class TestSuiteDemo2 {
    @BeforeClass
    public void beforeClass() {
        System.out.println("This is beforeClass");
    }

    @Test
    public void test() {
        System.out.println("This is TestSuiteDemo2 testCase");
    }

    @AfterClass
    public void afterClass() {
        System.out.println("this is afterClass");
    }
}
```

在 test 目录下再创建一个名为 testng.xml（名字可自行定义）的文件，添加内容如下：

```
<?xml version="1.0" encoding="UTF-8"?>
<suite name="Suite" verbose="1" parallel="false" thread-count="1">
    <test name="Test1">
        <classes>
            <!--套件测试类示例代码 1-->
```

```
            <class name="com.testng.demo.TestSuiteDemo1" />
            <!--套件测试类示例代码 2-->
            <class name="com.testng.demo.TestSuiteDemo2" />
        </classes>
    </test>
</suite>
```

从上面的 XML 文件中可以看出，suite 为根节点且只能有一个，其中 name 属性为必需的属性。

verbose 的意思是在控制台中如何输出，一般值为 1，不写也可以。

parallel 的意思是使用多线程测试，通过 thread-count 属性可以设置线程数。

上面这个 XML 文件运行 class 为 com.testng.demo.TestSuiteDemo1 和 com.testng.demo.TestSuiteDemo2 中的所有测试方法。

使用 XML 文件执行测试，运行结果如下：

```
This is beforeClass
This is TestSuiteDemo1 testCase
this is afterClass
This is beforeClass
This is TestSuiteDemo2 testCase
this is afterClass

===============================================
Suite
Total tests run: 2, Failures: 0, Skips: 0
===============================================

Picked up JAVA_TOOL_OPTIONS: -Dfile.encoding=UTF-8

Process finished with exit code 0
```

6.2.4 忽略测试

有时，我们编写的测试用例脚本未开发完全，不具备执行测试的条件，就需要等功能健壮或者脚本开发完成时再去执行测试，这时就可以使用注解@Test(enabled = false)禁用不想执行的测试用例。

下面将举例说明忽略测试的使用。创建一个测试类，名为 TestIgnore，具体示例代码如下：

```
package com.testng.demo;

import org.testng.annotations.Test;

/**
 * 忽略测试代码示例
 *
 * @author rongrong
 */
public class TestIgnore {

    /**
     * 默认情况下 enable 属性为 true
     */
    @Test
```

```
    public void test1() {
        System.out.println("这条测试用例会被执行");
    }

    @Test(enabled = true)
    public void test2() {
        System.out.println("enabled = true 时，这条测试用例会被执行");
    }

    @Test(enabled = false)
    public void test3() {
        System.out.println("这条测试用例将不会被执行");
    }

}
```

运行上面的代码，运行结果如下：

```
这条测试用例会被执行
enabled = true 时，这条测试用例会被执行

===============================================
Default Suite
Total tests run: 2, Failures: 0, Skips: 0
===============================================

Picked up JAVA_TOOL_OPTIONS: -Dfile.encoding=UTF-8

Process finished with exit code 0
```

显然 test3 并没有执行，被禁用了。

6.2.5　分组测试

分组测试在一定程度上更方便管理测试用例，使得实际测试更具灵活性。

下面将举例说明分组测试的使用。创建一个测试类，名为 TestGroup，具体示例代码如下：

```
package com.testng.demo;

import org.testng.annotations.Test;

/**
 * 分组测试示例
 * @author rongrong
 */
public class TestGroup {

    @Test(groups = "group1")
    public void test1() {
        System.out.println("我是第 1 组读者！");
    }

    @Test(groups = "group2")
    public void test2() {
        System.out.println("我是第 2 组读者！");
```

```
    }

    @Test(groups = "group1")
    public void test3() {
        System.out.println("我是第 1 组读者！");
    }

    @Test(groups = "group3")
    public void test4() {
        System.out.println("我是第 3 组读者！");
    }

    @Test(groups = "group2")
    public void test6() {
        System.out.println("我是第 2 组读者！");
    }

    @Test(groups = "group1")
    public void test5() {
        System.out.println("我是第 1 组读者！");
    }
}
```

创建对应的 XML 文件，添加如下内容：

```
<?xml version="1.0" encoding="UTF-8"?>
<!DOCTYPE suite SYSTEM "http://testng.org/testng-1.0.dtd" >
<suite name="suite">
    <test name="分组测试">
        <groups>
            <run>
                <!--只包含 1 组-->
                <include name="group1"></include>
                <!--除了 3 组，都能执行-->
            <!--<exclude name="group3"></exclude>-->
            </run>
        </groups>
        <classes>
            <class name="com.testng.demo.TestGroup"></class>
        </classes>
    </test>
</suite>
```

说 明

groups 标签是分组，run 标签是执行，include 标签是包含，exclude 标签是不包含。

使用以上 XML 文件执行测试，运行结果如下：

```
我是第 1 组读者！
我是第 1 组读者！
我是第 1 组读者！

===============================================
suite
Total tests run: 3, Failures: 0, Skips: 0
```

```
===============================================

Picked up JAVA_TOOL_OPTIONS: -Dfile.encoding=UTF-8

Process finished with exit code 0
```

6.2.6　异常测试

异常测试是在单元测试中一个非常重要的环节，即全路径的覆盖测试，用于验证程序的健壮性和可靠性，同时也是开发人员自测常常会忽略的一种测试。

比如接口测试中传入某些不合法的参数，程序就会抛出异常，在程序中我们期望得到某种类型的异常的时候，就需要用到异常测试。通过 @Test(expected=**Exception.class) 来指定必须抛出某种类型的异常，如果没有抛出异常或者抛出其他异常，测试就会失败。

下面将举例说明异常测试的使用。创建一个测试类，名为 TestException，具体示例代码如下：

```
package com.testng.demo;

import org.testng.annotations.Test;

/**
 * 异常测试示例
 * @author rongrong
 */
public class TestException {

    @Test(expectedExceptions = NullPointerException.class)
    public void testException() {
        throw new  NullPointerException();
    }
}
```

6.2.7　依赖测试

有时需要测试方法按照特定的顺序被调用，这个时候需要使用@Test 注解的 dependsOnMethods 参数来指定所依赖的方法。

下面将举例说明依赖测试的使用。创建一个测试类，名为 TestDependsOnGroups，具体示例代码如下：

```
package com.testng.demo;

import org.testng.annotations.Test;

/**
 * 依赖测试示例
 * @author rongrong
 */
public class TestDependsOnGroups {

    // test1 执行之前会先执行 test2 和 test3
    @Test(dependsOnMethods = {"test2",  "test3"})
```

```
    public void test1() {
        System.out.println("test1 执行了");
    }

    @Test
    public void test2() {
        System.out.println("test2 执行了");
    }

    @Test
    public void test3() {
        System.out.println("test3 执行了");
    }

}
```

运行上面的代码，运行结果如下：

```
test2 执行了
test3 执行了
test1 执行了

===============================================
Default Suite
Total tests run: 3, Failures: 0, Skips: 0
===============================================

Picked up JAVA_TOOL_OPTIONS: -Dfile.encoding=UTF-8

Process finished with exit code 0
```

6.2.8 超时测试

超时测试一般用于测试程序的性能，比如一段程序执行完耗时多久等。使用超时测试时，如果执行测试时花费的时间超过设定的毫秒数，TestNG 就会将其终止并标记为失败。

下面将举例说明超时测试的使用。创建一个测试类，名为 TestTimeOut，具体代码如下：

```
package com.testng.demo;

import org.testng.annotations.Test;

/**
 * 超时测试
 * @author rongrong
 */
public class TestTimeOut {
    @Test(timeOut = 3000)
    public void testTimeout(){
        try {
            Thread.sleep(5000);
        } catch (InterruptedException e) {
            e.printStackTrace();
        }
```

```
    }
}
```

执行上面的代码，结果如下：

```
java.lang.InterruptedException: sleep interrupted
    at java.lang.Thread.sleep(Native Method)
    at com.testng.demo.TestTimeOut.testTimeout(TestTimeOut.java:13)
    at sun.reflect.NativeMethodAccessorImpl.invoke0(Native Method)
    at sun.reflect.NativeMethodAccessorImpl.
     invoke(NativeMethodAccessorImpl.java:62)
    at sun.reflect.DelegatingMethodAccessorImpl.
     invoke(DelegatingMethodAccessorImpl.java:43)
    at java.lang.reflect.Method.invoke(Method.java:498)
    at org.testng.internal.MethodInvocationHelper.
     invokeMethod(MethodInvocationHelper.java:124)
    at org.testng.internal.InvokeMethodRunnable.
     runOne(InvokeMethodRunnable.java:54)
    at org.testng.internal.InvokeMethodRunnable.
     run(InvokeMethodRunnable.java:44)
    at java.util.concurrent.Executors$RunnableAdapter.
       call(Executors.java:511)
    at java.util.concurrent.FutureTask.run(FutureTask.java:266)
    at java.util.concurrent.ThreadPoolExecutor.
     runWorker(ThreadPoolExecutor.java:1149)
    at java.util.concurrent.ThreadPoolExecutor$Worker.
     run(ThreadPoolExecutor.java:624)
    at java.lang.Thread.run(Thread.java:748)

org.testng.internal.thread.ThreadTimeoutException: Method com.testng.demo.
  TestTimeOut.testTimeout() didn't finish within the time-out 3000

    at java.lang.Throwable.printStackTrace(Throwable.java:643)
    at java.lang.Throwable.printStackTrace(Throwable.java:634)
    at com.testng.demo.TestTimeOut.testTimeout(TestTimeOut.java:15)
    at sun.reflect.NativeMethodAccessorImpl.invoke0(Native Method)
    at sun.reflect.NativeMethodAccessorImpl.
     invoke(NativeMethodAccessorImpl.java:62)
    at sun.reflect.DelegatingMethodAccessorImpl.
     invoke(DelegatingMethodAccessorImpl.java:43)
    at java.lang.reflect.Method.invoke(Method.java:498)
    at org.testng.internal.MethodInvocationHelper.
     invokeMethod(MethodInvocationHelper.java:124)
    at org.testng.internal.InvokeMethodRunnable.
     runOne(InvokeMethodRunnable.java:54)
    at org.testng.internal.InvokeMethodRunnable.
     run(InvokeMethodRunnable.java:44)
    at java.util.concurrent.Executors$RunnableAdapter.
     call(Executors.java:511)
    at java.util.concurrent.FutureTask.run(FutureTask.java:266)
    at java.util.concurrent.ThreadPoolExecutor.
     runWorker(ThreadPoolExecutor.java:1149)
    at java.util.concurrent.ThreadPoolExecutor$Worker.
     run(ThreadPoolExecutor.java:624)
    at java.lang.Thread.run(Thread.java:748)
```

```
===============================================
Default Suite
Total tests run: 1, Failures: 1, Skips: 0
===============================================

Picked up JAVA_TOOL_OPTIONS: -Dfile.encoding=UTF-8

Process finished with exit code 0
```

6.2.9 参数化测试

参数化测试可以理解为自动化测试中数据驱动的一种，TestNG 中常用的有@Parameters 和@DataProvider 两种注解。

我们先来举例说明使用@Parameters 注解进行参数化测试。创建一个测试类，名为 TestParam，具体示例代码如下：

```
package com.testng.demo;

import org.testng.annotations.Parameters;
import org.testng.annotations.Test;

/**
 *基于 XML 文件结合 Parameters 配置的参数化测试
 * @author rongrong
  */
public class TestParam {

    @Parameters({"username", "password"})
    @Test
    public void testLogin(String username, String password) {
        System.out.println(username + "\t" + password);
    }
}
```

注 意

@Parameters({"username", "password"})参数个数及名称需与注解方法的入参个数及名称保持一致。

接着，创建 TestNG 对应的 XML 文件，添加如下内容：

```
<?xml version="1.0" encoding="UTF-8"?>
<!DOCTYPE suite SYSTEM "http://testng.org/testng-1.0.dtd" >
<suite name="test">
    <test name="test" thread-count="1">
        <parameter name="username" value="xiaoqiang"></parameter>
        <parameter name="password" value="123456"></parameter>
        <classes>
            <class name="com.testng.demo.TestParam"></class>
        </classes>
    </test>
</suite>
```

注　意

配置 parameter 参数时，分别对 username 和 password 对应的 value 进行赋值。

使用以上 XML 文件执行测试，运行结果如下：

```
xiaoqiang   123456

===============================================
test
Total tests run: 1, Failures: 0, Skips: 0
===============================================

Picked up JAVA_TOOL_OPTIONS: -Dfile.encoding=UTF-8

Process finished with exit code 0
```

接下来举例说明使用@DataProvider 注解进行参数化测试。

我们再来创建一个测试类，名为 TestLogin，具体示例代码如下：

```
package com.testng.demo;

import org.testng.annotations.DataProvider;
import org.testng.annotations.Test;

/**
 * 使用@DataProvider 进行参数化测试
 * 场景：模拟用户登录测试用例
 * @author rongrong
 */
public class TestLogin {

    @Test(dataProvider = "testlogin")
    public void testlogin(String username, String password) {
        System.out.println("用户名为："+username + "\t" +"密码为："+ password);
    }

    @DataProvider(name = "testlogin")
    public Object[][] testlogin() {
        return new Object[][]{
                //用户名为空，密码不为空
                {"", "12346"},
                //用户名不为空，密码为空
                {"rongrong", ""},
                //用户名正确，密码不正确
                {"rongrong", "123654"},
                //用户名不正确，密码正确
                {"rong", "123456"},
                //用户名、密码正确
                {"rongrong", "123456"},
        };
    }
}
```

执行上面的代码，运行结果如下：

```
用户名为:     密码为: 12346
用户名为: rongrong    密码为:
用户名为: rongrong    密码为: 123654
用户名为: rong    密码为: 123456
用户名为: rongrong    密码为: 123456

===============================================
Default Suite
Total tests run: 5, Failures: 0, Skips: 0
===============================================

Picked up JAVA_TOOL_OPTIONS: -Dfile.encoding=UTF-8

Process finished with exit code 0
```

6.2.10 多线程测试

在测试过程中，我们经常为了提升效率采取多个线程的方式去测试，如多线程运行脚本构造数据。如果读者对 TestNG 比较了解，会发现使用下面几个注解就可以实现这个需求。

- invocationCount：表示执行的次数。
- threadPoolSize：表示线程池内线程的个数。
- timeOut：超时时间，以毫秒为单位。

下面将举例说明多线程测试的使用。创建一个测试类，名为 TestMultiThreading，具体示例代码如下：

```
package com.testng.demo;

import org.testng.annotations.Test;

/**
 * 多线程测试，没有关联的用例可以使用多线程减少执行时间
 * @author rongrong
*/
public class TestMultiThreading {

    @Test(invocationCount = 10, threadPoolSize = 4)
    public void testMultiThreading(){
        System.out.println("Thread id :"+Thread.currentThread().getId());
    }

}
```

说　明

注解中 threadPoolSize 后的值表示 4 个线程同时运行，invocationCount 后的值表示共执行 10 次。

执行上面的代码，结果如下：

```
Thread id :14
```

```
Thread id :11
Thread id :11
Thread id :11
Thread id :11
Thread id :11
Thread id :11
Thread id :11
Thread id :12
Thread id :13

===============================================
Default Suite
Total tests run: 10, Failures: 0, Skips: 0
===============================================

Picked up JAVA_TOOL_OPTIONS: -Dfile.encoding=UTF-8

Process finished with exit code 0
```

6.2.11　TestNG 断言

在执行自动化测试脚本时，我们需要自动判断测试脚本执行完成后的实际结果是否与预期结果一致，这个时候就需要在程序运行之前写入断言，判断当前程序执行后是否正确。

TestNG 断言分为两种：软断言和硬断言。

1. 硬断言

在 TestNG 中，Assert 类为硬断言，里面有多个静态方法被称为硬断言。特点是，如果脚本运行断言失败，就马上停止运行，后面的代码将不会被执行。

TestNG 中提供了多个 Assert*()方法，主要用来匹配不同的数据类型和集合类及其他对象操作。

关于硬断言，具体示例代码如下：

```
package com.testng.demo;

import org.testng.Assert;
import org.testng.annotations.Test;

/**
 * 硬断言演示案例
 * @author : rongrong
 */
public class TestAssert {
    @Test
    public void testAssert() throws Exception {
        Assert.assertEquals(4,2 * 2);
        Assert.assertEquals(5,1+9);
    }
}
```

运行上面的代码，结果如下：

```
java.lang.AssertionError: expected [10] but found [5]
Expected :10
Actual   :5
```

```
<Click to see difference>


    at org.testng.Assert.fail(Assert.java:96)
    at org.testng.Assert.failNotEquals(Assert.java:776)
    at org.testng.Assert.assertEqualsImpl(Assert.java:137)
    at org.testng.Assert.assertEquals(Assert.java:118)
    at org.testng.Assert.assertEquals(Assert.java:652)
    at org.testng.Assert.assertEquals(Assert.java:662)
    at com.api.demo.TestAssert.testAssert(TestAssert.java:11)
    at java.base/jdk.internal.reflect.NativeMethodAccessorImpl.
     invoke0(Native Method)
    at java.base/jdk.internal.reflect.NativeMethodAccessorImpl.
     invoke(NativeMethodAccessorImpl.java:62)
    at java.base/jdk.internal.reflect.DelegatingMethodAccessorImpl.
     invoke(DelegatingMethodAccessorImpl.java:43)
    at java.base/java.lang.reflect.Method.invoke(Method.java:566)
    at org.testng.internal.MethodInvocationHelper.
     invokeMethod(MethodInvocationHelper.java:124)
    at org.testng.internal.Invoker.invokeMethod(Invoker.java:583)
    at org.testng.internal.Invoker.invokeTestMethod(Invoker.java:719)
    at org.testng.internal.Invoker.invokeTestMethods(Invoker.java:989)
    at org.testng.internal.TestMethodWorker.
     invokeTestMethods(TestMethodWorker.java:125)
    at org.testng.internal.TestMethodWorker.run(TestMethodWorker.java:109)
    at org.testng.TestRunner.privateRun(TestRunner.java:648)
    at org.testng.TestRunner.run(TestRunner.java:505)
    at org.testng.SuiteRunner.runTest(SuiteRunner.java:455)
    at org.testng.SuiteRunner.runSequentially(SuiteRunner.java:450)
    at org.testng.SuiteRunner.privateRun(SuiteRunner.java:415)
    at org.testng.SuiteRunner.run(SuiteRunner.java:364)
    at org.testng.SuiteRunnerWorker.runSuite(SuiteRunnerWorker.java:52)
    at org.testng.SuiteRunnerWorker.run(SuiteRunnerWorker.java:84)
    at org.testng.TestNG.runSuitesSequentially(TestNG.java:1208)
    at org.testng.TestNG.runSuitesLocally(TestNG.java:1137)
    at org.testng.TestNG.runSuites(TestNG.java:1049)
    at org.testng.TestNG.run(TestNG.java:1017)
    at org.testng.IDEARemoteTestNG.run(IDEARemoteTestNG.java:73)
    at org.testng.RemoteTestNGStarter.main(RemoteTestNGStarter.java:123)


===============================================
Default Suite
Total tests run: 1, Failures: 1, Skips: 0
===============================================


Process finished with exit code 0
```

从上面的结果可以看出 assertEquals 中 Expected 和 Actual 不相等，如果实际结果和预期结果不相等，就会抛出断言异常并显示内容，这样抛出的错误更方便定位错误的原因和具体的业务逻辑。

关于 Assert，常见断言方法及描述如下。

- assertTrue：判断是否为 true。
- assertFalse：判断是否为 false。
- assertSame：判断引用地址是否相同。

- assertNotSame：判断引用地址是否不相同。
- assertNull：判断是否为 Null。
- assertNotNull：判断是否不为 Null。
- assertEquals：判断是否相等，Object 类型的对象需要实现 hashCode 和 equals 方法。
- assertNotEquals：判断是否不相等。
- assertEqualsNoOrder：判断忽略顺序是否相等。

2. 软断言

在 TestNG 中，SoftAssert 类为软断言。特点是，如果运行断言失败，不会停止运行，会继续执行这个断言下的其他语句或者断言，不会影响其他断言的运行。

使用说明：assertAll()一定要放在该测试类的最后一个断言后面。软断言的类叫 SoftAssert.java，这个类需要创建实例对象才能调用相关实例方法进行软断言。

关于软断言，具体示例代码如下：

```
package com.testng.demo;

import org.testng.annotations.Test;
import org.testng.asserts.SoftAssert;

/**
 * 软断言演示案例
 * @author : rongrong
 */
public class TestSoftAssert {
    @Test
    public void testSoftAssert(){
        System.out.println("脚本执行开始");
        //实例化 SoftAssert
        SoftAssert assertion = new SoftAssert();
        assertion.assertEquals(5,6,"我俩不是一样大");
        System.out.println("脚本执行结束");
        System.out.println("我是观望，到这会不会继续执行呢");
        //这个必须放到最后，没什么可说的
        assertion.assertAll();
    }
}
```

运行上面的代码，结果如下：

```
脚本执行开始
脚本执行结束
我是观望，到这会不会继续执行呢



java.lang.AssertionError: The following asserts failed:
    我俩不是一样大 expected [6] but found [5]
Expected :6
Actual   :5
<Click to see difference>
```

```
    at org.testng.asserts.SoftAssert.assertAll(SoftAssert.java:43)
    at com.api.demo.TestSoftAssert.testSoftAssert(TestSoftAssert.java:17)
    at java.base/jdk.internal.reflect.NativeMethodAccessorImpl.
     invoke0(Native Method)
    at java.base/jdk.internal.reflect.NativeMethodAccessorImpl.
     invoke(NativeMethodAccessorImpl.java:62)
    at java.base/jdk.internal.reflect.DelegatingMethodAccessorImpl.
     invoke(DelegatingMethodAccessorImpl.java:43)
    at java.base/java.lang.reflect.Method.invoke(Method.java:566)
    at org.testng.internal.MethodInvocationHelper.invokeMethod
     (MethodInvocationHelper.java:124)
    at org.testng.internal.Invoker.invokeMethod(Invoker.java:583)
    at org.testng.internal.Invoker.invokeTestMethod(Invoker.java:719)
    at org.testng.internal.Invoker.invokeTestMethods(Invoker.java:989)
    at org.testng.internal.TestMethodWorker.invokeTestMethods
     (TestMethodWorker.java:125)
    at org.testng.internal.TestMethodWorker.run(TestMethodWorker.java:109)
    at org.testng.TestRunner.privateRun(TestRunner.java:648)
    at org.testng.TestRunner.run(TestRunner.java:505)
    at org.testng.SuiteRunner.runTest(SuiteRunner.java:455)
    at org.testng.SuiteRunner.runSequentially(SuiteRunner.java:450)
    at org.testng.SuiteRunner.privateRun(SuiteRunner.java:415)
    at org.testng.SuiteRunner.run(SuiteRunner.java:364)
    at org.testng.SuiteRunnerWorker.runSuite(SuiteRunnerWorker.java:52)
    at org.testng.SuiteRunnerWorker.run(SuiteRunnerWorker.java:84)
    at org.testng.TestNG.runSuitesSequentially(TestNG.java:1208)
    at org.testng.TestNG.runSuitesLocally(TestNG.java:1137)
    at org.testng.TestNG.runSuites(TestNG.java:1049)
    at org.testng.TestNG.run(TestNG.java:1017)
    at org.testng.IDEARemoteTestNG.run(IDEARemoteTestNG.java:73)
    at org.testng.RemoteTestNGStarter.main(RemoteTestNGStarter.java:123)


===============================================
Default Suite
Total tests run: 1, Failures: 1, Skips: 0
===============================================


Process finished with exit code 0
```

通过运行结果，可以看到在断言 5 和 6 相等的这行代码后，还有其他的语句。如果这里采用的是硬断言，那么后面的“脚本执行结束”和“我是观望，到这会不会继续执行呢”是不会输出的。再强调一次，在使用软断言的时候必须要有 assertAll()方法，而且一定要放在最后。

至此，关于 TestNG 的基础知识及常用操作总结完毕。本章内容较为复杂和烦琐，如果本章学得不是很好，也不必灰心，毕竟在实际自动化测试中不会全部使用，但还请读者多次阅读和反复实践。更多关于 TestNG 的知识点，有兴趣的读者可以去官方网站学习了解。

6.3 小　结

本章主要介绍 TestNG 的基础知识及常用操作，包括 TestNG 基本介绍、快速入门及各个场景下对应测试方法的使用等。

通过本章的学习，读者应该能够掌握以下内容：

（1）TestNG 的基础知识及快速入门。

（2）TestNG 在各个测试场景下对应测试方法的使用。

第 7 章

从浏览器启动开始

本章介绍自动化测试中常见的浏览器启动操作及配置，主要包括 Chrome、IE、Firefox、Edge 浏览器的启动及多浏览器并行测试。

7.1 启动 Chrome 浏览器

本章示例部分均基于 TestNG 测试框架作为测试脚本的执行环境。

7.1.1 环境准备工作

首先在 pom 文件中引入 Selenium WebDriver 依赖 JAR 包，添加如下内容：

```
<?xml version="1.0" encoding="UTF-8"?>
<project xmlns="http://maven.apache.org/POM/4.0.0"
         xmlns:xsi="http://www.w3.org/2001/XMLSchema-instance"
         xsi:schemaLocation="http://maven.apache.org/POM/4.0.0
          http://maven.apache.org/xsd/maven-4.0.0.xsd">
    <parent>
        <artifactId>auto-webtest</artifactId>
        <groupId>auto-webtest</groupId>
        <version>1.0-SNAPSHOT</version>
    </parent>
    <modelVersion>4.0.0</modelVersion>

    <artifactId>chapter3</artifactId>
    <dependencies>
        <dependency>
            <groupId>org.testng</groupId>
            <artifactId>testng</artifactId>
            <version>6.14.3</version>
```

```
        </dependency>
        <dependency>
            <groupId>org.selenium</groupId>
            <artifactId>selenium-server-standalone</artifactId>
            <version>3.9.1</version>
        </dependency>
    </dependencies>

</project>
```

网上 Maven 仓库提供 selenium-server-standalone.jar 包，只支持到 2.53.0，即 Selenium 2.0 版本。而本书讲解的 Selenium 3.0 版本，需要引入 Selenium 3.0 版本的 JAR 包。

下面我们来用 IDEA 将本地 JAR 包引入 Maven 项目中，读者可以按照以下步骤进行操作：

Step 01 从 http://selenium-release.storage.googleapis.com/index.html?path=3.9/下载 selenium-server-standalone-3.9.1.jar 到本地 C 盘根目录，如图 7-1 所示。

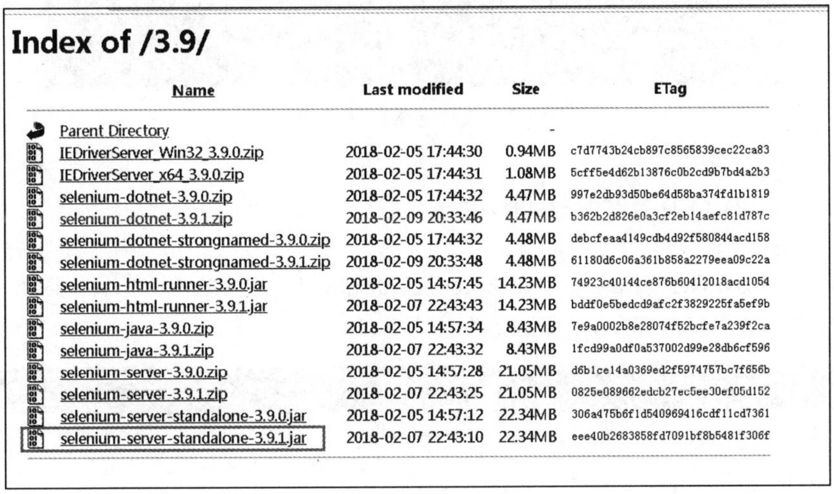

Index of /3.9/

Name	Last modified	Size	ETag
Parent Directory		-	
IEDriverServer_Win32_3.9.0.zip	2018-02-05 17:44:30	0.94MB	c7d7743b24cb897c8565839cec22ca83
IEDriverServer_x64_3.9.0.zip	2018-02-05 17:44:31	1.08MB	5cff5e4d62b13876c0b2cd9b7bd4a2b3
selenium-dotnet-3.9.0.zip	2018-02-05 17:44:32	4.47MB	997e2db93d50be64d58ba374fd1b1819
selenium-dotnet-3.9.1.zip	2018-02-09 20:33:46	4.47MB	b362b2d826e0a3cf2eb14aefc81d787c
selenium-dotnet-strongnamed-3.9.0.zip	2018-02-05 17:44:32	4.48MB	debcfeaa4149cdb4d92f580844acd158
selenium-dotnet-strongnamed-3.9.1.zip	2018-02-09 20:33:48	4.48MB	61180d6c06a361b858a2279eea09c22a
selenium-html-runner-3.9.0.jar	2018-02-05 14:57:45	14.23MB	74923c40144ce876b60412018acd1054
selenium-html-runner-3.9.1.jar	2018-02-07 22:43:43	14.23MB	bddf0e5bedcd9afc2f3829225fa5ef9b
selenium-java-3.9.0.zip	2018-02-05 14:57:34	8.43MB	7e9a0002b8e28074f52bcfe7a239f2ca
selenium-java-3.9.1.zip	2018-02-07 22:43:32	8.43MB	1fcd99a0df0a537002d99e28db6cf596
selenium-server-3.9.0.zip	2018-02-05 14:57:28	21.05MB	d6b1ce14a0369ed2f5974757bc7f656b
selenium-server-3.9.1.zip	2018-02-07 22:43:25	21.05MB	0825e089662edcb27ec5ee30ef05d152
selenium-server-standalone-3.9.0.jar	2018-02-05 14:57:12	22.34MB	306a475b6f1d540969416cdf11cd7361
selenium-server-standalone-3.9.1.jar	2018-02-07 22:43:10	22.34MB	eee40b2683858fd7091bf8b5481f306f

图 7-1　下载依赖 JAR 包

Step 02 在 pom.xml 文件中添加 Selenium 3.0 版本的 JAR 包依赖，如导入的包名为 selenium-server-standalone-3.9.1.jar，配置内容如下：

```
<dependency>
    <groupId>org.selenium</groupId>
    <artifactId>selenium-server-standalone</artifactId>
    <version>3.9.1</version>
</dependency>
```

Step 03 启动命令提示符窗口（即 DOS 命令窗口），切换到 Maven 安装目录。

Step 04 用命令打包，输入并执行如下命令：

```
mvn install:install-file -Dfile=C:\selenium-server-standalone-3.9.1.jar
-DgroupId=org.selenium -DartifactId=selenium-server-standalone -Dversion=3.9.1
-Dpackaging=jar
```

参数说明：Dfile 是指要安装的 JAR 包的本地路径；DgroupId 是指要安装的 JAR 包的 Group Id；DartifactId 是指要安装的 JAR 包的 Artificial Id；Dversion 是指 JAR 包版本；Dpackaging 是指打包类型，例如 jar。

Step 05 命令执行完后，如果提示信息为 Build Success，就说明打包成功，如图 7-2 所示。然后，IDEA 中会显示提示信息 Import Changes，单击提示内容即可。

```
E:\apache-maven-3.2.5>cd bin

E:\apache-maven-3.2.5\bin>mvn install:install-file -Dfile=C:\selenium-server-sta
ndalone-3.9.1.jar -DgroupId=org.selenium -DartifactId=selenium-server-standalone
 -Dversion=3.9.1 -Dpackaging=jar
Picked up JAVA_TOOL_OPTIONS: -Dfile.encoding=UTF-8
[INFO] Scanning for projects...
[INFO]
[INFO] ------------------------------------------------------------------------
[INFO] Building Maven Stub Project (No POM) 1
[INFO] ------------------------------------------------------------------------
[INFO]
[INFO] --- maven-install-plugin:2.4:install-file (default-cli) @ standalone-pom
---
[INFO] Installing C:\selenium-server-standalone-3.9.1.jar to E:\repository\org\s
elenium\selenium-server-standalone\3.9.1\selenium-server-standalone-3.9.1.jar
[INFO] Installing F:\temp\mvninstall1668784886501750728.pom to E:\repository\org
\selenium\selenium-server-standalone\3.9.1\selenium-server-standalone-3.9.1.pom
[INFO] ------------------------------------------------------------------------
[INFO] BUILD SUCCESS
[INFO] ------------------------------------------------------------------------
[INFO] Total time: 1.391 s
[INFO] Finished at: 2019-07-21T12:03:22+08:00
[INFO] Final Memory: 9M/309M
[INFO] ------------------------------------------------------------------------
```

图 7-2 成功导入依赖 JAR 包

7.1.2 下载 ChromeDriver 驱动

从 https://chromedriver.storage.googleapis.com/index.html 下载 ChromeDriver 驱动，下载后解压文件，找到文件名为 chromedriver.exe 的文件。

注 意
需要 Chrome 浏览器和 ChromeDriver 的版本相匹配，读者可根据自己的操作系统类型及 Chrome 浏览器版本选择下载对应的驱动文件。

将已经下载好的 chromedriver.exe 文件复制到 driver 文件夹中，如图 7-3 所示。

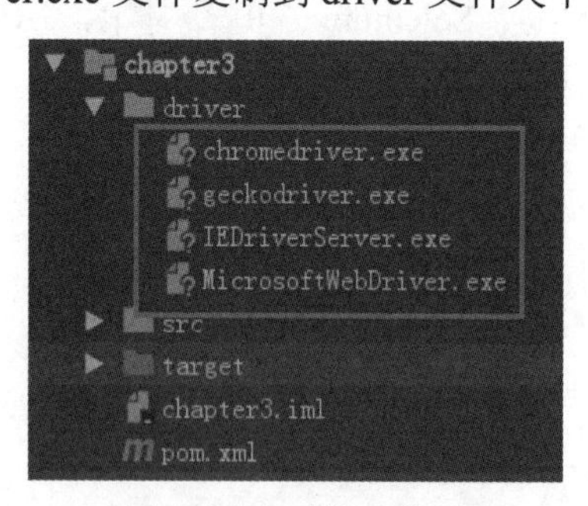

图 7-3 驱动解压位置

7.1.3 启动 Chrome 浏览器

首先创建一个名为 com.brower.demo 的包，然后启动 Chrome 浏览器，接着打开百度首页，具体示例代码如下：

```
package com.brower.demo;

import org.openqa.selenium.WebDriver;
import org.openqa.selenium.chrome.ChromeDriver;
import org.testng.annotations.AfterClass;
import org.testng.annotations.BeforeClass;
import org.testng.annotations.Test;

/***
 * 启动 Chrome 浏览器示例代码
 * @author rongrong
 */
public class TestChromeBrowser {

    WebDriver driver;

    @BeforeClass
    public void beforeClass() {
        //设定 Chrome 浏览器驱动程序所在位置为系统属性值
        System.setProperty("webdriver.chrome.driver",
          "driver/chromedriver.exe");
         //将 driver 实例化为 ChromeDriver 对象
        driver = new ChromeDriver();
        driver.manage().window().maximize();
    }

    @Test
    public void testChrome() {
        //启动 Chrome 浏览器并访问百度首页
        driver.get("https://www.baidu.com/");
    }

    @AfterClass
    public void afterClass() {
        //关闭浏览器
        driver.quit();
    }


}
```

7.2 启动 IE 浏览器

7.2.1 下载 IEDriverServer

从 https://npm.taobao.org/mirrors/selenium/3.9/下载对应的 IEDriverServer，如图 7-4 所示。

../		
IEDriverServer_Win32_3.9.0.zip	2018-02-05T17:44:30.644Z	9
IEDriverServer_x64_3.9.0.zip	2018-02-05T17:44:31.118Z	1
selenium-dotnet-3.9.0.zip	2018-02-05T17:44:32.092Z	4
selenium-dotnet-3.9.1.zip	2018-02-09T20:33:46.975Z	4
selenium-dotnet-strongnamed-3.9.0.zip	2018-02-05T17:44:32.958Z	4
selenium-dotnet-strongnamed-3.9.1.zip	2018-02-09T20:33:48.040Z	4
selenium-html-runner-3.9.0.jar	2018-02-05T14:57:45.267Z	1
selenium-html-runner-3.9.1.jar	2018-02-07T22:43:43.089Z	1
selenium-java-3.9.0.zip	2018-02-05T14:57:34.699Z	8
selenium-java-3.9.1.zip	2018-02-07T22:43:32.517Z	8
selenium-server-3.9.0.zip	2018-02-05T14:57:28.227Z	2
selenium-server-3.9.1.zip	2018-02-07T22:43:25.801Z	2
selenium-server-standalone-3.9.0.jar	2018-02-05T14:57:12.856Z	2
selenium-server-standalone-3.9.1.jar	2018-02-07T22:43:10.290Z	2

图 7-4　下载 IEDriverServer

然后，将已经下载的 IEDriverServer.exe 文件复制到 driver 文件夹中，如图 7-3 所示。

7.2.2　配置 IE 浏览器

打开“Internet 选项”窗口，切换至“安全”选项卡，配置 IE 浏览器，设置每个区域“启用保护模式”，必须要全部启用或者全部都不启用，如图 7-5 所示。

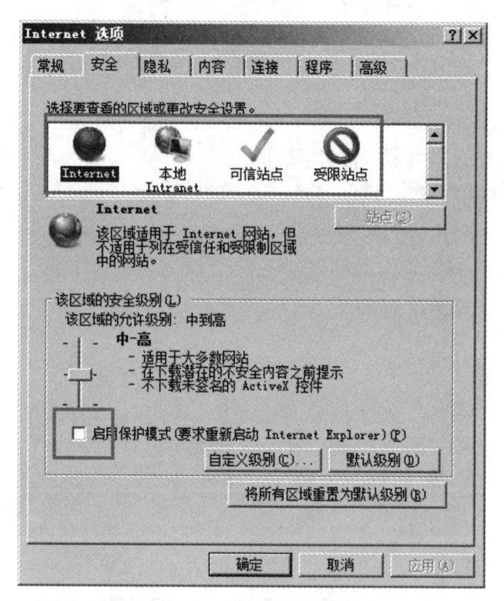

图 7-5　配置 IE 浏览器

7.2.3　启动 IE 浏览器

启动 IE 浏览器，打开百度首页，具体示例代码如下：

```
package com.brower.demo;

import org.openqa.selenium.WebDriver;
import org.openqa.selenium.ie.InternetExplorerDriver;
import org.testng.annotations.AfterClass;
```

```
import org.testng.annotations.BeforeClass;
import org.testng.annotations.Test;

/***
 * 启动 IE 浏览器示例代码
 * @author rongrong
*/
public class TestIEBrowser {

    WebDriver driver;

    @BeforeClass
    public void beforeClass() {
        //设定 IE 浏览器驱动程序所在位置为系统属性值
        System.setProperty("webdriver.ie.driver",
          "driver/IEDriverServer.exe");
        //将 driver 实例化为 InternetExplorerDriver 对象
        driver = new InternetExplorerDriver();
        //浏览器最大化
        driver.manage().window().maximize();
    }

    @Test
    public void testIE() {
        //启动 IE 浏览器并访问百度首页
        driver.get("https://www.baidu.com/");
    }

    @AfterClass
    public void afterClass() {
        //关闭浏览器
        driver.quit();
    }


}
```

7.3　启动 Firefox 浏览器

7.3.1　启动旧版本的 Firefox 浏览器

版本为 47 之前的 Firefox 浏览器，不需要下载额外的浏览器驱动文件。旧版本的 Firefox 浏览器安装时不使用默认路径安装与使用默认路径安装，在代码处理上略有不同。

使用默认安装路径，直接实例化一个 FirefoxDriver 即可，具体示例代码如下：

```
@Test
public void testFirefox() {
    WebDriver driver = new FirefoxDriver();
    driver.manage().window().maximize();
    driver.get("https://www.baidu.com/");
}
```

不使用默认安装路径，需要指定 Firefox 浏览器的安装路径，具体示例代码如下：

```
    @Test
     public void testFirefox() {
         //指定 Firefox 浏览器的安装路径
         System.setProperty("webdriver.firefox.bin", "E:/Program Files/Mozilla
           Firefox/firefox.exe");
         //实例化 Firefox
         WebDriver driver = new FirefoxDriver();
         driver.manage().window().maximize();
         driver.get("https://www.baidu.com/");
     }
```

7.3.2 启动最新版本的 Firefox 浏览器

对于版本为 48 以上的 Firefox 浏览器，可从 https://github.com/mozilla/geckodriver/releases 下载对应的 GeckoDriver 最新版。

具体示例代码如下：

```
package com.brower.demo;

import org.openqa.selenium.WebDriver;
import org.openqa.selenium.firefox.FirefoxDriver;
import org.testng.annotations.AfterClass;
import org.testng.annotations.BeforeClass;
import org.testng.annotations.Test;

/***
 * 启动最新版本的 Firefox 浏览器之示例代码
 * @author rongrong
 */
public class TestFirefoxBrowser {

    WebDriver driver;

    @BeforeClass
    public void beforeClass() {
        //设置系统变量，并设置 geckodriver 的路径为系统属性值
        System.setProperty("webdriver.gecko.driver",
          "driver/geckodriver.exe");
        //导入 Firefox 浏览器安装路径
        System.setProperty("webdriver.firefox.bin", "E:/Program Files/Mozilla
          Firefox/firefox.exe");
        //将 driver 实例化为 FirefoxDriver 对象
        driver = new FirefoxDriver();
        //浏览器最大化
        driver.manage().window().maximize();
    }

    @Test
    public void testFirefox() {
        //启动 Firefox 浏览器并访问百度首页
        driver.get("https://www.baidu.com/");
    }

    @AfterClass
    public void afterClass() {
```

```
        //关闭浏览器
        driver.quit();
    }


}
```

7.4 启动 Edge 浏览器

微软为 Windows 10 系统配置了全新的 Edge 浏览器，Selenium 3.0 当然也支持。

7.4.1 下载 Microsoft WebDriver

读者可以按照以下步骤进行操作。

Step 01 查看自己的系统版本，打开控制台，输入“ver”，操作系统版本如图 7-6 所示。

```
C:\Users\Administrator>ver

Microsoft Windows [版本 10.0.14393]
```

图 7-6 查看操作系统版本

Step 02 打开 Edge 的设置，查看系统版本，如图 7-7 所示。

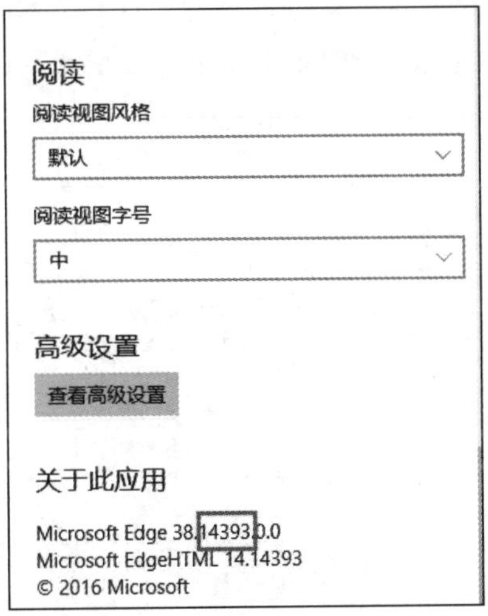

阅读
阅读视图风格
默认
阅读视图字号
中
高级设置
查看高级设置
关于此应用
Microsoft Edge 38.14393.0.0
Microsoft EdgeHTML 14.14393
© 2016 Microsoft

图 7-7 查看 Edge 版本

Step 03 从 https://developer.microsoft.com/en-us/microsoft-edge/tools/webdriver/下载与所查系统版本对应的 Microsoft WebDriver，如图 7-8 所示。

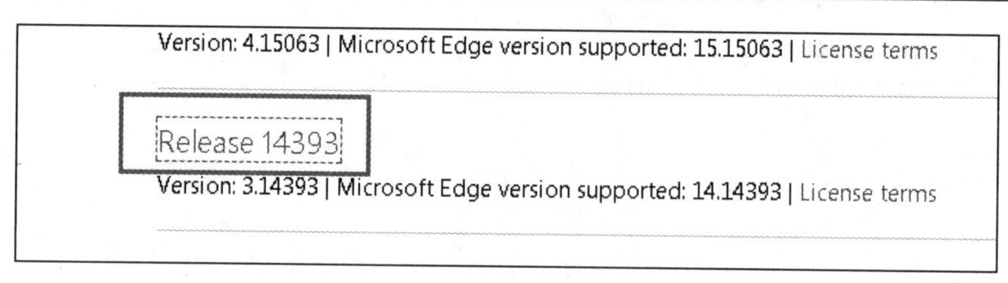

图 7-8 下载 Microsoft WebDriver

Step 04 将已经下载的 Microsoft WebDriver.exe 文件复制到 driver 文件夹中，如图 7-3 所示。

7.4.2 启动 Edge 浏览器

启动 Edge 浏览器，打开百度首页，具体示例代码如下：

```
@Test
public void testEdge() {
    System.setProperty("webdriver.edge.driver",
      "driver/MicrosoftWebDriver.exe");
    WebDriver driver = new EdgeDriver();
    driver.get("https://www.baidu.com/");
    driver.manage().window().maximize();
}
```

7.5 多浏览器并行测试

如果想让 Chrome、IE 和 Firefox 浏览器同时执行一个脚本，该怎么实现呢？可以结合第 6 章的 TestNG 来实现，具体示例代码如下：

```
package com.brower.demo;

import org.openqa.selenium.By;
import org.openqa.selenium.WebDriver;
import org.openqa.selenium.chrome.ChromeDriver;
import org.openqa.selenium.firefox.FirefoxDriver;
import org.openqa.selenium.ie.InternetExplorerDriver;
import org.testng.annotations.AfterClass;
import org.testng.annotations.BeforeClass;
import org.testng.annotations.Parameters;
import org.testng.annotations.Test;

import java.util.concurrent.TimeUnit;

/***
 * 模拟多个浏览器并行测试
 * @author rongrong
 */
public class TestBrowserParallel {

    WebDriver driver;

    @Parameters("type")
```

```
    @BeforeClass
    public void beforeClass(String type) {
        if(type.equalsIgnoreCase("chrome")){
            System.setProperty("webdriver.chrome.driver",
              "driver/chromedriver.exe");
            driver = new ChromeDriver();
        }else if(type.equalsIgnoreCase("IE")){
            System.setProperty("webdriver.ie.driver",
              "driver/IEDriverServer.exe");
            driver = new InternetExplorerDriver();
        }else {
            System.setProperty("webdriver.gecko.driver",
              "driver/geckodriver.exe");
            System.setProperty("webdriver.firefox.bin", "E:/Program
              Files/Mozilla Firefox/firefox.exe");
            driver = new FirefoxDriver();
        }
        driver.manage().timeouts().implicitlyWait(120, TimeUnit.SECONDS);
        driver.manage().timeouts().pageLoadTimeout(120, TimeUnit.SECONDS);
        driver.manage().timeouts().setScriptTimeout(120, TimeUnit.SECONDS);
        driver.manage().window().maximize();
        //打开百度首页
        driver.get("https://www.baidu.com/");
    }

    @Test
    public void testBrowserParallel() {
        //在搜索框中输入"Refain 博客园"
        driver.findElement(By.id("kw")).clear();
        driver.findElement(By.id("kw")).sendKeys("Refain 博客园");
        //单击百度一下按钮
        driver.findElement(By.id("su")).click();
        //等待3秒，等待页面显示完全
        try {
            Thread.sleep(3000);
        } catch (InterruptedException e) {
            e.printStackTrace();
        }
        //打印页面标题
        System.out.println( driver.getTitle());

    }

    @AfterClass
    public void afterClass() {
        //关闭浏览器
        driver.quit();
    }


}
```

TestNG 对应的 XML 文件配置内容如下：

```
<?xml version="1.0" encoding="UTF-8"?>
<!DOCTYPE suite SYSTEM "http://testng.org/testng-1.0.dtd" >
<suite name="test" parallel="tests" thread-count="3">
```

```
    <test name="Firefox 浏览器">
        <parameter name="type" value="Firefox"></parameter>
        <classes>
            <class name="com.brower.demo.TestBrowserParallel"></class>
        </classes>
    </test>
    <test name="IE 浏览器">
        <parameter name="type" value="IE"></parameter>
        <classes>
            <class name="com.brower.demo.TestBrowserParallel"></class>
        </classes>
    </test>
    <test name="chrome 浏览器">
        <parameter name="type" value="chrome"></parameter>
        <classes>
            <class name="com.brower.demo.TestBrowserParallel"></class>
        </classes>
    </test>
</suite>
```

右击以上 XML 文件并执行测试，运行结果如下：

```
Starting ChromeDriver 2.35.528161 (5b82f2d2aae0ca24b877009200ced9065a772e73)
  on port 18872
Only local connections are allowed.
Started InternetExplorerDriver server (64-bit)
2.48.0.0
Listening on port 47006
1563709380801   mozrunner::runner   INFO    Running command: "E:/Program
  Files/Mozilla Firefox/firefox.exe" "-marionette" "-foreground" "-no-remote"
    "-profile" "F:\\temp\\rust_mozprofile.ULPLo6CS3TT7"
1563709382315   addons.webextension.screenshots@mozilla.org    WARN
Loading extension 'screenshots@mozilla.org': Reading manifest: Invalid
  extension permission: mozillaAddons
1563709382316   addons.webextension.screenshots@mozilla.org    WARN
Loading extension 'screenshots@mozilla.org': Reading manifest: Invalid
  extension permission: telemetry
1563709382316   addons.webextension.screenshots@mozilla.org    WARN
Loading extension 'screenshots@mozilla.org': Reading manifest: Invalid
  extension permission: resource://pdf.js/
1563709382316   addons.webextension.screenshots@mozilla.org    WARN
Loading extension 'screenshots@mozilla.org': Reading manifest: Invalid
  extension permission: about:reader*
七月 21, 2019 7:43:02 下午 org.openqa.selenium.remote.ProtocolHandshake
  createSession
信息: Detected dialect: OSS
七月 21, 2019 7:43:03 下午 org.openqa.selenium.remote.ProtocolHandshake
  createSession
信息: Detected dialect: OSS
1563709386263   Marionette  INFO    Listening on port 53151
1563709386395   Marionette  WARN    TLS certificate errors will be ignored for
  this session
七月 21, 2019 7:43:06 下午 org.openqa.selenium.remote.ProtocolHandshake
  createSession
信息: Detected dialect: W3C
Refain 博客园_百度搜索
Refain 博客园_百度搜索
1563709412402   Marionette  INFO    Stopped listening on port 53151
```

```
[Child 8572, Chrome_ChildThread] WARNING: pipe error: 109: file
z:/task_1563383129/build/src/ipc/chromium/src/chrome/common/
ipc_channel_win.cc, line 341
[Child 8572, Chrome_ChildThread] WARNING: pipe error: 109: file
z:/task_1563383129/build/src/ipc/chromium/src/chrome/common/
ipc_channel_win.cc, line 341
[Parent 2436, Gecko_IOThread] WARNING: pipe error: 109: file
z:/task_1563383129/build/src/ipc/chromium/src/chrome/common/
ipc_channel_win.cc, line 341
[Child 8876, Chrome_ChildThread] WARNING: pipe error: 109: file
z:/task_1563383129/build/src/ipc/chromium/src/chrome/common/
ipc_channel_win.cc, line 341
[Child 8876, Chrome_ChildThread] WARNING: pipe error: 109: file
z:/task_1563383129/build/src/ipc/chromium/src/chrome/common/
ipc_channel_win.cc, line 341
[Child 7356, Chrome_ChildThread] WARNING: pipe error: 109: file
z:/task_1563383129/build/src/ipc/chromium/src/chrome/common/
ipc_channel_win.cc, line 341

[Child 7356, Chrome_ChildThread] WARNING: pipe error: 109: file
z:/task_1563383129/build/src/ipc/chromium/src/chrRefain 博客园_百度搜索
#ie=utf-8&f=8&rsv_bp=1&ch=11&tn=98012088_5_dg&wd=Refain%20%E5%8D%9A%E5%AE%A2%E
5%9B%AD&oq=ww&rsv_pq=87cdba900005ec22&rsv_t=8ff1EnY1MvWTShNHrVQOoo5rXNP6HLdjjZ
0Y1JecIcCM2M25HYj27hG7%2B3Y6dEdEDHgARw&rqlang=cn&rsv_enter=0&rsv_sug3=2&rsv_dl
=tb&inputT=435&rsv_sug4=436

===============================================
test
Total tests run: 3, Failures: 0, Skips: 0
===============================================

Picked up JAVA_TOOL_OPTIONS: -Dfile.encoding=UTF-8

Process finished with exit code 0
```

代码解释：

通过 @Parameters("type") 注解定义了 type 参数，该参数是由 TestNG 对应的 XML 文件中的<parameter name="type" value="Firefox"></parameter>配置来传递参数的，而在<suite name="test" parallel="tests" thread-count="3">中，parallel="tests" 表示使用不同的线程运行该文件中 test 标签定义的测试类，thread-count="3" 表示同时开启 3 个线程。

7.6　小　　结

本章主要介绍 Selenium WebDriver 中常见浏览器的启动及配置，包括启动 Chrome、IE、Firefox 和 Edge 浏览器进行测试，以及进行多浏览器并行测试。

通过本章的学习，读者应该能够掌握以下内容：

（1）常见浏览器的启动及对应驱动的下载及配置。

（2）多浏览器并行测试。

第 8 章

WebDriver 常用 API 使用详解

本章介绍 Selenium WebDriver 中常用 API 的使用，主要包括浏览器操作、元素操作、鼠标和键盘操作、Selenium 中常见的等待、窗口切换处理、iframe 切换处理、弹窗处理、单选按钮和复选框处理、下拉框处理、Cookie 操作、调用 JavaScript 操作、上传文件操作、滚动条操作、截图操作、录制屏幕操作、富文本操作、日期控件操作、Ajax 浮动框操作、下载文件到指定目录、使用 SikuliX 操作 Flash 网页等。

8.1 浏览器操作

从本章开始，将对 WebDriver API 进行详细讲解，使用@Test 标记所有的测试实例。关于 TestNG 部分的使用，请读者参考第 6 章，系统属性值设置及浏览器初始化部分就不再赘述了，读者可参考第 7 章。

首先，创建一个名为 com.api.demo 的包，然后对 Selenium API 进行举例讲解。

8.1.1 访问某个网站

被测网页地址：https://www.baidu.com/。

具体示例代码如下：

```
@Test
public void testOpen() {
    driver = new ChromeDriver();
     //打开某个页面
    driver.get("https://www.baidu.com/");
}
```

```
@Test
public void testGoto() {
    driver = new ChromeDriver();
     //跳转到某个网站
    driver.navigate().to("https://www.baidu.com/");
}
```

8.1.2　浏览器最大化

被测网页地址：https://www.baidu.com/。

具体示例代码如下：

```
@Test
public void testMaximize() {
    driver = new ChromeDriver();
    driver.get("https://www.baidu.com/");
    //浏览器最大化操作
    driver.manage().window().maximize();
}
```

8.1.3　浏览器前进和后退操作

被测网页地址：https://www.baidu.com/，https://www.so.com/。

具体示例代码如下：

```
@Test
public void testForwardAndBackward() throws Exception {
    driver = new ChromeDriver();
    //打开百度首页
    driver.get("https://www.baidu.com/");
    //程序等待 3 秒
    Thread.sleep(3000);
    //打开 360 搜索页面
    driver.navigate().to("https://www.so.com/");
    //程序等待 3 秒
    Thread.sleep(3000);
    //后退操作
    driver.navigate().back();
    //程序等待 3 秒
    Thread.sleep(3000);
    //前进操作
    driver.navigate().forward();
}
```

8.1.4　浏览器刷新操作

被测网页地址：https://www.baidu.com/。

具体示例代码如下：

```
@Test
public void testRefresh() throws Exception {
```

```
        driver = new ChromeDriver();
        //打开百度首页
        driver.get("https://www.baidu.com/");
        //刷新操作
        driver.navigate().refresh();
    }
```

8.1.5 浏览器窗口操作

被测网页地址：https://www.baidu.com/。

具体示例代码如下：

```
    @Test
    public void testWindow(){
        driver.get("https://www.baidu.com/");
        //浏览器窗口最大化操作
        driver.manage().window().maximize();
        //设置窗口大小
        driver.manage().window().setSize(new Dimension(375, 600));
        //设置窗口在哪个位置处打开显示
        driver.manage().window().setPosition(new Point(400, 500));
        //全屏操作
        driver.manage().window().fullscreen();
    }
```

8.1.6 获取页面标题

被测网页地址：https://www.baidu.com/。

具体示例代码如下：

```
    @Test
    public void testGetTitle() throws Exception {
        driver = new ChromeDriver();
        //打开百度首页
        driver.get("https://www.baidu.com/");
        //获取页面 title 属性
        String title = driver.getTitle();
        System.out.println(title);
    }
```

8.1.7 获取页面源代码信息

被测网页地址：https://www.baidu.com/。

具体示例代码如下：

```
    @Test
    public void testGetPageSource() throws Exception {
        driver = new ChromeDriver();
        //打开百度首页
        driver.get("https://www.baidu.com/");
```

```
    //获取页面源代码
    String pageSource = driver.getPageSource();
    //输出页面源代码
    System.out.println(pageSource);
}
```

8.1.8　获取当前页面 URL 地址

被测网页地址：https://www.baidu.com/。

具体示例代码如下：

```
@Test
public void testGetCurrentUrl() throws Exception {
    driver = new ChromeDriver();
    //打开百度首页
    driver.get("https://www.baidu.com/");
    //获取当前页面 URL 地址
    String currentUrl = driver.getCurrentUrl();
    //输出 URL 信息
    System.out.println(currentUrl);
}
```

8.1.9　关闭浏览器操作

close()方法：关闭当前窗口，是关闭当前操作页面的 Tab，如果操作页面只有一个 Tab，也就是关闭了浏览器。

quit()方法：直接退出并关闭所有 Tab 窗口。可以理解为，close 方法只关闭一个 Tab，quit 方法才是彻底关闭浏览器的方法。

被测网页地址：https://www.baidu.com/。

具体示例代码如下：

```
@Test
 public void testClose() {
    driver.get("https://www.baidu.com/");
    //浏览器最大化
    driver.manage().window().maximize();
    //退出并关闭所有句柄
    driver.quit();
    //仅关闭当前 Tab，即句柄
    //driver.close();
 }
```

8.2　元素操作

Selenium 的 API 中常见的元素操作有点击、输入、清空输入及其他元素状态判断的方法等。下面我们将逐一介绍。

8.2.1 点击操作

Selenium 中关于点击有两种方法，分别是 click()和 submit()，后者很少使用。submit()用于对表单进行提交，当然也可以使用 click()代替，click()更强调事件的独立性。

下面将举例说明二者的区别。Click()形式的点击操作对应的 HTML 代码如下：

```
<!DOCTYPE html>
<html lang="en">
<head>
    <meta charset="UTF-8">
    <title>元素按钮操作案例</title>
    <script type="application/javascript">
        function isdisabled() {
            alert("我是可用的按钮!! ");
        }
    </script>
</head>
<body>
<input id="button1" type="button" value="可用按钮" onclick="isdisabled()">
<input id="button2" type="button" value="不可用按钮" disabled="disabled">
</body>
</html>
```

click()形式的点击操作对应的具体示例代码如下：

```
@Test
public void testButton() throws Exception {
    driver.manage().window().maximize();
    //获得元素对象即可用按钮
    WebElement button1 = driver.findElement(By.id("button1"));
    //获得元素对象即不可用按钮
    WebElement button2 = driver.findElement(By.id("button2"));
    //判断按钮是否可以点击
    if(button2.isEnabled()){
        button2.click();
    }
    //判断按钮是否可以点击
    boolean isEnable= button1.isEnabled();
    if(isEnable){
        //若可点击，则点击可用按钮
        button1.click();
    }
}
```

submit()形式的点击操作对应的 HTML 代码如下：

```
<!DOCTYPE html>
<html lang="en">
<head>
    <meta charset="UTF-8">
    <title>表单元素按钮操作案例</title>
</head>
<body>
<form action="/demo.do" method="post">
```

```
    <!--用户名文本框-->
    用户名: <input type="text" id="username" value="admin"/>
    <!--密码框-->
    密码: <input type="password" id="password" value=""/>
    </br> <!--br 换行-->
    <!--提交按钮，点击会提交-->
    <input id="login" type="submit" value="登录"/>
    <!--重置按钮，点击清空已填写的选项-->
    <input type="reset" value="重置"/>
</form>
</body>
</html>
```

submit()形式的点击操作对应的具体示例代码如下：

```
@Test
public void testSubmit(){
    //获得元素对象，即登录按钮
    WebElement submit = driver.findElement(By.id("login"));
    //判断按钮是否可以点击
    boolean isDisplayed= submit.isDisplayed();
    if(isDisplayed){
        //若可以点击，则点击可用按钮
        submit.click();
    }
}
```

说　明

isEnabled()：一般用于判断输入框、下拉框等元素是否为可编辑状态，若可以编辑，则返回 true，否则返回 false。

isDisplayed()：用于判断元素是否存在于页面上，这种存在不是仅限于肉眼看到的存在，而是 HTML 代码中的存在。

isSelected()：用来判断某个元素是否被选中。

8.2.2　输入操作

输入操作就比较简单了。

sendKeys("内容")：输入内容。

clear()：清空文本。

被测网页地址：https://www.baidu.com/。

具体示例代码如下：

```
@Test
public void testInput() throws Exception {
    driver = new ChromeDriver();
    //打开百度首页
    driver.get("https://www.baidu.com/");
    //获得元素对象，即可用按钮
    WebElement input = driver.findElement(By.id("kw"));
    //清空默认文本
```

```
        input.clear();
        //在百度输入框中输入 Refain 博客园
        input.sendKeys("Refain 博客园");
    }
```

8.2.3 获取页面元素文本的操作

getText()：获取元素文本。

被测网页地址：https://www.baidu.com/。

具体示例代码如下：

```
@Test
public void testGetText() {
    driver = new ChromeDriver();
    //打开百度首页
    driver.get("https://www.baidu.com/");
    //获得新闻元素对象
    WebElement linkText = driver.findElement(By.linkText("新闻"));
    //输出新闻元素页面文本
    System.out.println(linkText.getText());
}
```

8.2.4 获取页面元素标签名称的操作

getTagName()：获取当前元素的标签名称。

被测网页地址：https://www.baidu.com/。

具体示例代码如下：

```
@Test
public void testGetTagName() {
    driver = new ChromeDriver();
    //打开百度首页
    driver.get("https://www.baidu.com/");
    //获得新闻元素对象
    WebElement linkText = driver.findElement(By.linkText("新闻"));
    //输出新闻元素标签
    System.out.println(linkText.getTagName());
}
```

8.2.5 获取页面元素属性值的操作

getAttribute("value")：获取元素属性值，value 为元素标签中的属性名称。

被测网页地址：https://www.baidu.com/。

具体示例代码如下：

```
@Test
public void testGetAttribute() {
    driver = new ChromeDriver();
    //打开百度首页
```

```
        driver.get("https://www.baidu.com/");
        //获得“百度一下”按钮对象
        WebElement button = driver.findElement(By.id("su"));
        //输出百度按钮的 value 属性值
        System.out.println(button.getAttribute("value"));
    }
```

8.2.6 获取页面元素尺寸的操作

getSize()：获取元素的尺寸。

被测网页地址：https://www.baidu.com/。

具体示例代码如下：

```
    @Test
    public void testGetSize() {
        driver = new ChromeDriver();
        //打开百度首页
        driver.get("https://www.baidu.com/");
        //获得“百度一下”按钮对象
        WebElement button = driver.findElement(By.id("su"));
        //输出百度按钮尺寸
        System.out.println(button.getSize());
    }
```

8.2.7 获取页面元素 CSS 样式的操作

getCssValue("属性名称")：获取元素的 CSS 样式值。

被测网页地址：https://www.baidu.com/。

具体示例代码如下：

```
    @Test
    public void testGetCssValue() {
        driver = new ChromeDriver();
        //打开百度首页
        driver.get("https://www.baidu.com/");
        //获得“百度一下”按钮对象
        WebElement button = driver.findElement(By.id("su"));
        //输出百度按钮的 css 属性 background 值
        System.out.println(button.getCssValue("background"));
    }
```

8.2.8 获取页面元素坐标的操作

getLocation()：获取元素的坐标。

被测网页地址：https://www.baidu.com/。

具体示例代码如下：

```
    @Test
```

```
    public void testGetLocation() {
        driver = new ChromeDriver();
        //打开百度首页
        driver.get("https://www.baidu.com/");
        //获得“百度一下”按钮对象
        WebElement button = driver.findElement(By.id("su"));
        //输出百度按钮的坐标
        System.out.println(button.getLocation());
    }
```

8.2.9 获取多个页面元素的操作

在实际测试中，总会遇到查找一组元素的情况，比如我们想知道百度首页有多少个 a 标签，这时就需要定位多个元素。

findElements()：获取元素集合。

被测网页地址：https://www.baidu.com/。

具体示例代码如下：

```
  @Test
    public void testFindElements() {
        driver.get("https://www.baidu.com/");
        driver.manage().window().maximize();
        //定位所有超链接元素，即 a 标签的个数，返回一个 List 集合
        List<WebElement> elements = driver.findElements(By.xpath("//a"));
        //打印输出百度首页中超链接的个数
        System.out.println(elements.size());
    }
```

8.3 鼠标事件和键盘事件的操作

在实际自动化测试过程中，经常会遇到模拟鼠标和键盘的操作，比如单击、双击、右击、拖曳、键盘输入等。

在 WebDriver 中，使用 Actions 类来负责实现这些测试场景，在使用过程中会配合使用到 Keys 枚举类，如 Mouse、Keyboard。

Actions 类提供了鼠标操作的常用方法，分别说明如下。

- contextClick(): 右击。
- clickAndHold(): 单击并按住不放。
- doubleClick(): 双击。
- dragAndDrop(): 拖曳。
- release(): 释放鼠标按键。
- perform(): 执行所有 Actions 中存储的行为。

8.3.1　鼠标悬浮操作

鼠标事件练习案例如图 8-1 所示。

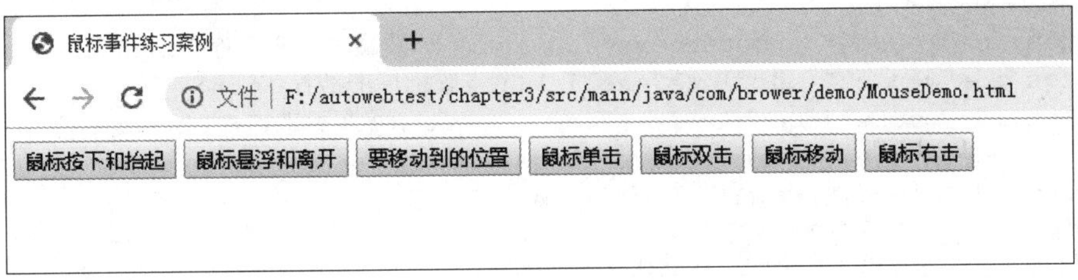

图 8-1　鼠标事件练习案例

鼠标事件练习案例 HTML 代码如下：

```
<!DOCTYPE html>
<html lang="en">
<head>
    <meta charset="UTF-8">
    <title>鼠标事件练习案例</title>
</head>
<script>
    function mousedown() {
        document.getElementById("mouse").innerText = "鼠标按下操作";
    }

    function mouseup() {
        alert("鼠标抬起操作");
    }

    function onclick() {
        alert("鼠标单击操作");
    }

    function ondblclick() {
        alert("鼠标双击操作");
    }

    function onmouseover() {
        document.getElementById("mouse1").style.background = "#FF6699";
    }

    function mouseout() {
        alert("鼠标离开操作");
    }


    function mouseMove() {
        alert("鼠标移动操作");
    }
    function change() {
        document.getElementById("mouse6").style.background = "#44aa44";
    }
```

```
</script>
<body>
<button id="mouse" onmousedown="mousedown()" onmouseup="mouseup()">
  鼠标按下和抬起</button>
<button id="mouse1" onmouseover="onmouseover()" onmouseout="mouseout()">
  鼠标悬浮和离开</button>
<button id="mouse6" onmousemove="change()">要移动到的位置</button>
<button id="mouse2" onclick="onclick()">鼠标单击</button>
<button id="mouse3" ondblclick="ondblclick()">鼠标双击</button>
<button id="mouse4" onmousemove="mouseMove()">鼠标移动</button>
<button id="mouse5">点击我右击</button>
<script type="text/javascript">
    //这一步是为了阻止右击时系统默认的弹出框
    document.getElementById("btn1").oncontextmenu = function (e) {
        e.preventDefault();
    };
    //在这里就可以自己定义事件的函数
    document.getElementById("mouse5").onmouseup = function (oEvent) {
        if (!oEvent) oEvent = window.event;
        if (oEvent.button == 2) {
            alert('鼠标右击了')
        }
    }
</script>
</body>
</html>
```

具体示例代码如下：

```
//鼠标悬浮和离开
WebElement element1 = driver.findElement(By.id("mouse1"));
WebElement element2 = driver.findElement(By.id("mouse6"));
Actions action=new Actions(driver);
//moveToElement 移动操作，即悬浮在某个元素的位置
action.moveToElement(element1).pause(3000).moveToElement(element2).
  perform();
```

说　明

Actions(driver)调用 Actions()类，将 driver 对象作为参数传入；clickAndHold()方法用于模拟按住鼠标按键不放操作，在调用时需要指定元素定位；perform()执行所有 ActionChains 中存储的行为，可以理解成是对整个操作的提交动作。

8.3.2　鼠标单击操作

鼠标单击操作对应的具体示例代码如下：

```
//单击操作
WebElement element = driver.findElement(By.id("mouse2"));
Actions action=new Actions(driver);
//click 单击操作
action.click(element).perform();
```

8.3.3 鼠标双击操作

鼠标双击操作对应的具体示例代码如下：

```
//双击操作
WebElement element = driver.findElement(By.id("mouse3"));
Actions action=new Actions(driver);
//doubleClick 双击操作
action.doubleClick(element).perform();
```

8.3.4 鼠标移动操作

鼠标移动操作对应的具体示例代码如下：

```
//移动操作
WebElement element = driver.findElement(By.id("mouse4"));
Actions action=new Actions(driver);
//moveToElement 移动操作
action.moveToElement(element).perform();
```

同悬浮一样，都是使用 moveToElement 方法，即移动到某个元素上，也可以理解为悬浮。

8.3.5 鼠标右击操作

鼠标右击操作对应的具体示例代码如下：

```
//右击操作
WebElement element = driver.findElement(By.id("mouse5"));
Actions action=new Actions(driver);
//contextClick 右击操作
action.contextClick(element).perform();
```

8.3.6 按住鼠标按键和释放鼠标按键的操作

按住鼠标按键和释放鼠标按键操作对应的具体示例代码如下：

```
//按住和释放操作
WebElement element = driver.findElement(By.id("mouse"));
Actions action=new Actions(driver);
//clickAndHold 按住不放
//release 释放操作
action.clickAndHold(element).pause(3000).release(element).perform();
```

8.3.7 鼠标拖曳操作

鼠标拖曳练习案例如图 8-2 所示。

图 8-2　鼠标拖曳练习案例

鼠标拖曳练习案例 HTML 代码如下：

```
<!DOCTYPE html>
<html>
<head>
<meta charset="UTF-8">
<title>拖曳练习案例</title>

<style>
.container ul{
    width: 350px;
    padding: 15px;
    min-height:300px;
    background-color:#FFFFF0;
    margin:20px;
    display: block;
    float: left;
    border-radius: 5px;
    border: 1px solid #bbb;
}
.container ul li{
    display: block;
    float: left;
    width: 350px;
    height: 35px;
    line-height: 35px;
    border-radius: 4px;
    margin: 0;
    padding: 0;
    list-style: none;
    background-color:#EED2EE;
    margin-bottom:10px;
    -moz-user-select: none;
    user-select: none;
    text-indent: 10px;
    color: #555;
}
</style>

</head>
<body><script src="/demos/googlegg.js"></script>

<div class="container">
    <ul>
        <li id="A">A</li>
    </ul>
    <ul></ul>
```

```
    <ul></ul>
</div>

<script src="js/jquery-1.8.3.min.js"></script>
<script type="text/javascript">

$(function(){

    //出入允许拖曳节点的父容器，一般是 ul 外层的容器
    drag.init('container');

});


//拖曳
var drag = {

    class_name : null,    //允许放置的容器
    permitDrag : false, //是否允许移动标识

    _x : 0,               //节点 x 坐标
    _y : 0,               //节点 y 坐标
    _left : 0,            //光标与节点坐标的距离
    _top : 0,             //光标与节点坐标的距离

    old_elm : null,       //拖曳原节点
    tmp_elm : null,       //跟随光标移动的临时节点
    new_elm : null,       //拖曳完成后添加的新节点

    //初始化
    init : function (className){

        //允许拖曳节点的父容器的 classname（可按照需要修改为 id 或其他）
        drag.class_name = className;

        //监听鼠标按键被按下的事件，动态绑定要拖曳的节点（因为节点可能是动态添加的）
        $('.' + drag.class_name).on('mousedown', 'ul li', function(event){
            //当在允许拖曳的节点上监听到点击事件时，将标识设置为可以拖曳
            drag.permitDrag = true;
            //获取到拖曳的原节点对象
            drag.old_elm = $(this);
            //执行开始拖曳的操作
            drag.mousedown(event);
            return false;
        });

        //监听鼠标移动
        $(document).mousemove(function(event){
            //判断拖曳标识是否为允许，否则不进行操作
            if(!drag.permitDrag) return false;
            //执行移动的操作
            drag.mousemove(event);
            return false;
        });

        //监听鼠标按键被放开
```

```
        $(document).mouseup(function(event){
            //判断拖曳标识是否为允许，否则不进行操作
            if(!drag.permitDrag) return false;
            //拖曳结束后恢复标识到初始状态
            drag.permitDrag = false;
            //执行拖曳结束后的操作
            drag.mouseup(event);
            return false;
        });

    },

    //按下鼠标按键所执行的操作
    mousedown : function (event){

        console.log('我被mousedown了');
        //1.克隆临时节点，跟随鼠标进行移动
        drag.tmp_elm = $(drag.old_elm).clone();

        //2.计算节点和光标的坐标
        drag._x = $(drag.old_elm).offset().left;
        drag._y = $(drag.old_elm).offset().top;

        var e = event || window.event;
        drag._left = e.pageX - drag._x;
        drag._top = e.pageY - drag._y;

        //3.修改克隆节点的坐标，实现跟随鼠标进行移动的效果
        $(drag.tmp_elm).css({
            'position' : 'absolute',
            'background-color' : '#FF8C69',
            'left' : drag._x,
            'top' : drag._y,
        });

        //4.添加临时节点
        tmp = $(drag.old_elm).parent().append(drag.tmp_elm);
        drag.tmp_elm = $(tmp).find(drag.tmp_elm);
        $(drag.tmp_elm).css('cursor', 'move');

    },

    //移动鼠标所执行的操作
    mousemove : function (event){

        console.log('我被mousemove了');

        //2.计算坐标
        var e = event || window.event;
        var x = e.pageX - drag._left;
        var y = e.pageY - drag._top;
        var maxL = $(document).width() - $(drag.old_elm).outerWidth();
        var maxT = $(document).height() - $(drag.old_elm).outerHeight();
        //不允许超出浏览器范围
        x = x < 0 ? 0: x;
        x = x > maxL ? maxL: x;
```

```
        y = y < 0 ? 0: y;
        y = y > maxT ? maxT: y;

        //3.修改克隆节点的坐标
        $(drag.tmp_elm).css({
            'left' : x,
            'top' : y,
        });

        //判断当前容器是否允许放置节点
        $.each($('.' + drag.class_name + ' ul'), function(index, value){

            //获取容器的坐标范围（区域）
            var box_x = $(value).offset().left;      //容器左上角 x 坐标
            var box_y = $(value).offset().top;       //容器左上角 y 坐标
            var box_width = $(value).outerWidth();   //容器宽
            var box_height = $(value).outerHeight(); //容器高

            //给可以放置的容器加背景色
            if(e.pageX > box_x && e.pageX < box_x-0+box_width && e.pageY >
              box_y && e.pageY < box_y-0+box_height){

                //判断是否不在原来的容器下（使用坐标进行判断：若 x、y 任意一个坐标不等于原
               // 坐标，则表示不是原来的容器）
                if($(value).offset().left !== drag.old_elm.parent().
                  offset().left
                || $(value).offset().top !== drag.old_elm.parent().
                  offset().top){

                    $(value).css('background-color', '#FFEFD5');
                }
            }else{
                //恢复容器原背景色
                $(value).css('background-color', '#FFFFF0');
            }

        });

    },

    //释放鼠标按键所执行的操作
    mouseup : function (event){

        console.log('我被 mouseup 了');
        //移除临时节点
        $(drag.tmp_elm).remove();

        //判断所在区域是否允许放置节点
        var e = event || window.event;

        $.each($('.' + drag.class_name + ' ul'), function(index, value){

            //获取容器的坐标范围（区域）
            var box_x = $(value).offset().left;      //容器左上角 x 坐标
            var box_y = $(value).offset().top;       //容器左上角 y 坐标
```

```
            var box_width = $(value).outerWidth();   //容器宽
            var box_height = $(value).outerHeight(); //容器高

            //判断释放鼠标按键时所在的位置是否在允许放置的容器范围内
            if(e.pageX > box_x && e.pageX < box_x-0+box_width && e.pageY >
              box_y && e.pageY < box_y-0+box_height){

                //判断是否不在原来的容器下（使用坐标进行判断：若 x、y 任意一个坐标不等于
                // 原坐标，则表示不是原来的容器）
                if($(value).offset().left !== drag.old_elm.parent().
                  offset().left
                || $(value).offset().top !== drag.old_elm.parent().
                  offset().top){
                    //向目标容器添加节点并删除原节点
                    tmp = $(drag.old_elm).clone();
                    var newObj = $(value).append(tmp);
                    $(drag.old_elm).remove();
                    //获取新添加节点的对象
                    drag.new_elm = $(newObj).find(tmp);
                }
            }
            //恢复容器原背景色
            $(value).css('background-color', '#FFFFF0');
        });

    },

};

</script>
</body>
</html>
```

练习 1：把 A 拖曳至“移入位置 1”，具体示例代码如下：

```
  //鼠标拖曳操作
WebElement element1 = driver.findElement(By.id("A"));
WebElement element2 = driver.findElement(By.xpath("//ul[2]"));
Actions action=new Actions(driver);
//dragAndDrop 拖曳操作
action.dragAndDrop(element1, element2).perform();
```

思考：如果用其他方法，还可以实现吗？

练习 2：把 A 拖曳至“移入位置 1”，再移入“移入位置 2”，具体示例代码如下：

```
//鼠标拖曳操作
WebElement element1 = driver.findElement(By.id("A"));
WebElement element2 = driver.findElement(By.xpath("//ul[2]"));
WebElement element3 = driver.findElement(By.xpath("//ul[3]"));
Actions action=new Actions(driver);
//action.dragAndDrop(element1, element2).perform();
//clickAndHold 按住不放
//moveToElement 移动操作
action.clickAndHold(element1).pause(1000).moveToElement(element2).
  pause(1000).moveToElement(element3).release().perform();
```

以上为两种思路实现拖曳操作，不要纠结于方法，能实现就好，建议灵活使用。

8.3.8　模拟键盘操作

常用的键盘操作如表 8-1 所示。

表 8-1　Selenium 中常用的键盘操作

键盘代码	描　述
sendKeys(Keys.BACK_SPACE)	退格键（BackSpace）
sendKeys(Keys.SPACE)	空格键（Space）
sendKeys(Keys.TAB)	制表键（Tab）
sendKeys(Keys.ESCAPE)	退出键（Esc）
sendKeys(Keys.ENTER)	回车键（Enter）
sendKeys(Keys.CONTROL，'a')	全选（Ctrl+A）
sendKeys(Keys.CONTROL，'c')	复制（Ctrl+C）
sendKeys(Keys.CONTROL，'x')	剪切（Ctrl+X）
sendKeys(Keys.CONTROL，'v')	粘贴（Ctrl+V）
sendKeys(Keys.F1)	F1键
sendKeys(Keys.F12)	F12键

被测网页地址：https://www.baidu.com/。

下面将演示键盘操作，具体示例代码如下：

```
import org.openqa.selenium.By;
import org.openqa.selenium.Keys;
import org.openqa.selenium.WebDriver;
import org.openqa.selenium.WebElement;
import org.openqa.selenium.chrome.ChromeDriver;
import org.openqa.selenium.interactions.Actions;
import org.testng.annotations.AfterClass;
import org.testng.annotations.BeforeClass;
import org.testng.annotations.Test;

/**
 * 键盘操作案例
 * @author rongrong
 */
public class KeyWordDemo {

   WebDriver driver;

   @BeforeClass
   public void beforeClass() {
      driver = new ChromeDriver();
   }

   @Test
   public void testKeyWordDemo() {
      driver.get("https://www.baidu.com/");
      //浏览器最大化
      driver.manage().window().maximize();
      //输入回车操作
      driver.findElement(By.id("kw")).sendKeys("Refain 博客园" +
```

```
Keys.ENTER);
          pause(2);
          //退格键操作
          driver.findElement(By.id("kw")).sendKeys("" + Keys.BACK_SPACE);
          pause(2);
          //全选
          driver.findElement(By.id("kw")).sendKeys("" + Keys.LEFT_CONTROL +
            "a");
          pause(2);
          //剪切
          driver.findElement(By.id("kw")).sendKeys("" + Keys.LEFT_CONTROL +
            "x");
          pause(2);
          //复制
          driver.findElement(By.id("kw")).sendKeys("" + Keys.LEFT_CONTROL +
            "v");
          pause(2);
      }

      /**
       * 暂停方法
       *
       * @param i 秒
       */
      private void pause(int i) {
          try {
              Thread.sleep(1000 * i);
          } catch (InterruptedException e) {
              e.printStackTrace();
          }
      }
  }
```

8.4 Selenium 中常见的等待

在自动化测试中，我们经常会碰到编写脚本的过程中操作某个元素时，需要等待页面加载完成后才能对元素进行操作，否则会报错，提示页面元素不存在。Selenium 为我们提供了对应的等待方法来判断元素是否存在。

8.4.1 实际案例

单击“创建 div”按钮，3 秒后，页面会出现一个绿色的 div 块，同时显示文字“我是 div，我出现了，哈哈！”，我们需要使用代码判断这个 div 是否存在，然后高亮正常显示文字。

练习案例 HTML 代码如下：

```
<!DOCTYPE html>
<html lang="en">
<head>
    <meta charset="UTF-8">
    <title>等待练习案例</title>
</head>
```

```
<style type="text/css">
   #green_box {
      background-color: chartreuse;
      width: 400px;
      height: 200px;
      border: none;
   }
</style>

<script type="application/javascript">
   function wait_show() {
      setTimeout("create_div()",  3000);
   }

   function create_div() {
      var divElement = document.createElement('div');
      divElement.id = "green_box";
      var pElement = document.createElement('p');
      pElement.innerText = "我是 div，我出现了，哈哈！";
      document.body.appendChild(divElement);
      divElement.appendChild(pElement);
   }
</script>
<body>
<button in= "wait" onclick= "wait_show()">创建 div</button>
</body>
</html>
```

接下来用上面的练习案例，针对元素的等待操作逐一讲解。

8.4.2　强制等待

强制等待就是硬等待，使用方法 Thread.sleep(int sleeptime)让当前执行进程按照用户设定的时间暂停一段时间。弊端是，不能确定元素多久才能加载完全，如果两秒元素就加载出来了，结果强制等待用了 30 秒，就会造成脚本执行时间过度浪费。

具体示例代码如下：

```
import org.openqa.selenium.By;
import org.openqa.selenium.WebDriver;
import org.openqa.selenium.WebElement;
import org.openqa.selenium.chrome.ChromeDriver;
import org.testng.annotations.AfterClass;
import org.testng.annotations.BeforeClass;
import org.testng.annotations.Test;

public class TestWaitDemo {

   WebDriver driver;
   @BeforeClass
   public void beforeClass(){
      System.setProperty("webdriver.chrome.driver",
"driver/chromedriver.exe");
      driver = new ChromeDriver();
   }

   @Test
   public void testByThread() {
      //打开测试页面
```

```
        driver.get("file:///C:/Users/Administrator/Desktop/waitDemo.html");
        driver.manage().window().maximize();
        driver.findElement(By.id("wait")).click();
        try {
            Thread.sleep(3000);
        } catch (InterruptedException e) {
            e.printStackTrace();
        }
        //获得 div 块级元素
        WebElement element = driver.findElement(By.id("green_box"));
        //获取该元素 css 样式中 background-color 属性值
        String cssValue = element.getCssValue("background-color");
        //输出属性值
        System.out.println("cssValue: "+cssValue);
    }

    @AfterClass
    public void afterClass(){
        driver.quit();
    }
}
```

8.4.3 页面等待

有时我们打开一个网页，网页本身加载的速度比较慢，只能等网页加载完毕才能执行操作，就可以用 pageLoadTimeout(pageLoadTime，TimeUnit.SECONDS)方法。如果在设定的时间内网页没有完全加载就会报错，如果在小于设定的时间内就全部加载出来了，剩下的时间将不再等待，继续下一步操作。

具体示例代码如下：

```
import org.openqa.selenium.By;
import org.openqa.selenium.WebDriver;
import org.openqa.selenium.WebElement;
import org.openqa.selenium.chrome.ChromeDriver;
import org.testng.annotations.AfterClass;
import org.testng.annotations.BeforeClass;
import org.testng.annotations.Test;

import java.util.concurrent.TimeUnit;

public class TestWaitDemo {

    WebDriver driver;
    @BeforeClass
    public void beforeClass(){
        System.setProperty("webdriver.chrome.driver", "driver/
          chromedriver.exe");
        driver = new ChromeDriver();
    }

    @Test
    public void testByPageLoad() {
        //打开测试页面
        driver.get("file:///C:/Users/Administrator/Desktop/waitDemo.html");
```

```
        //设置等待时间为 3 秒，如果 3 秒页面没有全部加载出来，就会报错，如果小于 3 秒就全部
        //加载出来了，剩下的时间将不再等待，继续下一步操作
        driver.manage().timeouts().pageLoadTimeout(3, TimeUnit.SECONDS);
        driver.manage().window().maximize();
    }

    @AfterClass
    public void afterClass(){
        driver.quit();
    }
}
```

8.4.4　隐式等待

WebDriver 提供了 3 种隐式等待方法，分别说明如下。

- implicitlyWait：识别对象时的超时时间。如果过了设定时间还没找到，就会抛出 NoSuchElement 异常。
- setScriptTimeout：异步脚本的超时时间，用于设置异步执行脚本，脚本执行返回结果的超时时间。
- pageLoadTimeout：页面加载时的超时时间。WebDriver 需要等待页面加载完全才能进行后面的操作，如果页面加载超过设置时间仍然没有加载完成，就会抛出异常。

以上 3 种方法的设置都是全局设置，对整个 Driver 都有作用。如果在设定时间内，特定元素没有加载完成，就会抛出异常，如果元素加载完成，剩下的时间将不再等待。

具体示例代码如下：

```
import org.openqa.selenium.By;
import org.openqa.selenium.WebDriver;
import org.openqa.selenium.WebElement;
import org.openqa.selenium.chrome.ChromeDriver;
import org.testng.annotations.AfterClass;
import org.testng.annotations.BeforeClass;
import org.testng.annotations.Test;

import java.util.concurrent.TimeUnit;

public class TestWaitDemo {

    WebDriver driver;
    @BeforeClass
    public void beforeClass(){
        System.setProperty("webdriver.chrome.driver",
          "driver/chromedriver.exe");
        driver = new ChromeDriver();
    }

    @Test
    public void testByImplicitlyWait() {
        //打开测试页面
        driver.get("file:///C:/Users/Administrator/Desktop/waitDemo.html");
        //设置等待时间为 3 秒，如果 3 秒元素没有加载出来，就会报错，如果小于 3 秒元素加载出
```

```
        //来了，剩下的时间将不再等待，继续下一步操作
        driver.manage().timeouts().implicitlyWait(3, TimeUnit.SECONDS);
        driver.manage().window().maximize();
        driver.findElement(By.id("wait")).click();
        //获得 div 块级元素
        WebElement element = driver.findElement(By.id("green_box"));
        //获取该元素 CSS 样式中的 background-color 属性值
        String cssValue = element.getCssValue("background-color");
        //输出属性值
        System.out.println("cssValue: "+cssValue);
    }

    @AfterClass
    public void afterClass(){
        driver.quit();
    }
}
```

8.4.5 显式等待

简单理解，显式等待就是必须等到某个元素出现或可操作等条件为止，才会继续执行后续操作，如果等不到，就一直等待，如果在规定的时间之内一直没等到，就会抛出异常。

方法一，具体示例代码如下：

```
package com.api.demo;

import org.openqa.selenium.By;
import org.openqa.selenium.WebDriver;
import org.openqa.selenium.WebElement;
import org.openqa.selenium.chrome.ChromeDriver;
import org.openqa.selenium.support.ui.ExpectedCondition;
import org.openqa.selenium.support.ui.WebDriverWait;
import org.testng.annotations.AfterClass;
import org.testng.annotations.BeforeClass;
import org.testng.annotations.Test;

public class TestWaitDemo {

    WebDriver driver;

    @BeforeClass
    public void beforeClass() {
        System.setProperty("webdriver.chrome.driver",
          "driver/chromedriver.exe");
        driver = new ChromeDriver();
    }

    @Test
    public void testByShowWaiting() {
        //打开测试页面
        driver.get("file:///C:/Users/Administrator/Desktop/waitDemo.html");
        driver.manage().window().maximize();
        driver.findElement(By.id("wait")).click();
        /**
         *等待时间为 3 秒，WebDriverWait 默认每 500ms 就调用一次 ExpectedCondition,
```

```
         直到定位到 div，如果 3 秒内 div 显示出来了，就继续下一步，如果超过 3 秒没有显示出来，
         until()就会抛出 org.openqa.selenium.TimeoutExceptionn 异常
         */
        WebDriverWait wait = new WebDriverWait(driver, 3);
        //元素是否存在，如果超过设置时间检测不到，就抛出异常
        wait.until(new ExpectedCondition<WebElement>() {
            @Override
            public WebElement apply(WebDriver driver) {
                //重写方法
                return driver.findElement(By.id("green_box"));
            }
        });
        //获取 div 块级元素
        WebElement element = driver.findElement(By.id("green_box"));
        //获取该元素 CSS 样式中的 background-color 属性值
        String cssValue = element.getCssValue("background-color");
        //输出属性值
        System.out.println("cssValue: " + cssValue);
    }

    @AfterClass
    public void afterClass() {
        driver.quit();
    }
}
```

方法二，具体示例代码如下：

```
import org.openqa.selenium.By;
import org.openqa.selenium.WebDriver;
import org.openqa.selenium.WebElement;
import org.openqa.selenium.chrome.ChromeDriver;
import org.openqa.selenium.support.ui.ExpectedCondition;
import org.openqa.selenium.support.ui.ExpectedConditions;
import org.openqa.selenium.support.ui.WebDriverWait;
import org.testng.annotations.AfterClass;
import org.testng.annotations.BeforeClass;
import org.testng.annotations.Test;

public class TestWaitDemo {

    WebDriver driver;

    @BeforeClass
    public void beforeClass() {
        System.setProperty("webdriver.chrome.driver",
          "driver/chromedriver.exe");
        driver = new ChromeDriver();
    }

    @Test
    public void testByShowWaiting() {
        //打开测试页面
        driver.get("file:///C:/Users/Administrator/Desktop/waitDemo.html");
        driver.manage().window().maximize();
        driver.findElement(By.id("wait")).click();
        /**
         *等待时间为 3 秒，WebDriverWait 默认每 500ms 就调用一次 ExpectedCondition，
```

```
        直到定位到 div，如果 3 秒内 div 显示出来了，就继续下一步，如果超过 3 秒没有显示出来，
        until()就会抛出 org.openqa.selenium.TimeoutExceptionn 异常
        */
        WebDriverWait wait = new WebDriverWait(driver, 3);
        wait.until(ExpectedConditions.presenceOfElementLocated
          (By.id("green_box")));
        //获取 div 块级元素
        WebElement element = driver.findElement(By.id("green_box"));
        //获取该元素 CSS 样式中的 background-color 属性值
        String cssValue = element.getCssValue("background-color");
        //输出属性值
        System.out.println("cssValue: " + cssValue);
    }

    @AfterClass
    public void afterClass() {
        driver.quit();
    }
}
```

显式等待使用 ExpectedConditions 类中的自带方法，可以进行显式等待的判断，常用的判断条件如表 8-2 所示。

表 8-2　Selenium 中常用的显式等待判断条件

等待的条件方法名称	描　述
elementToBeClickable(By locator)	页面元素是否在页面上可用和可被点击
elementToBeSelected(WebElement element)	页面元素处于被选中状态
presenceOfElementLocated(By locator)	页面元素在页面中存在
textToBePresentInElement(By locator)	在页面元素中是否包含特定的文本
textToBePresentInElementValue(By locator，java.lang.String text)	页面元素值

运行上面的代码，运行结果如图 8-3 所示。

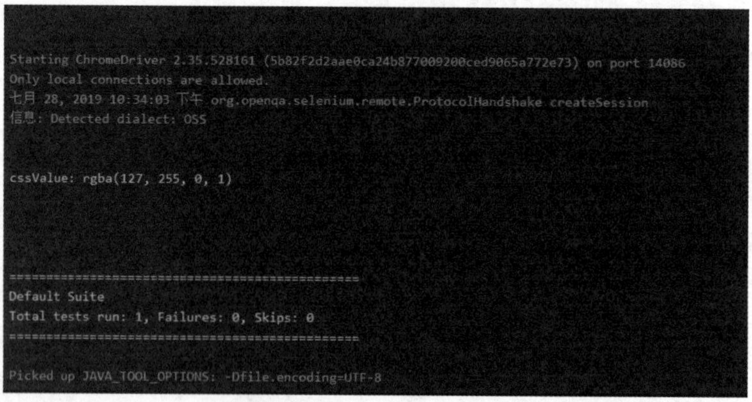

```
Starting ChromeDriver 2.35.528161 (5b82f2d2aae0ca24b877009200ced9065a772e73) on port 14086
Only local connections are allowed.
七月 28, 2019 10:34:03 下午 org.openqa.selenium.remote.ProtocolHandshake createSession
信息: Detected dialect: OSS


cssValue: rgba(127, 255, 0, 1)



===============================================
Default Suite
Total tests run: 1, Failures: 0, Skips: 0
===============================================

Picked up JAVA_TOOL_OPTIONS: -Dfile.encoding=UTF-8
```

图 8-3　显示等待运行结果

8.5　Selenium 中的窗口切换处理

在自动化测试过程中，常常会遇到在页面操作过程中，单击某个链接会弹出新的窗口，这时如果需要操作新打开窗口中的页面元素，就需要先切换到新打开的窗口上，再进行元素操作。

常见的窗口切换分为两种：两个窗口和多个窗口的切换操作。

8.5.1　常用切换方法

在自动化测试中，常见的窗口切换处理方法如下。

- driver.getWindowHandle()：获取当前窗口的 Handle。
- driver.getWindowHandles()：获取所有窗口的 Handle，返回 List 集合。
- driver.switchTo().window(handle)：切换到对应的窗口。
- driver.close()：关闭当前窗口。

8.5.2　两个窗口切换

下面我们来实现这样一种场景：进入百度首页，搜索“Refain 博客园”，单击第一个搜索结果，进入博客园，然后单击博客园列表页面第一篇文章，并输出该窗口的标题。

被测网页地址：https://www.baidu.com/。

根据 title 属性切换窗口，具体示例代码如下：

```
import org.openqa.selenium.By;
import org.openqa.selenium.WebDriver;
import org.openqa.selenium.chrome.ChromeDriver;
import org.testng.annotations.AfterClass;
import org.testng.annotations.BeforeClass;
import org.testng.annotations.Test;

import java.util.Set;
import java.util.concurrent.TimeUnit;

/**
 * 两个窗口切换操作案例
 * @author rongrong
 */
public class TestSwitchWindow {
    WebDriver driver;

    @BeforeClass
    public void beforeClass() {
        System.setProperty("webdriver.chrome.driver",
          "driver/chromedriver.exe");
        driver = new ChromeDriver();
    }

    @Test
```

```
    public void testSwitchWindow() {
        //打开百度首页
        driver.get("https://www.baidu.com/");
        //窗口最大化
        driver.manage().window().maximize();
        //设置全局等待 30 秒
        driver.manage().timeouts().pageLoadTimeout(30, TimeUnit.SECONDS);
        driver.manage().timeouts().implicitlyWait(30, TimeUnit.SECONDS);
        //在百度搜索框输入 Refain 博客园
        driver.findElement(By.id("kw")).clear();
        driver.findElement(By.id("kw")).sendKeys("Refain 博客园");
        //单击“百度一下”按钮
        driver.findElement(By.id("su")).click();
        //在百度搜索结果中，选择 Refain - 博客园，进入博客园页面
        driver.findElement(By.linkText("Refain - 博客园")).click();
        //获取当前窗口句柄组合
        Set<String> handles = driver.getWindowHandles();
        for (String handle : handles) {
            driver.switchTo().window(handle);
            //获取当前窗口 title 属性
            String title = driver.getTitle();
            //如果当前窗口的 title 属性是 Refain - 博客园，就跳出遍历
            if (title.equals("Refain - 博客园")) {
                break;
            }
        }
        //单击博客园中第一篇文章
        driver.findElement(By.cssSelector(".forFlow .day:nth-of-type(1).
          postTitle2")).click();
        //输出新窗口的页面标题
        System.out.println(driver.getTitle());
    }

    @AfterClass
    public void afterClass() {
        driver.quit();
    }
}
```

根据页面内容切换窗口，具体示例代码如下：

```
import org.openqa.selenium.By;
import org.openqa.selenium.WebDriver;
import org.openqa.selenium.chrome.ChromeDriver;
import org.testng.annotations.AfterClass;
import org.testng.annotations.BeforeClass;
import org.testng.annotations.Test;

import java.util.Set;
import java.util.concurrent.TimeUnit;

/**
 * 两个窗口切换操作案例
 * @author rongrong
 */
public class TestSwitchWindow {
    WebDriver driver;
```

```
    @BeforeClass
    public void beforeClass() {
        System.setProperty("webdriver.chrome.driver",
          "driver/chromedriver.exe");
        driver = new ChromeDriver();
    }

    @Test
    public void testSwitchWindow() {
        //打开百度首页
        driver.get("https://www.baidu.com/");
        //窗口最大化
        driver.manage().window().maximize();
        //设置全局等待 30 秒
        driver.manage().timeouts().pageLoadTimeout(30, TimeUnit.SECONDS);
        driver.manage().timeouts().implicitlyWait(30, TimeUnit.SECONDS);
        //在百度搜索框输入 Refain 博客园
        driver.findElement(By.id("kw")).clear();
        driver.findElement(By.id("kw")).sendKeys("Refain 博客园");
        //单击"百度一下"按钮
        driver.findElement(By.id("su")).click();
        //在百度搜索结果中，选择 Refain - 博客园，进入博客园页面
        driver.findElement(By.linkText("Refain - 博客园")).click();
        //获取当前窗口句柄组合
        Set<String> handles = driver.getWindowHandles();
        for (String handle : handles) {
            driver.switchTo().window(handle);
            //获取页面源代码
            String pageSource = driver.getPageSource();
            //如果当前页面源代码包含 Selenium Java 中常见等待的几种形式
            if (pageSource.equals("selenium Java 中常见等待的几种形式")) {
                break;
            }
        }
        //单击博客园中第一篇文章
        driver.findElement(By.cssSelector(".forFlow .day:nth-of-type(1).
          postTitle2")).click();
        //输出新窗口的页面标题
        System.out.println(driver.getTitle());
    }

    @AfterClass
    public void afterClass() {
        driver.quit();
    }
}
```

8.5.3 多个窗口切换

我们来实现这样一种场景：进入百度首页，搜索“淘宝”，单击进入淘宝首页，单击“登录”按钮，进入登录页面，输入账号和密码，再次单击“登录”按钮。

要求：操作完一个页面，进入新页面后，关闭之前页面的Tab。

被测网页地址：https://www.baidu.com/。

具体示例代码如下：

```
import org.openqa.selenium.By;
import org.openqa.selenium.WebDriver;
import org.openqa.selenium.chrome.ChromeDriver;
import org.testng.annotations.AfterClass;
import org.testng.annotations.BeforeClass;
import org.testng.annotations.Test;

import java.util.Set;
import java.util.concurrent.TimeUnit;

/**
 * 多个窗口切换操作案例
 * @author rongrong
 */
public class TestSwitchWindow {
   WebDriver driver;

   @BeforeClass
   public void beforeClass() {
      System.setProperty("webdriver.chrome.driver",
        "driver/chromedriver.exe");
      driver = new ChromeDriver();
   }

   @Test
   public void testSwitchWindow() {
      //打开百度首页
      driver.get("https://www.baidu.com/");
      //窗口最大化
      driver.manage().window().maximize();
      //设置全局等待 30 秒
      driver.manage().timeouts().pageLoadTimeout(30, TimeUnit.SECONDS);
      driver.manage().timeouts().implicitlyWait(30, TimeUnit.SECONDS);
      //在百度搜索框输入"淘宝"
      driver.findElement(By.id("kw")).clear();
      driver.findElement(By.id("kw")).sendKeys("淘宝");
      //单击"百度一下"按钮
      driver.findElement(By.id("su")).click();
      //在百度搜索结果中，选择"淘宝网 - 淘！我喜欢"，进入淘宝首页
      driver.findElement(By.linkText("淘宝网 - 淘！我喜欢")).click();
      // 获取当前页面句柄，即老窗口句柄
      String oldHandle = driver.getWindowHandle();
      //获取当前窗口句柄组合
      Set<String> handles = driver.getWindowHandles();
      for (String s : handles) {
         //如果不是新窗口
         if (!oldHandle.equals(s)) {
            driver.switchTo().window(s);
         }else {
            driver.close();
         }
      }
      //单击"登录"按钮
```

```
        driver.findElement(By.linkText("登录")).click();
        // 获取当前页面句柄，即旧窗口句柄
        oldHandle = driver.getWindowHandle();
        //获取当前窗口句柄组合
        handles = driver.getWindowHandles();
        for (String s : handles) {
            //如果不是新窗口
            if (!oldHandle.equals(s)) {
                driver.switchTo().window(s);
            }else {
                driver.close();
            }
        }
        //输出新窗口页面标题
        System.out.println(driver.getTitle());
        driver.findElement(By.linkText("密码登录")).click();
        driver.findElement(By.cssSelector("#TPL_username_1")).sendKeys("your
          userName");
        driver.findElement(By.cssSelector("#J_StandardPwd .login-text")).
          sendKeys("'your password");
        driver.findElement(By.cssSelector("[data-ing]")).click();
    }

    @AfterClass
    public void afterClass() {
        driver.quit();
    }
}
```

上面的案例实现了由页面 A 切换到页面 B，同时关闭页面 A，单击页面 B 触发页面 C，同时关闭页面 B。本案例使用了两次窗口切换，同样的代码重复使用，重复部分建议读者以后单独封装成一个方法，直接调用就好，这样代码看起来比较舒服。

运行上面的代码，运行结果如图 8-4 所示。

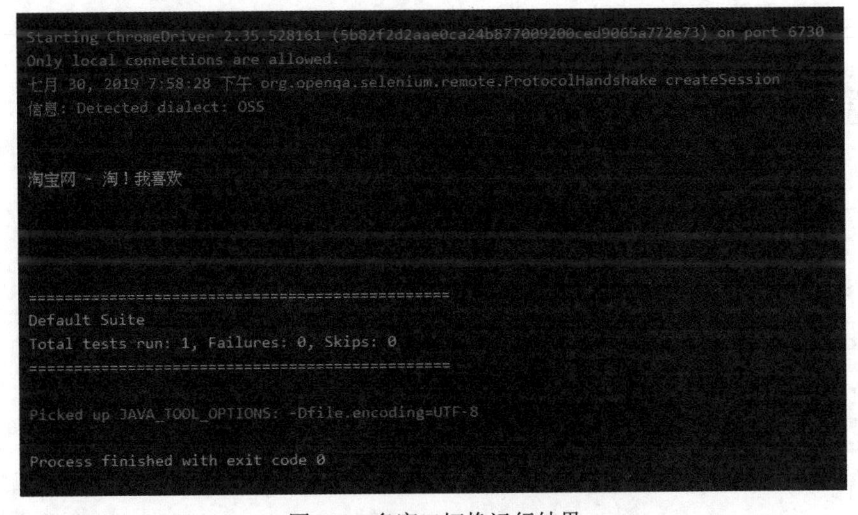

图 8-4　多窗口切换运行结果

8.6 iframe 切换处理

在自动化测试中，常常会遇到 WebDriver 在处理定位元素时报错，提示没有这样的元素。这时，细心观察被测网页结构，会发现有可能是被测网页采用了 frame 技术。

什么是 frame？frame 是 HTML 中用于网页嵌套的。一个网页可以嵌套到另一个网页中，可以嵌套很多层。

8.6.1 常用切换方法

关于 driver.switchTo().frame(参数)，参数表达有以下几种方式。

- driver.switchTo().frame(0)：用 iframe 标签的个数来表示，0 代表该页面的第一个 iframe 标签。
- driver.switchTo().frame(element)：用 WebElement 元素对象来切换。
- driver.switchTo().frame("frameID")：用 id 属性切换。
- driver.switchTo().frame("frameName")：用 name 属性切换。
- driver.switchTo().defaultContent()：退出 iframe，返回主页面。

接下来用一个小案例练习一下，要求在内嵌输入框输入“软件测试君”。第一个文件为 iframe1.html，HTML 代码如下：

```
<!DOCTYPE html>
<html lang="en">
<head>
    <meta charset="UTF-8">
    <title>iframe1</title>
</head>
<body>
username:<input type="text" id="user">
</body>
</html>
```

第二个文件为 iframeDemo.html，HTML 代码如下：

```
<!DOCTYPE HTML>
<html>
<meta content="text/html; charset=utf-8"/>
<head>
    <title>iframe 练习案例</title>
</head>
<body>
<h1>这是一段 iframe 练习</h1>
<iframe id="iframe" name="iframeName" src="iframe1.html" width="600"
 height="350"></iframe>
</body>
</html>
```

8.6.2 使用 iframe 标签位置切换

具体示例代码如下：

```
@Test
public void testSwitchIframe() {
    driver.get("file:///C:/Users/Administrator/Desktop/
      iframeDemo.html");
    driver.manage().window().maximize();
    driver.manage().timeouts().implicitlyWait(30, TimeUnit.SECONDS);
    //用 iframe 标签的位置切换，本页面就一个 iframe 框，故写 0，表示第一个标签
    driver.switchTo().frame(0);
    //进入 iframe 内，在输入框中输入“软件测试君”
    driver.findElement(By.id("user")).sendKeys("软件测试君");
}
```

8.6.3 使用元素对象进行 iframe 切换

具体示例代码如下：

```
@Test
public void testSwitchIframe() {
    driver.get("file:///C:/Users/Administrator/Desktop/
      iframeDemo.html");
    driver.manage().window().maximize();
    driver.manage().timeouts().implicitlyWait(30, TimeUnit.SECONDS);
    //获得 iframe 元素对象
    WebElement iframe = driver.findElement(By.id("iframe"));
    //使用元素对象进行 iframe 切换
    driver.switchTo().frame(iframe);
    //进入 iframe 内，在输入框中输入“软件测试君”
    driver.findElement(By.id("user")).sendKeys("软件测试君");
}
```

8.6.4 使用 id 属性进行 iframe 切换

具体示例代码如下：

```
@Test
public void testSwitchIframe() {
    driver.get("file:///C:/Users/Administrator/Desktop/iframeDemo.
      html");
    driver.manage().window().maximize();
    driver.manage().timeouts().implicitlyWait(30, TimeUnit.SECONDS);
    //使用 id 属性进行 iframe 切换
    driver.switchTo().frame("iframe");
    //进入 iframe 内，在输入框中输入“软件测试君”
    driver.findElement(By.id("user")).sendKeys("软件测试君");
}
```

8.6.5 使用 name 属性进行 iframe 切换

具体示例代码如下：

```
@Test
public void testSwitchIframe() {
    driver.get("file:///C:/Users/Administrator/Desktop/iframeDemo.
      html");
    driver.manage().window().maximize();
    driver.manage().timeouts().implicitlyWait(30, TimeUnit.SECONDS);
    //使用 id 属性进行 iframe 切换
    driver.switchTo().frame("iframeName");
    //进入 iframe 内，在输入框中输入"软件测试君"
    driver.findElement(By.id("user")).sendKeys("软件测试君");
}
```

8.6.6 iframe 切换操作实例

被测网页地址：https://mail.163.com/。

我们来模拟打开邮箱首页，单击“密码登录”按钮，输入账号和密码，单击“登录”按钮，按照正常写脚本的习惯，具体示例代码如下：

```
@Test
public void testIframeDemo() {
    driver.get("https://mail.163.com/");
    driver.manage().window().maximize();
    driver.manage().timeouts().implicitlyWait(30, TimeUnit.SECONDS);
    //选择“密码登录”
    driver.findElement(By.linkText("密码登录")).click();
    //输入邮箱账号
    driver.findElement(By.name("email")).clear();
    driver.findElement(By.name("email")).sendKeys("your Mail");
    //输入密码
    driver.findElement(By.name("password")).clear();
    driver.findElement(By.name("password")).sendKeys("your passWord");
    //单击登录按钮
    driver.findElement(By.id("dologin")).click();
    //错误提示语
    String msg = driver.findElement(By.cssSelector(".ferrorhead")).
      getText();
    //验证输入的账号格式错误是否提示账号格式错误
    Assert.assertEquals(msg, "账号格式错误");
    //跳出 iframe 返回主页面
    driver.switchTo().defaultContent();
}
```

直接运行，结果如图 8-5 所示。

```
org.openqa.selenium.NoSuchElementException: no such element: Unable to locate element: {"method":"name","selector":"email"}
  (Session info: chrome=76.0.3809.132)
  (Driver info: chromedriver=2.35.528161 (5b82f2d2aae0ca24b877009200ced9065a772e73),platform=Windows NT 10.0.16299 x86_64) (WARN
Command duration or timeout: 0 milliseconds
For documentation on this error, please visit: http://seleniumhq.org/exceptions/no_such_element.html
Build info: version: '3.9.1', revision: '63f7b50', time: '2018-02-07T22:42:28.403Z'
System info: host: 'PC201909081253', ip: '192.168.1.106', os.name: 'Windows 10', os.arch: 'amd64', os.version: '10.0', java.vers
Driver info: org.openqa.selenium.chrome.ChromeDriver
Capabilities {acceptInsecureCerts: false, acceptSslCerts: false, applicationCacheEnabled: false, browserConnectionEnabled: false
Session ID: 93edc682d64d6c74a5b3005c8cbb392c
*** Element info: {Using=name, value=email}
 <4 internal calls>
    at org.openqa.selenium.remote.ErrorHandler.createThrowable(ErrorHandler.java:214)
```

图 8-5　运行报错

结果报错，提示没有这样的元素。从控制台报错信息来看，这个异常的惯性思维是，先去排查元素定位方式是否写错了，接着仔细排查是否有 frame 框。在 Firefox 浏览器上的 FirePath 插件，通过查看图 8-6 中框中的内容以确定元素是否在 frame 内部。

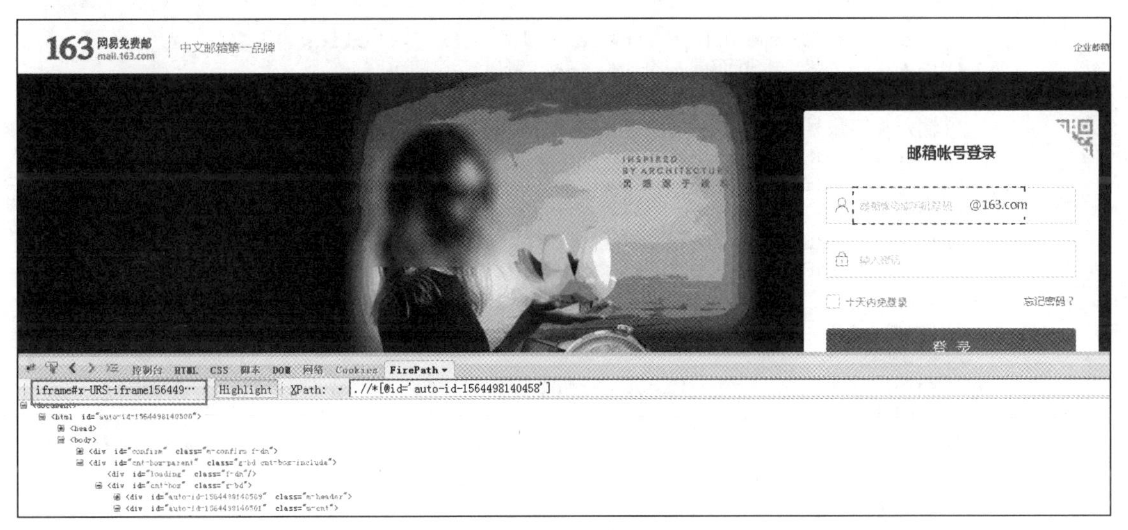

图 8-6　页面有 iframe 的情况

如果图 8-6 框中的内容有 iframe，就说明这个网页中有 frame。一般来讲，#后面的内容是这个 frame 的 id 或者名称。如 8.6.1 节所讲的关于 frame 的操作方法，由于每次刷新页面，iframe 中的 id 属性值都会变化，即动态 id，不建议使用 id 来定位，这时可根据 frame 的索引来定位，切换进去即可。

具体示例代码如下：

```
import org.openqa.selenium.By;
import org.openqa.selenium.WebDriver;
import org.openqa.selenium.chrome.ChromeDriver;
import org.testng.Assert;
import org.testng.annotations.AfterClass;
import org.testng.annotations.BeforeClass;
import org.testng.annotations.Test;

import java.util.concurrent.TimeUnit;
```

```
/**
 * iframe 切换实际案例
 * @author rongrong
 */
public class TestIframeDemo {
    WebDriver driver;

    @BeforeClass
    public void beforeClass() {
        System.setProperty("webdriver.chrome.driver",
          "driver/chromedriver.exe");
        driver = new ChromeDriver();
    }

    @Test
    public void testIframeDemo() {
        driver.get("https://mail.163.com/");
        driver.manage().window().maximize();
        driver.manage().timeouts().implicitlyWait(30, TimeUnit.SECONDS);
        //选择“密码登录”
        driver.findElement(By.linkText("密码登录")).click();
        //进入 iframe，本页面就一个 iframe，所以写 0 即可
        driver.switchTo().frame(0);
        //输入邮箱账号
        driver.findElement(By.name("email")).clear();
        driver.findElement(By.name("email")).sendKeys("your Mail");
        //输入密码
        driver.findElement(By.name("password")).clear();
        driver.findElement(By.name("password")).sendKeys("your passWord");
        //单击“登录”按钮
        driver.findElement(By.id("dologin")).click();
        //错误提示语
        String msg = driver.findElement(By.cssSelector(".ferrorhead")).
          getText();
        //验证输入的账号格式错误是否提示账号格式错误
        Assert.assertEquals(msg, "账号格式错误");
        //跳出 iframe 返回主页面
        driver.switchTo().defaultContent();
    }

    @AfterClass
    public void afterClass() {
        driver.quit();
    }
}
```

在上面的测试过程中，打开了一个 163 邮箱页面，单击“密码登录”按钮，进入账号密码登录页面。然后使用 switchTo 方法，由于每次页面打开后，iframe 中的 id 属性都是变化的，但只有一个 iframe 产生，因此选择第一个 frame 切换进入内部，然后查找邮箱账号这个元素，随后输入账号和密码，单击“登录”按钮，就完成了整个登录过程。

8.7　弹窗处理

弹窗分为两种，一种是基于原生 JavaScript 写出来的弹窗，另一种是自定义封装好样式的弹窗。这里重点介绍原生 JavaScript 写出来的弹窗，另一种弹窗用 click()基本就能搞定。

8.7.1　弹窗分类

原生 JavaScript 写出来的弹窗又分为 3 种：Alert、Confirm 和 Prompt。

Alert 弹窗如图 8-7 所示。

localhost:63342 显示
欢迎关注我的公号：软件测试君！请按确认继续！
alert弹出框
确定

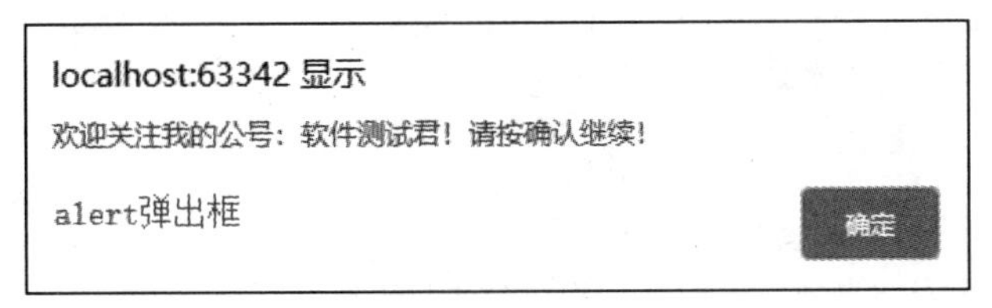

图 8-7　Alert 弹窗

Confirm 弹窗如图 8-8 所示。

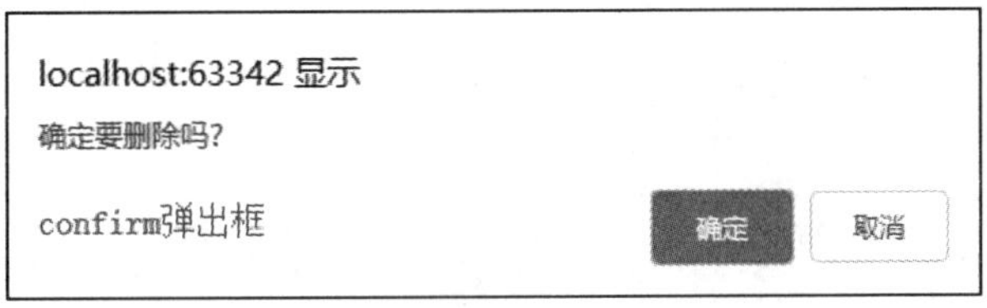

localhost:63342 显示
确定要删除吗?
confirm弹出框
确定
取消

图 8-8　Confirm 弹窗

Prompt 弹窗如图 8-9 所示。

localhost:63342 显示
请输入你的姓名:
prompt弹出框
确定
取消

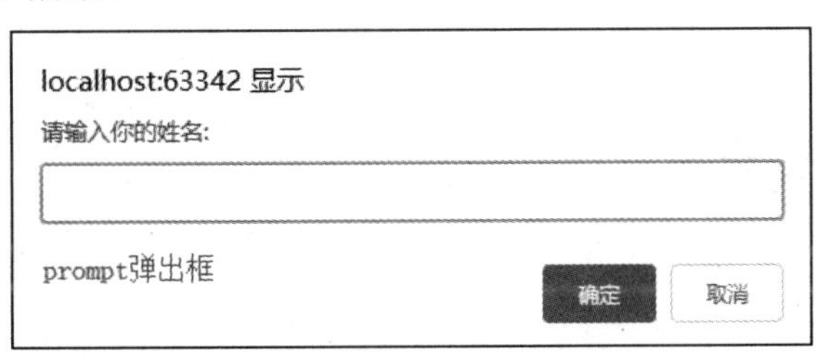

图 8-9　Prompt 弹窗

8.7.2　弹窗处理常用方法

弹窗操作的主要方法说明如下。

- driver.switchTo().alert()：切换到 Alert 弹窗。
- getText()：获取文本值。

- accept()：单击“确认”按钮。
- dismiss()：单击“取消”按钮或者关闭对话框。
- send_keys()：输入文本值，但仅限于 Prompt，在 Alert 和 Confirm 上没有输入框。

弹窗处理练习案例 HTML 代码如下：

```
<!DOCTYPE html>
<html lang="en">
<head>
    <meta charset="UTF-8">
    <title>弹窗练习案例</title>
    <script language="javascript">
        function checkup() {
            if (window.confirm("确定要删除吗？")) {
                return true;
            } else {
                return false;
            }
        }

        function welcome() {
            var myname = prompt("请输入你的姓名:");
            if (myname != null) {
                alert("你好，" + myname);
            } else {
                alert("你好 my friend.");
            }
        }
    </script>
</head>
<body>
<input id="alert" value="alert" type="button" onclick="alert('欢迎关注我的
  公众号：软件测试君！请按确认继续！');"/><br>
<button id="dialog" onclick="checkup()">删除按钮</button><br>
<button id="welcome" onclick="welcome()">点击加入我们</button><br>
</body>
</html>
```

8.7.3 Alert 弹窗处理

具体示例代码如下：

```
@Test
    public void testAlert() {
        driver.get("file:///C:/Users/Administrator/Desktop/popup.html");
        driver.manage().window().maximize();
        driver.manage().timeouts().implicitlyWait(30, TimeUnit.SECONDS);
        driver.findElement(By.id("alert")).click();
        //获取Alert对话框
        Alert alert = driver.switchTo().alert();
        //获取对话框文本
        String text = alert.getText();
        //打印输出警告对话框内容
        System.out.println(text);
```

```
        //Alert 弹窗属于警告弹窗，这里只能接受弹窗
        alert.accept();
    }
```

8.7.4 Confirm 弹窗处理

具体示例代码如下：

```
@Test
    public void testConfirm() {
        driver.get("file:///C:/Users/Administrator/Desktop/popup.html");
        driver.manage().window().maximize();
        driver.manage().timeouts().implicitlyWait(30,  TimeUnit.SECONDS);
        driver.findElement(By.id("dialog")).click();
        //获取 Confirm 对话框
        Alert alert = driver.switchTo().alert();
        //获取对话框的内容
        String text = alert.getText();
        //打印输出对话框的内容
        System.out.println(text);
        //单击“确认”按钮
        alert.accept();
        //单击“取消”按钮
        //alert.dismiss();
    }
```

8.7.5 Prompt 弹窗处理

具体示例代码如下：

```
@Test
    public void testPrompt() {
        driver.get("file:///C:/Users/Administrator/Desktop/popup.html");
        driver.manage().window().maximize();
        driver.manage().timeouts().implicitlyWait(30,  TimeUnit.SECONDS);
        driver.findElement(By.id("welcome")).click();
        //获取 Prompt 对话框
        Alert alert = driver.switchTo().alert();
        //获取对话框的内容
        String text = alert.getText();
        //打印输出对话框的内容
        System.out.println(text);
        //在弹框内输入信息
        alert.sendKeys("软件测试君");
        //单击“确认”按钮，提交输入的内容
        alert.accept();
    }
```

8.8 单选框和复选框处理

8.8.1 什么是单选框和复选框

单选框和复选框如图 8-10 所示。

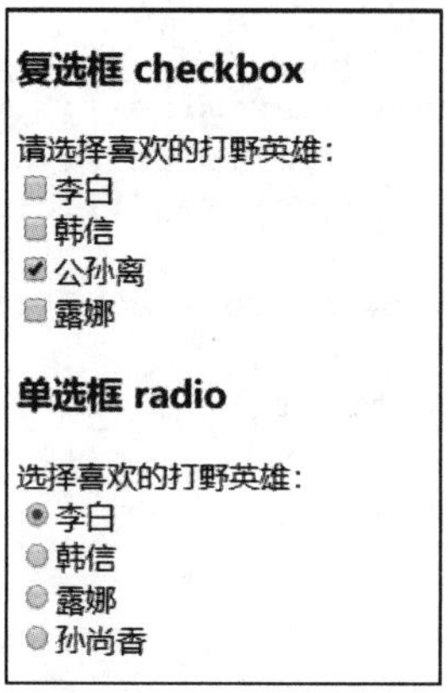

复选框 checkbox

请选择喜欢的打野英雄：
- 李白
- 韩信
- 公孙离
- 露娜

单选框 radio

选择喜欢的打野英雄：
- 李白
- 韩信
- 露娜
- 孙尚香

图 8-10　单选框和复选框

单选框和复选框练习案例 HTML 代码如下：

```
<!DOCTYPE html>
<html lang="en">
<head>
    <meta charset="UTF-8">
    <title>CheckBox、Radio 练习案例</title>
</head>
<body>
<div>
    <h3>复选框 checkbox</h3>
    请选择喜欢的打野英雄：<br>
    <label><input name="checkbox1" type="checkbox" value="李白"/>李白
      </label><br>
    <label><input name="checkbox2" type="checkbox" value="韩信"/>韩信
      </label><br>
    <label><input name="checkbox3" type="checkbox" value="公孙离"
      checked="checked"/>公孙离 </label><br>
    <label><input name="checkbox4" type="checkbox" value="露娜"/>露娜
      </label><br>
</div>
<div>
    <h3>单选框 radio</h3>
    选择喜欢的打野英雄：<br>
    <label><input name="radio" type="radio" value="0" checked="checked"/>
      李白 </label><br>
    <label><input name="radio" type="radio" value="1"/>韩信 </label><br>
    <label><input name="radio" type="radio" value="2"/>露娜 </label><br>
```

```
    <label><input name="radio" type="radio" value="3"/>孙尚香 </label><br>
</div>
</body>
</html>
```

8.8.2 判断是否选中

有时单选框和复选框会默认选中，那么就有必要在操作单选框或者复选框的时候，先判断是否为选中状态。使用 element.isSelected()来获取元素是否为选中状态，返回结果为布尔类型。如果为选中状态，就返回 true，否则返回为 false。操作很简单，这里就不赘述了。

8.8.3 单选框处理

具体示例代码如下：

```
@Test
    public void testRadio() {
        driver.get("file:///C:/Users/Administrator/Desktop/
          CheckBoxRadioDemo.html");
        driver.manage().window().maximize();
        driver.manage().timeouts().implicitlyWait(30,  TimeUnit.SECONDS);
        //获取第 1 个单选框，李白元素对象
        WebElement element = driver.findElement(By.cssSelector
          ("[value='0']"));
        boolean isSelected = element.isSelected();
        //查看李白是否被选中
        if (isSelected){
            System.out.println("李白已被选中，你只能选下一个英雄了");
        }
        //获取第 3 个单选框，露娜元素对象
        element = driver.findElement(By.cssSelector("[value='2']"));
        //判断是否被选中
        if(!element.isSelected()){
            //如果未被选中，就可以直接选
            element.click();
        }
    }
```

8.8.4 复选框处理

具体示例代码如下：

```
@Test
    public void testCheckbox() {
        driver.get("file:///C:/Users/Administrator/Desktop/
          CheckBoxRadioDemo.html");
        driver.manage().window().maximize();
        driver.manage().timeouts().implicitlyWait(30,  TimeUnit.SECONDS);
        //获取第 3 个复选框，公孙离元素对象
        WebElement element = driver.findElement(By.name("checkbox3"));
        boolean isSelected = element.isSelected();
```

```
        //如果选中了，就取消选中
        if (isSelected){
            element.click();
        }
        /**
         * 全选操作
         */
        List<WebElement> elements = driver.findElements(By.cssSelector
          ("[type='checkbox']"));
        for (WebElement webElement :elements) {
            //单击选中
            webElement.click();
        }
    }
```

8.9　下拉框处理

常见的下拉框分为两种：标准控件和非标准控件（一般为前端开发人员自己封装的下拉框控件）。本节将重点讲解标准控件下拉框的操作。

8.9.1　处理下拉框的常见方法

选择某一项的方法如下。

- select.selectByIndex：通过索引定位选中。
- selectByValue：通过 value 值定位选中。
- selectByVisibleText：通过可见文本值定位选中。

使用说明：

- index 索引是从 0 开始的。
- value 是 option 标签中 value 属性值的定位。
- VisibleText 是 option 标签中显示在下拉框中的文本。

返回 options 信息的方法如下。

- getOptions()：返回 select 元素所有的 options。
- getAllSelectedOptions()：返回 select 元素中所有已选中的选项。
- getFirstSelectedOption()：返回 select 元素中选中的第一个选项。

取消选中项的方法如下。

- select.deselectAll()：取消全部的已选择项。
- deselectByIndex()：取消已选中的索引项。
- deselectByValue()：取消已选中的 value 值。
- deselectByVisibleText()：取消已选中的文本值。

8.9.2　下拉框处理

下拉框练习案例 HTML 代码如下：

```
<!DOCTYPE html>
<html lang="en">
<head>
    <meta charset="UTF-8">
    <title>Select 控件练习案例</title>
</head>
<body>

<h4>请选择你的英雄：</h4>
<select id="select">
    <option value="1">李白</option>
    <option selected="selected" value="2">韩信</option>
    <option value="3">典韦</option>
    <option value="4">凯</option>
</select>
</body>
</html>
```

具体示例代码如下：

```
import org.openqa.selenium.By;
import org.openqa.selenium.WebDriver;
import org.openqa.selenium.WebElement;
import org.openqa.selenium.chrome.ChromeDriver;
import org.openqa.selenium.support.ui.Select;
import org.testng.annotations.AfterClass;
import org.testng.annotations.BeforeClass;
import org.testng.annotations.Test;

import java.util.concurrent.TimeUnit;

public class TestSelectDemo {

    WebDriver driver;

    @BeforeClass
    public void beforeClass() {
        System.setProperty("webdriver.chrome.driver",
          "driver/chromedriver.exe");
        driver = new ChromeDriver();
    }

    @Test
    public void testSelectDemo() {
        //打开测试页面
        driver.get("file:///C:/Users/Administrator/Desktop/SelectDemo.
          html");
        driver.manage().window().maximize();
        driver.manage().timeouts().implicitlyWait(30, TimeUnit.SECONDS);
        //获取 select 元素对象
        WebElement element = driver.findElement(By.id("select"));
```

```
        Select select = new Select(element);
        //根据索引选择第 1 个英雄：李白
        select.selectByIndex(0);
        //根据 value 值选择第 4 个英雄：凯
        select.selectByValue("4");
        //根据文本值选择第 2 个英雄：韩信
        select.selectByVisibleText("韩信");
        //判断是否支持多选
        System.out.println(select.isMultiple());
        //获取选中项文本
        String text = select.getFirstSelectedOption().getText();
        //打印输出选中项文本
        System.out.println(text);
    }

    @AfterClass
    public void afterClass() {
        driver.quit();
    }
}
```

以上便是关于 Select 控件处理的演示案例，具体实践还需要结合实际的工作来进行。

8.10 Cookie 操作

8.10.1 获取 Cookie

具体示例代码如下：

```
Set<Cookie> data = driver.manage().getCookies();
System.out.println(data);
```

8.10.2 获取 Cookie 个数

具体示例代码如下：

```
driver.manage().getCookies().size();
```

8.10.3 删除所有 Cookie

具体示例代码如下：

```
driver.manage().deleteAllCookies();
//获取 Cookie 个数
System.out.println(driver.manage().getCookies().size());
//此时 Cookie 的个数为 0
```

8.10.4　设置 Cookie

具体示例代码如下：

```
Cookie c = new Cookie("login",  "true");
driver.manage().addCookie(c);
System.out.println(driver.manage().getCookies().size());
//新增了一条，此时 Cookie 个数为 1
```

8.10.5　通过 Cookie 跳过登录验证码

验证码对每个进行 Web 自动化测试的人来说都是比较头疼的，那么该怎么办呢？方法还是有的，比如利用 Cookie。下面以百度登录为例重点讲解通过 Cookie 来跳过百度登录验证码。

被测网页地址：https://www.baidu.com/。

首先，通过抓包工具 Fiddler 抓到登录的 Cookie，读者可以按照以下步骤进行操作。

Step 01 启动 Fiddler 工具，如图 8-11 所示。

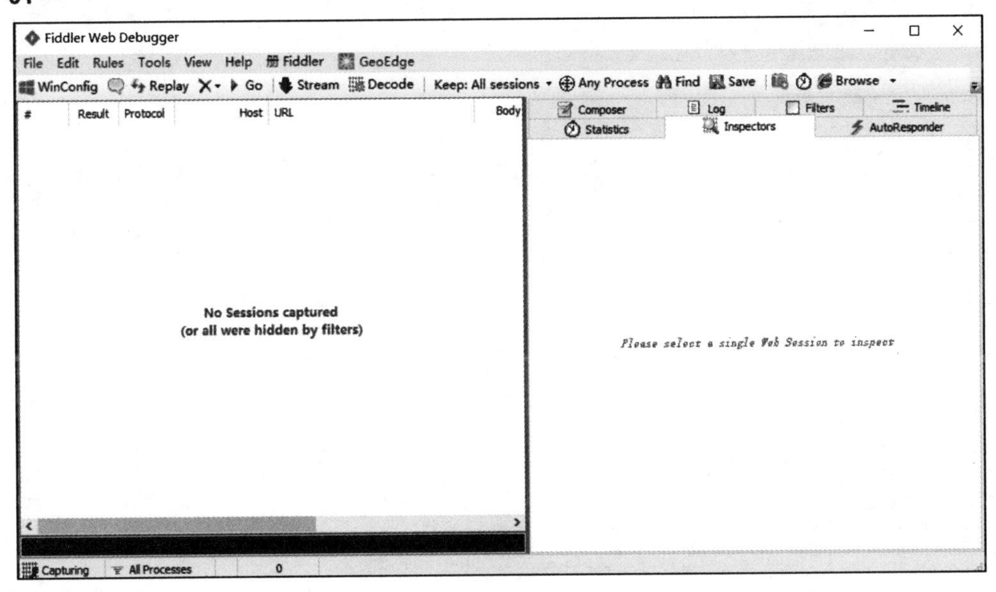

图 8-11　启动 Fiddler 工具

Step 02 通过浏览器正常登录百度账号，如图 8-12 所示。

Step 03 通过 Fiddler 获取登录请求的 Cookie，找到 Host 为 passport.baidu.com 的 URL，在右侧窗口查看该请求的 Cookie，如图 8-13 所示。

图 8-12 登录百度账号

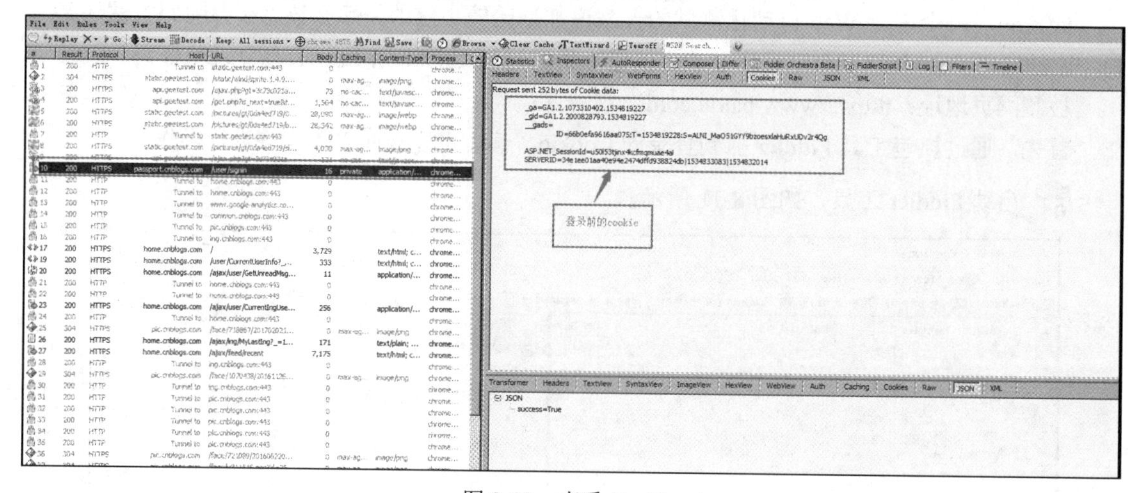

图 8-13 查看 Cookie

Step 04 找到两个重要的参数：BAIDUID 和 BDUSS。

具体示例代码如下：

```
package com.api.demo;

import org.openqa.selenium.Cookie;
import org.openqa.selenium.WebDriver;
import org.openqa.selenium.chrome.ChromeDriver;
import org.testng.annotations.Test;
import org.testng.annotations.BeforeClass;
import org.testng.annotations.AfterClass;

public class LoginWithCookie {

    WebDriver driver;

    @BeforeClass
    public void beforeClass() {
        System.setProperty("webdriver.chrome.driver", "chromedriver.exe");
        driver=new ChromeDriver();

    }
```

```
    @Test
    public void testLoginWithCookie() {
        driver.get("https://www.baidu.com/");
        driver.manage().window().maximize();
        Cookie cookie=new Cookie("BAIDUID",  "你的账号 cookie");
        driver.manage().addCookie(cookie);
        Cookie cookie1=new Cookie("BDUSS",  "你的账号 cookie");
        driver.manage().addCookie(cookie1);
        driver.navigate().refresh();
    }

    @AfterClass
    public void afterClass() {
//        driver.quit();
    }

}
```

运行结果如图 8-14 所示。

图 8-14　运行结果

注　意
首先，访问百度首页时要处于未登录状态，然后，通过 Selenium 提供的 add_cookie()方法添加 Cookie 信息。

8.11　调用 JavaScript 操作

在进行 Web 自动化测试时，会遇到 Selenium 中的 API 无法完成的操作，这时就需要通过第三方手段比如 JS 来实现。比如改变某些元素对象的属性或者执行一些特殊的操作。本节将讲解怎样使用 JavaScript 来完成这些操作。

8.11.1 Selenium 调用 JS 的用法

创建一个执行 JS 的对象，也就是 JavascriptExecutor 对象，这个对象由 Driver 进行强制类型转换而来，即 JavascriptExecutor jse=(JavascriptExecutor)driver。

然后，这个 JSE 对象就可以调用 executeScript 方法执行一段 JS，这段 JS 语句以字符串的形式传参到 executeScript 中。

8.11.2 使用 Selenium 调用 JS 实例

按照国际惯例，我们先来一个“hello,world!”示例。模拟场景为打开百度首页，并弹窗提示“hello, world!”，关闭弹窗，控制台输出弹窗文本“hello, world!”。

被测网页地址：https://www.baidu.com/。

具体示例代码如下：

```
import org.openqa.selenium.Alert;
import org.openqa.selenium.JavascriptExecutor;
import org.openqa.selenium.WebDriver;
import org.openqa.selenium.chrome.ChromeDriver;
import org.testng.annotations.AfterClass;
import org.testng.annotations.BeforeClass;
import org.testng.annotations.Test;

/**
 * Selenium 调用 JavaScript 案例
 *
 * @author rongrong
 */
public class TestJavaScript {

    WebDriver driver;

    @BeforeClass
    public void beforeClass() {
        System.setProperty("webdriver.chrome.driver",
          "driver/chromedriver.exe");
        driver = new ChromeDriver();
        driver.get("https://www.baidu.com/");
    }

    /**
     * 场景1:打开百度首页,并弹窗提示“hello, world!”,关闭弹窗,控制台输出弹窗文本“Hello,
        world!”
     */
    @Test
    public void testJavaScript() {
        JavascriptExecutor j = (JavascriptExecutor) driver;
        j.executeScript("alert('hello, world!')");
        Alert alert = driver.switchTo().alert();
        String text = alert.getText();
        System.out.println(text);
```

```
        alert.accept();
    }

    @AfterClass
    public void afterClass() {
        driver.quit();
    }

}
```

然后，我们再进行一个有点难度的操作，打开百度首页，将“百度一下”按钮改为 MyLove。具体示例代码如下：

```
@Test
    public void testChangeColor() {
        WebElement element = driver.findElement(By.id("su"));
        JavascriptExecutor j = (JavascriptExecutor) driver;
        j.executeScript("document.getElementById('su').setAttribute('value',
          'MyLove');", element);
    }
```

更多关于调用 JavaScript 的操作，有兴趣的读者可以尝试拓展。本节只是抛砖引玉，更多内容需要读者结合实际情况处理。

8.12　上传文件操作

上传文件是每个进行自动化测试的人都会遇到的场景，而且是面试必考的问题。上传文件控件分为标准控件和非标准控件。标准控件一般用 sendKeys 方法就能完成上传，但是对于非标准控件则无法完成上传操作。

下面我们来一起学习使用 Selenium 实现上传文件操作。

8.12.1　普通控件上传

所谓普通控件，是指没经过任何特殊处理和封装的控件，使用 Selenium 的 API 中的 sendKeys 方法就能完成文件上传操作。

上传文件练习案例 HTML 代码如下：

```
<html>
<head>
<meta http-equiv="content-type" content="text/html;charset=utf-8" />
<title>上传文件演示案例</title>
</head>
<body>
  <div class="row-fluid">
    <div class="span6 well">
    <h3>upload File</h3>
      <input id="upload" type="file" name="file" />
    </div>
  </div>
</body>
</html>
```

普通控件上传文件的具体示例代码如下：

```
@Test
public void testUpload() {
    driver.get("file:///C:/Users/Administrator/Desktop/upload.html");
    driver.manage().window().maximize();
    //其实质就是 sendKeys 输入路径
    driver.findElement(By.id("upload")).sendKeys("f:\\robotium-solo-
      5.6.1.jar");
}
```

注 意

普通控件的特点一般是一个 input 标签，而 type 属性是 file，还请读者注意仔细观察。

8.12.2 通过 Robot 对象上传文件

所谓非标准控件，一般是为了控件美观，开发人员自己封装的样式，页面结构相对复杂。用传统的上传文件已经不能满足要求了，也就是说用 Selenium 的 API 已经无法完成上传操作，这时就要借用其他手段来完成上传文件的操作，比如 Robot 对象、AutoIt。

我们先使用 Robot 对象来进行演示，这里还用上传文件练习案例进行演示。

Robot 对象可以暂时理解为通过键盘事件操作完成上传文件，但是前提是把上传文件路径复制到剪切板，才能完成操作。

具体示例代码如下：

```
@Test
public void testUploadByRobot() throws AWTException {
    driver.get("file:///C:/Users/Administrator/Desktop/upload.html");
    driver.manage().window().maximize();
    //选择文件
    driver.findElement(By.id("upload")).click();
    //复制剪切板
    setClipboardData("F:\\robotium-solo-5.6.1.jar");
    Robot robot = new Robot();
    robot.keyPress(KeyEvent.VK_TAB);
    robot.delay(100);
    robot.keyRelease(KeyEvent.VK_TAB);
    robot.keyPress(KeyEvent.VK_TAB);
    robot.delay(100);
    robot.keyRelease(KeyEvent.VK_TAB);
    robot.keyPress(KeyEvent.VK_ENTER);
    robot.delay(100);
    robot.keyRelease(KeyEvent.VK_ENTER);
    robot.keyPress(KeyEvent.VK_CONTROL);
    robot.keyPress(KeyEvent.VK_V);
    robot.keyRelease(KeyEvent.VK_V);
    robot.keyRelease(KeyEvent.VK_CONTROL);
    robot.delay(100);
    robot.keyRelease(KeyEvent.VK_TAB);
    robot.keyPress(KeyEvent.VK_ENTER);
    robot.delay(100);
    robot.keyRelease(KeyEvent.VK_ENTER);
}
```

```
/**
 * 复制剪切板操作
 *
 * @param data
 */
public void setClipboardData(String data) {
    StringSelection stringSelection = new StringSelection(data);
    Toolkit.getDefaultToolkit().getSystemClipboard().
      setContents(stringSelection， null);
}
```

8.12.3　借助 AutoIt 完成上传文件的操作

我们先来生成可执行文件，读者可以按照以下步骤进行操作。

Step 01 到官网（https://www.autoitscript.com/site/autoit/downloads/）下载 AutoIt，也可以在百度下载绿色版，作者使用的就是绿色版，下面的案例都以绿色版进行讲解。

Step 02 下载文件后解压到指定目录，找到解压目录，双击 AU3TOOL.exe，打开的界面是编写脚本用的，如图 8-15 所示。

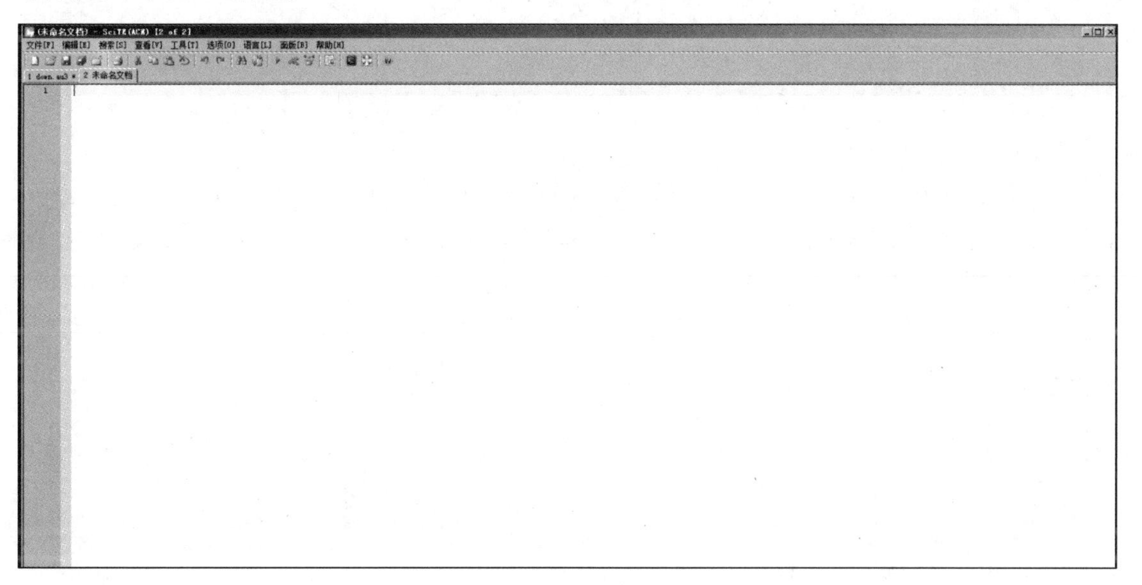

图 8-15　编写脚本界面

Step 03 双击 Au3Info.exe，打开定位工具界面，如图 8-16 所示。

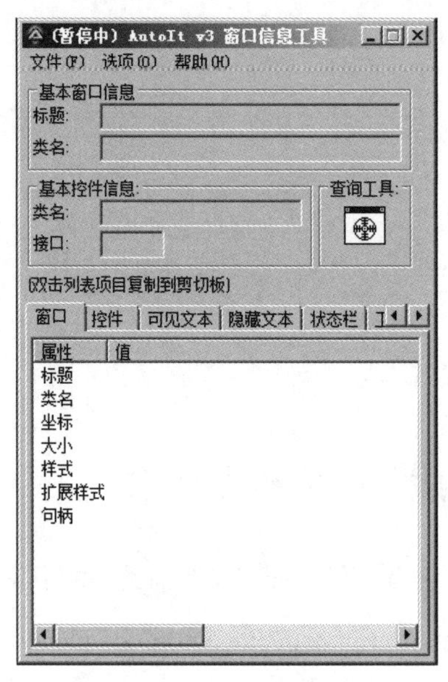

图 8-16　定位工具界面

Step 04 在文件中输入以下代码（注意括号内的参数，下一步会讲解如何获取参数）:

```
ControlFocus("title1", "", "Edit1");
WinWait("[CLASS:#32770]", "", 10);
ControlSetText("title1", "", "Edit1", "文件地址");
Sleep(2000);
ControlClick("title2", "", "Button1");
```

Step 05 获取步骤 4（前 3 行代码）中的参数，单击“选择文件”按钮，打开“打开”对话框，用鼠标左键按住查询工具不放，此时鼠标指针会变成风扇样式，将风扇拖曳到“打开”对话框中，注意查看 title 和 class 属性，如图 8-17 所示。

图 8-17　获取前 3 行代码中的参数

Step 06 获取最后一行代码中的 title2 和 Button1，如图 8-18 所示。

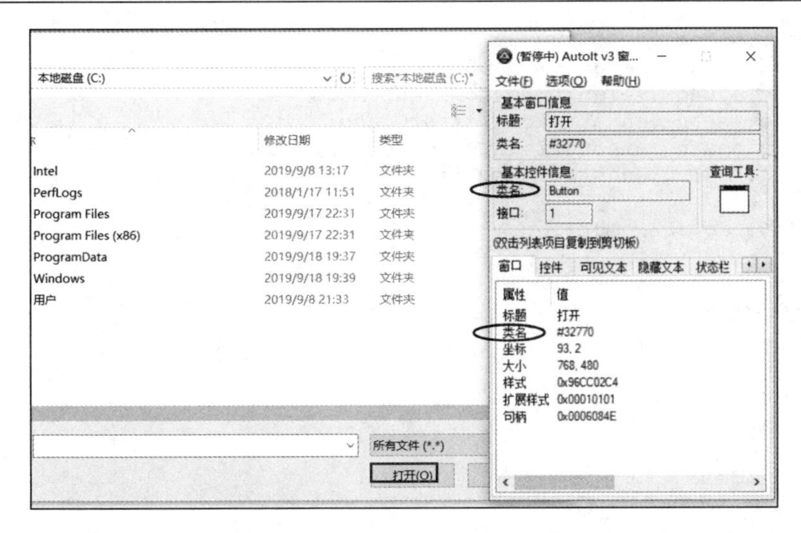

图 8-18　获取最后一行代码中的参数

Step 07 选择工具，编译脚本，设定目标文件、64 位程序及文件图标后，单击“编译脚本”按钮，即可生成可执行程序，如图 8-19 所示。

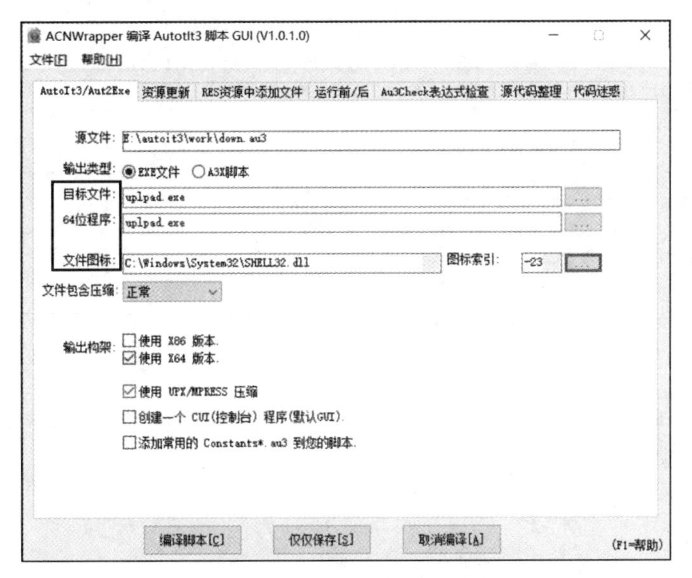

图 8-19　生成可执行程序

生成的可执行文件如图 8-20 所示。

图 8-20　生成的可执行文件

Step 08 使用自动化测试脚本调用 upload.exe 完成上传操作，具体示例代码如下：

```
import org.openqa.selenium.By;
import org.openqa.selenium.WebDriver;
import org.openqa.selenium.chrome.ChromeDriver;
import org.testng.annotations.AfterClass;
import org.testng.annotations.BeforeClass;
import org.testng.annotations.Test;

import java.io.IOException;

/**
 * 上传文件演示案例
 * @author rongrong
 */
public class TestUpload {
    WebDriver driver;

    @BeforeClass
    public void beforeClass() {
        System.setProperty("webdriver.chrome.driver",
          "driver/chromedriver.exe");
        driver = new ChromeDriver();
    }

    @Test
    public void testUpload() {
        driver.get("file:///C:/Users/Administrator/Desktop/index.html");
        driver.manage().window().maximize();
        //选择文件
        driver.findElement(By.id("upload")).click();
        try {
            Runtime.getRuntime().exec("upload.exe");
        } catch (IOException e) {
            e.printStackTrace();
        }

    }

    @AfterClass
    public void afterClass() {
        driver.quit();
    }

}
```

运行效果如图 8-21 所示。

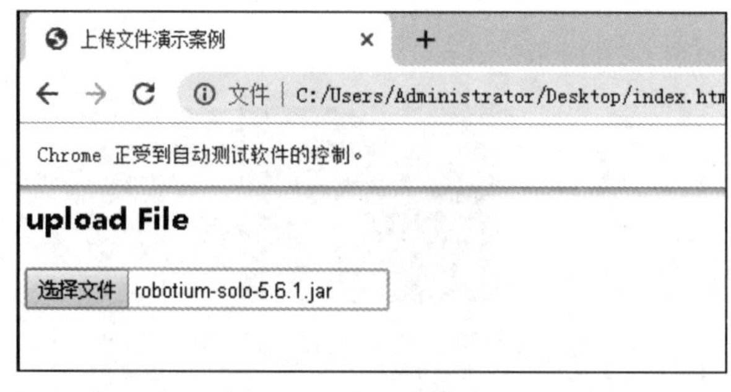

图 8-21　上传文件成功

至此，使用自动化调用 AutoIt 上传文件的案例演示结束。更多关于 AutoIt 的用法，有兴趣的读者可以自行去官网查看和学习。

8.13　滚动条操作

在编写脚本时，总会遇到这样一种情况，就是当滚动条下拉到最下面时，表单输入框、下拉框和按钮这些元素未在当前页面显示。而 WebDriver 提供的方法都是操作当前页面的可见元素，这时我们就需要使用 JavaScript 操作浏览器的滚动条，使页面元素可见，然后继续操作后面的元素。

8.13.1　滚动条处理方法

首先使用 JS 控制浏览器滚动条的位置，然后使用 Selenium 调用 JavaScript 操作执行 JS 来完成。常用滚动条的 JS 代码示例如下：

```
//拖曳滚动条至底部
document.documentElement.scrollTop=10000
window.scrollTo(0, document.body.scrollHeight)

//拖曳滚动条至顶部
document.documentElement.scrollTop=0
arguments[0].scrollIntoView(false);

//左右方向的滚动条可以使用 window.scrollTo(左边距, 上边距)方法
window.scrollTo(200, 1000)
```

8.13.2　常见滚动条处理案例

下面以我在“博客园”中的文章列表页为例来演示滚动条操作。

被测网页地址：https://www.cnblogs.com/longronglang。

具体示例代码如下：

```
/**
   * 滚动条操作案例
   *
   * @throws Exception
   */
  @Test
  public void testScroll() throws Exception {
      driver.manage().window().maximize();
      driver.get("https://www.cnblogs.com/longronglang");
      Thread.sleep(1000);
      //获取第 3 篇文章列表元素
      WebElement element = driver.findElement(By.cssSelector
        (".forFlow.day:nth-of-type(2) .postTitle2"));
      Thread.sleep(2000);
      //将页面滚动条拖到底部
      ((JavascriptExecutor) driver).executeScript("window.scrollTo(0,
```

```
            document.body.scrollHeight)");
        //将滚动条滚动至第 3 篇文章列表位置
        ((JavascriptExecutor) driver).executeScript("arguments[0].
          scrollIntoView(true);", element);
        Thread.sleep(2000);
        //将滚动条滚动到顶部
        ((JavascriptExecutor) driver).executeScript("arguments[0].
          scrollIntoView(false);", element);
        Thread.sleep(2000);
        //将滚动条滚动到指定位置
        ((JavascriptExecutor) driver).executeScript("window.scrollTo(200,
          1000)");
    }
```

以上为作者总结的一些关于滚动条操作的常用方法，更多关于 JS 控制滚动条的方法，有兴趣的读者可以自行尝试，这里仅提供一个思路供读者参考。

8.14 截图操作

在自动化测试过程中，运行失败时通过截图可以很好地帮我们定位问题。因此，截图操作是自动化测试中的一个重要环节。

8.14.1 通过 TakeScreenshout 类实现截图

特点：截取浏览器窗体中的内容，不包括浏览器的菜单和桌面的任务栏区域。

被测网页地址：https://www.cnblogs.com/longronglang。

具体示例代码如下：

```
/**
     * 通过截图类 TakeScreenshout 实现截图
     *
     * @throws Exception
     */
    @Test
    public void testScreenshoutByTakesScreenshot() {
        driver.get("https://www.cnblogs.com/longronglang");
        //执行屏幕截图操作
        File srcFile = ((TakesScreenshot) driver).
          getScreenshotAs(OutputType.FILE);
        //通过 FileUtils 中的 copyFile()方法保存 getScreenshotAs()返回的文件，
          截图将自动保存在设定的文件夹中
        try {
            FileUtils.copyFile(srcFile, new File("D:\\screenshot
              \\通过 TakesScreenshot 截图.jpg"));
        } catch (IOException e) {
            e.printStackTrace();
        }
    }
```

8.14.2　通过 Robot 对象截图

特点：与 TakeScreenshout 类似，不仅截取浏览器窗体中的内容，而且还能截取浏览器的菜单和桌面的任务栏区域。

具体示例代码如下：

```
/**
 * 通过 Robot 实现截图操作
 */
@Test
public void testScreenshoutByRobot() {
    driver.get("https://www.cnblogs.com/longronglang");
    //调用截图方法
    BufferedImage img = null;
    try {
        img = new Robot().createScreenCapture(new Rectangle
          (Toolkit.getDefaultToolkit().getScreenSize()));
        ImageIO.write(img, "jpg", new File("D:\\screenshot
          \\通过 Robot 截图.jpg"));
    } catch (AWTException e) {
        e.printStackTrace();
    } catch (IOException e) {
        e.printStackTrace();
    }
}
```

8.14.3　截取目标区域的图片

特点：通过指定元素及区域大小截图。

具体示例代码如下：

```
/**
 * 通过指定元素及区域大小截图
 */
@Test
public void testScreenshoutByElement() {
    driver.get("https://www.cnblogs.com/longronglang");
    //获取页面要捕捉的元素位置
    WebElement element = driver.findElement(By.cssSelector
      ("[width='180px']"));
    try {
        FileUtils.copyFile(captureElement(element), new
          File("D:\\screenshot\\通过 element 元素及区域大小截图.jpg"));
    } catch (Exception e) {
        e.printStackTrace();
    }
}

/**
 * 页面元素截图
 *
 * @param element
```

```
     * @return
     * @throws Exception
     */
    public static File captureElement(WebElement element) throws Exception {
        WrapsDriver wrapsDriver = (WrapsDriver) element;
        // 截图整个页面
        File screen = ((TakesScreenshot) wrapsDriver.getWrappedDriver()).
          getScreenshotAs(OutputType.FILE);
        BufferedImage img = ImageIO.read(screen);
        // 获得元素的高度和宽度
        int width = element.getSize().getWidth();
        int height = element.getSize().getHeight();
        //使用上面的高度和宽度创建一个矩形
        Rectangle rect = new Rectangle(width, height);
        // 得到元素的坐标
        Point p = element.getLocation();
        BufferedImage dest = img.getSubimage(p.getX(), p.getY(), rect.width,
          rect.height);
        // 存为 JPG 格式
        ImageIO.write(dest, "jpg", screen);
        return screen;
    }
```

8.15　录制屏幕操作

有时我们未必能通过日志文件或测试报告中操作失败的截图来分析故障、定位并复现问题。对于这种情况，如果可以捕获完整的执行视频，将有助于我们定位导致操作失败的问题。Monte 媒体库就可以用来实现视频的录制。

8.15.1　安装及配置

我们先来进行 Monte 媒体运行环境的安装和配置，可以参考以下步骤进行操作。

Step 01 从 http://www.randelshofer.ch/monte/index.html 下载 Monte 的依赖 JAR 包，如图 8-22 所示。

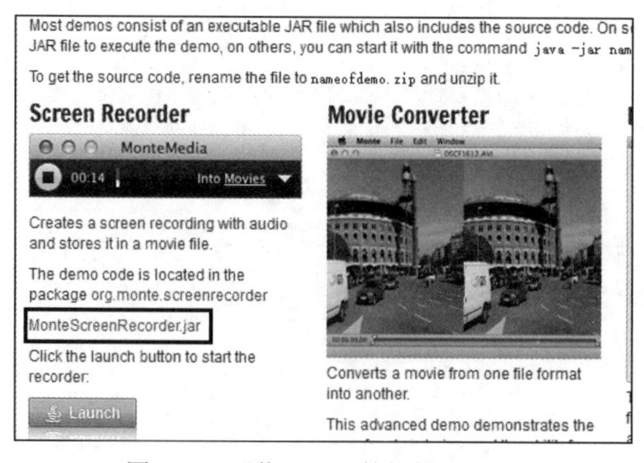

图 8-22　下载 Monte 的依赖 JAR 包

Step 02 下载后，将 JAR 包文件添加到当前项目，利用 Java 的 AWT 包来实例化显卡配置。

```
GraphicsConfiguration gconfig  = GraphicsEnvironment
  .getLocalGraphicsEnvironment()
  .getDefaultScreenDevice()
  .getDefaultConfiguration();
```

参照表 8-3 中的参数创建一个 ScreenRecorder 的实例。

表 8-3　创建 ScreenRecorder 实例所涉及的参数

参　数	描　述
显卡配置	提供了有关显示画面的信息，例如大小和分辨率
视频压缩格式	电影与帧/秒的数字输出格式（AVI）
鼠标光标和刷新速率的颜色	指定鼠标光标的颜色和刷新速率
音频格式	如果为'NULL'，音频就不会被记录

8.15.2　录制视频操作

被测网页地址：https://www.baidu.com/。

具体示例代码如下：

```
import static org.monte.media.FormatKeys.EncodingKey;
import static org.monte.media.FormatKeys.FrameRateKey;
import static org.monte.media.FormatKeys.KeyFrameIntervalKey;
import static org.monte.media.FormatKeys.MIME_AVI;
import static org.monte.media.FormatKeys.MediaTypeKey;
import static org.monte.media.FormatKeys.MimeTypeKey;
import static org.monte.media.VideoFormatKeys.CompressorNameKey;
import static org.monte.media.VideoFormatKeys.DepthKey;
import static
org.monte.media.VideoFormatKeys.ENCODING_AVI_TECHSMITH_SCREEN_CAPTURE;
import static org.monte.media.VideoFormatKeys.QualityKey;

import java.awt.AWTException;
import java.awt.GraphicsConfiguration;
import java.awt.GraphicsEnvironment;
import java.io.File;
import java.io.IOException;
import java.util.concurrent.TimeUnit;

import org.apache.commons.io.FileUtils;
import org.monte.media.Format;
import org.monte.media.FormatKeys.MediaType;
import org.monte.media.math.Rational;
import org.monte.screenrecorder.ScreenRecorder;
import org.openqa.selenium.By;
import org.openqa.selenium.Keys;
import org.openqa.selenium.OutputType;
import org.openqa.selenium.TakesScreenshot;
import org.openqa.selenium.WebDriver;
import org.openqa.selenium.chrome.ChromeDriver;
import org.testng.annotations.BeforeClass;
import org.testng.annotations.Test;
```

```
/**
 * @description 录制屏幕操作
 * @author rongrong
 * @version 1.0
 * @date 2020/6/27 9:25
 */
public class TestScreenRecorder {

    WebDriver driver;

    @BeforeClass
    public void beforeClass() {
        //设定 Chrome 浏览器驱动程序所在位置为系统属性值
        System.setProperty("webdriver.chrome.driver", "driver/chromedriver.exe");
        driver=new ChromeDriver();
        driver.manage().window().maximize();
    }

    private static ScreenRecorder screenRecorder;

    @Test
    public void test() throws IOException,AWTException {
        GraphicsConfiguration gconfig =
GraphicsEnvironment.getLocalGraphicsEnvironment().getDefaultScreenDevice().get
DefaultConfiguration();
        screenRecorder = new ScreenRecorder(gconfig,new Format(MediaTypeKey,
                MediaType.FILE,MimeTypeKey,MIME_AVI),new Format(
                MediaTypeKey,MediaType.VIDEO,EncodingKey,
                ENCODING_AVI_TECHSMITH_SCREEN_CAPTURE,CompressorNameKey,
                ENCODING_AVI_TECHSMITH_SCREEN_CAPTURE,DepthKey,(int) 24,
                FrameRateKey,Rational.valueOf(15),QualityKey,1.0f,
                KeyFrameIntervalKey,(int) (15 * 60)),new Format(MediaTypeKey,
                MediaType.VIDEO,EncodingKey,"black",FrameRateKey,
                Rational.valueOf(30)),null);
        // 开始捕获视频
        screenRecorder.start();
        driver.manage().window().maximize();
        driver.manage().timeouts().implicitlyWait(10,TimeUnit.SECONDS);
        driver.navigate().to("https://www.baidu.com/");
        driver.manage().window().maximize();
        for (int i = 0; i < 3; i++) {
            driver.findElement(By.id("kw")).sendKeys("selenium",Keys.ENTER);
            driver.navigate().forward();
            driver.navigate().back();
            try {
                Thread.sleep(3000);
            } catch (InterruptedException e) {
                // TODO Auto-generated catch block
                e.printStackTrace();
            }
        }
        File screenshot = ((TakesScreenshot)
driver).getScreenshotAs(OutputType.FILE);
        FileUtils.copyFile(screenshot,new
File("D:screenshotsscreenshots1.jpg"));
        // 停止捕获视频
        screenRecorder.stop();
    }
}
```

效果如图 8-23 所示。

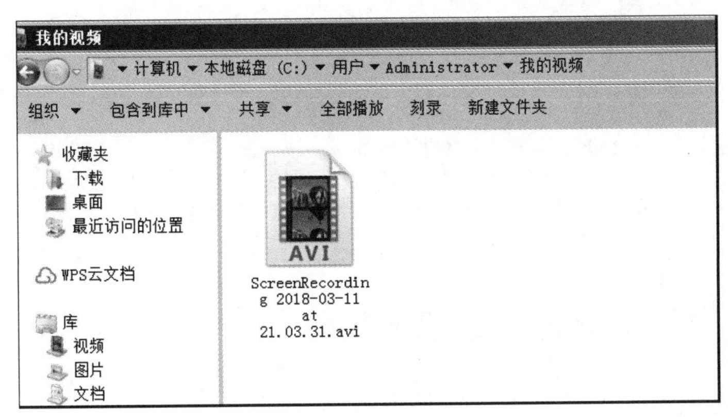

图 8-23　录屏效果

8.16　富文本操作

8.16.1　富文本编辑器

富文本编辑器（Rich Text Editor，RTE）是一种可内嵌于浏览器的文本编辑器，界面如图 8-24 所示。

图 8-24　富文本编辑器界面

8.16.2　通过键盘事件实现输入操作

我们来模拟这样一个场景：在富文本编辑器中输入“欢迎关注公众号：软件测试君”。

被测网页地址：https://ueditor.baidu.com/website/onlinedemo.html。

具体示例代码如下：

```
/**
    * 通过键盘事件实现输入操作
    */
```

```
@Test
public void testByActions() {
    driver.get("https://ueditor.baidu.com/website/onlinedemo.html");
    driver.manage().window().maximize();
    driver.manage().timeouts().implicitlyWait(30, TimeUnit.SECONDS);
    Actions actions = new Actions(driver);
    //鼠标通过 Tab 键先移到富文本框中
    actions.sendKeys(Keys.TAB).perform();
    actions.sendKeys("欢迎关注公众号：软件测试君").perform();
}
```

8.16.3 通过进入 iframe 实现输入操作

具体示例代码如下：

```
@Test
public void testBySwitchIframe() {
    driver.get("https://ueditor.baidu.com/website/onlinedemo.html");
    driver.manage().window().maximize();
    driver.manage().timeouts().implicitlyWait(30, TimeUnit.SECONDS);
    //进入富文本编辑器
    driver.switchTo().frame("ueditor_0");
    //输入文字
    driver.findElement(By.className("view")).sendKeys("欢迎关注公众号：
      软件测试君");
    //选中全部
    driver.findElement(By.className("view")).sendKeys(Keys.LEFT_CONTROL
      + "a");
    //跳出富文本编辑器
    driver.switchTo().defaultContent();
    //加粗操作
    driver.findElement(By.cssSelector(".edui-for-bold .edui-icon")).
      click();
}
```

8.16.4 通过执行 JS 实现输入操作

具体示例代码如下：

```
/**
    * 通过执行 JS 实现输入操作
    */
@Test
public void testByJs() {
    driver.get("https://ueditor.baidu.com/website/onlinedemo.html");
    driver.manage().window().maximize();
    driver.manage().timeouts().implicitlyWait(30, TimeUnit.SECONDS);
    String content = "欢迎关注公众号：软件测试君";
    //ueditor_0 为所在 Iframe 的 id
    String js = "document.getElementById('ueditor_0').contentDocument.
      write('" + content + "');";
    ((JavascriptExecutor) driver).executeScript(js);
}
```

8.17　日期控件操作

一般的日期控件都是在 input 标签中弹出来的，设置日期使用 Selenium 中的 sendKeys 方法就可以解决，但是我们也会碰到图 8-25 所示的时间日期控件。

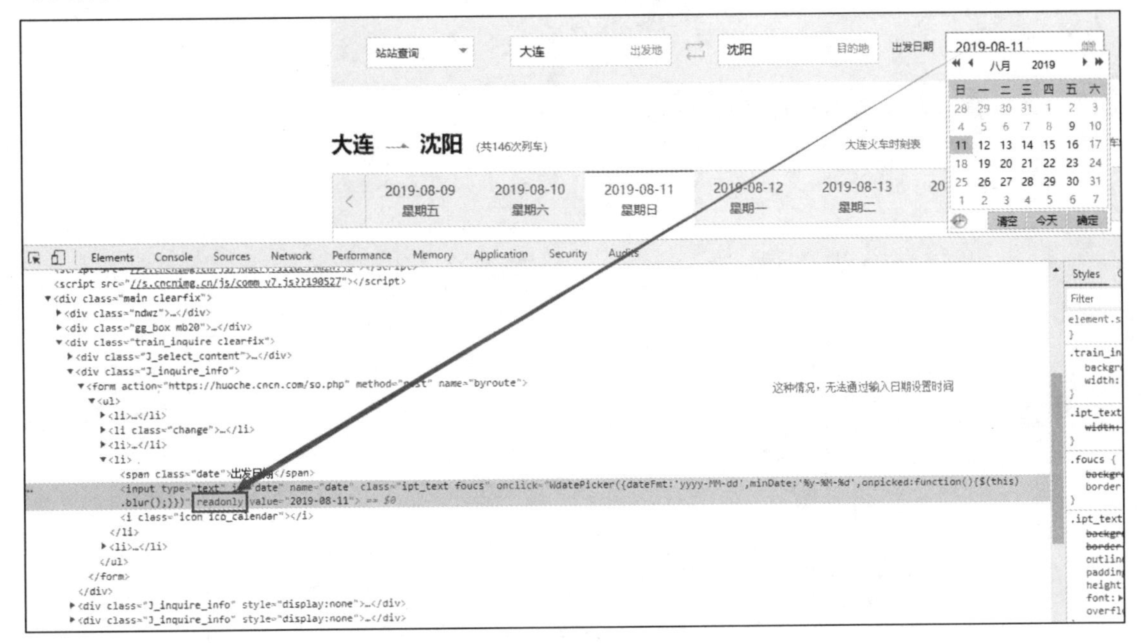

图 8-25　时间日期控件

这个时候，没法调用 WebElement 的 sendKeys 方法。像这种选择时间的 input 标签都会有一个 readonly 属性，我们只能选择时间，不能手动输入。这种情况该怎么处理呢？

8.17.1　通过 js 设置日期

被测网页地址：https://huoche.cncn.com/train-%B4%F3%C1%AC-%C9%F2%D1%F4。

具体示例代码如下：

```
/**
  * 通过 JS 选择日期
  */
 @Test
 public void testByJs() {
     driver.get("https://huoche.cncn.com/train-
       %B4%F3%C1%AC-%C9%F2%D1%F4");
     driver.manage().window().maximize();
     JavascriptExecutor removeAttribute = (JavascriptExecutor) driver;
     //remove readonly attribute
     removeAttribute.executeScript("var setDate=document.getElementById
       (\"date\").removeAttribute('readonly');");
     //输入日期
```

```
        driver.findElement(By.id("date")).clear();
        driver.findElement(By.id("date")).sendKeys("2019-08-31");
        //单击查询
        driver.findElement(By.id("searchBtn")).click();
        //获取输入后的日期显示
        String value = driver.findElement(By.id("date")).
          getAttribute("value");
        //验证日期是否为选中的 8 月 31 日
        Assert.assertEquals(value, "2019-08-31");
    }
```

8.17.2 通过 iframe 设置日期

具体示例代码如下：

```
/**
  * 通过 iframe 选择日期
  */
 @Test
 public void testByIframe() {
     driver.get("https://huoche.cncn.com/
       train-%B4%F3%C1%AC-%C9%F2%D1%F4");
     driver.manage().window().maximize();
     //单击日历控件
     driver.findElement(By.id("date")).click();
     //iframe 框
     WebElement iframe = driver.findElement(By.cssSelector
       ("[src='about\\:blank']"));
     //进入日历控件中操作
     driver.switchTo().frame(iframe);
     //选择 31 号，即月末
     driver.findElement(By.xpath("//tr/td[@onclick='day_Click(2019, 8,
       31);']")).click();
     //跳出日历控件操作
     driver.switchTo().defaultContent();
     //单击查询
     driver.findElement(By.id("searchBtn")).click();
     //获取输入后的日期显示
     String value = driver.findElement(By.id("date")).
       getAttribute("value");
     //验证日期是否为选中的 8 月 31 日
     Assert.assertEquals(value, "2019-08-31");

 }
```

8.18 Ajax 浮动框操作

8.18.1 什么是 Ajax 浮动框

我们常遇到一些网站的首页输入框，单击后会显示浮动下拉热点，如图 8-26 所示。

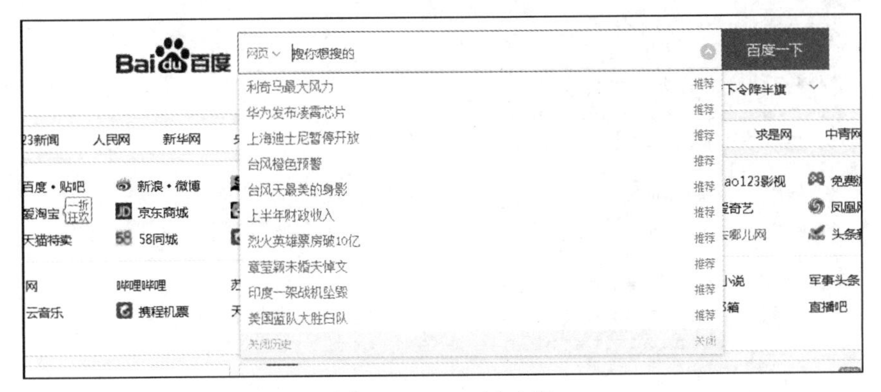

图 8-26 Ajax 浮动框

8.18.2 Ajax 浮动框处理

我们可以模拟这样一个场景：在 hao123 首页的搜索输入框，单击搜索框，然后单击浮动框中的“烈火英雄票房破 10 亿”，之后该选项的文字内容会显示在搜索框中，并进行搜索。

被测网页地址：https://www.hao123.com/。

具体示例代码如下：

```
import org.openqa.selenium.By;
import org.openqa.selenium.WebDriver;
import org.openqa.selenium.WebElement;
import org.openqa.selenium.chrome.ChromeDriver;
import org.testng.annotations.BeforeClass;
import org.testng.annotations.Test;

import java.util.List;


/*
 * Ajax 浮动框处理案例
 * @author : rongrong
 */
public class AjaxTest {
    WebDriver driver;

    @BeforeClass
    public void beforeClass() {
        System.setProperty("webdriver.chrome.driver",
          "driver/chromedriver.exe");
        driver = new ChromeDriver();
        driver.manage().window().maximize();
    }


    @Test
    public void teatAjaxDivOption() throws Exception {
        driver.get("https://www.hao123.com/");
        //hao123 首页搜索输入框
        WebElement searchInput = driver.findElement(By.name("word"));
        //单击搜索框
```

```
        searchInput.click();
        Thread.sleep(2000);
        //将浮动框中的所有元素放到 List 集合中
        List<WebElement> options = driver.findElements
          (By.cssSelector("[data-query]"));
        /*
         * 使用 for 循环遍历所有选项，判断如果选项包含某些关键字，
         * 就单击这个选项，单击后选项的文字内容会显示在搜索框中，并进行搜索
         */
        for(WebElement element: options){
            if(element.getText().contains("烈火英雄票房破 10 亿")){
                System.out.println(element.getText());
                Thread.sleep(2000);
                element.click();
                Thread.sleep(1000);
                break;
            }
        }
    }
}
```

8.19 下载文件到指定目录的操作

8.19.1 Firefox 自动下载文件到指定目录的操作

下载文件练习案例 HTML 代码如下：

```
<!DOCTYPE html>
<html>
<head>

<title>download</title>
</head>
<body>
    <a href="demo.exe">下载</a>
</body>
</html>
```

注 意

demo.exe 文件必须与该 HTML 文件在同一目录中。demo.exe 文件可换成其他任意格式的文件。

具体示例代码如下：

```
import java.io.File;

import org.openqa.selenium.*;
import org.openqa.selenium.firefox.FirefoxDriver;
import org.openqa.selenium.firefox.FirefoxOptions;
import org.openqa.selenium.firefox.FirefoxProfile;
import org.testng.annotations.BeforeClass;
import org.testng.annotations.Test;
```

```
/**
 * @description 使用 Firefox 浏览器下载文件到指定目录演示示例
 * @author rongrong
 * @version 1.0
 * @date 2020/6/27 9:59
 */
public class TestFirefoxDownload {
    WebDriver driver;

    /**
     * 由于 JAR 包及浏览器的更新，导致书中代码陈旧，具体参考作者的博客文章，地址如下：
     * https://www.cnblogs.com/longronglang/p/7417389.html
     */
    @BeforeClass
    public void beforeClass() {
        driver = getDriver();
    }

    /**
     * 设置火狐浏览器默认参数
     *
     * @return
     */
    private WebDriver getDriver() {
        //FirefoxProfile profile = new FirefoxProfile();
        // 可以在 Firefox 浏览器地址栏中输入 about:config 来查看属性
        // 设置下载文件放置路径，注意如果是 Windows 环境，那么一定要用\\，用/不行
        String path = "C:\\wps";
        String downloadFilePath = path + "\\demo.exe";
        File file = new File(downloadFilePath);
        if (file.exists()) {
            file.delete();
        }
        FirefoxOptions options = new FirefoxOptions();
        //声明一个 profile 对象
        FirefoxProfile profile = new FirefoxProfile();
        //设置 Firefox 的 broswer.download.folderList 属性为 2
        /**
         * 如果没有进行设定，就使用默认值 1，表示下载文件保存在“下载”文件夹中
         * 如果设定为 0，下载文件就会被保存在用户的桌面上
         * 如果设定为 2，下载文件就会被保存在用户指定的文件夹中
         */
        profile.setPreference("browser.download.folderList", 2);
        //browser.download.manager.showWhenStarting 的属性默认值为 true
        //若设定为 true，则在用户启动下载时显示 Firefox 浏览器的文件下载窗口
        //若设定为 false，则在用户启动下载时不显示 Firefox 浏览器的文件下载窗口
        profile.setPreference("browser.download.manager.showWhenStarting",
false);
        //设定文件保存的目录
        profile.setPreference("browser.download.dir", path);
        //browser.helperApps.neverAsk.openFile 表示直接打开下载文件，不显示确认框
        //默认值为.exe 类型的文件， application/excel 表示 Excel 类型的文件
        //application/x-msdownload
        profile.setPreference("browser.helperApps.neverAsk.openFile",
"application/octet-stream");
```

```
            //browser.helperApps.never.saveToDisk 设置是否直接保存下载文件到磁盘中，默认值为空字符串，代码行设定了多种文件的 MIME 类型
            profile.setPreference("browser.helperApps.neverAsk.saveToDisk",
"application/octet-stream");
            //browser.helperApps.alwaysAsk.force 针对位置的 MIME 类型文件会弹出窗口让用户处理，默认值为 true，设定为 false 表示不会记录打开未知 MIME 类型文件
            profile.setPreference("browser.helperApps.alwaysAsk.force", true);
            //下载.exe 文件弹出窗口警告，默认值是 true，设定为 false 则不会弹出警告框
            profile.setPreference("browser.download.manager.alertOnEXEOpen",
false);
            //browser.download.manager.focusWhenStarting 设定下载框在下载时会获取焦点
            profile.setPreference("browser.download.manager.focusWhenStarting",
true);
            //browser.download.manager.useWindow 设定是否显示下载框，默认值为 true，设定为 false 会把下载框隐藏
            profile.setPreference("browser.download.manager.useWindow", false);
            //browser.download.manager.showAlertOnComplete 设定下载文件结束后是否显示下载完成的提示框，默认值为 true
            //设定为 false 表示下载完成后显示下载完成提示框
            profile.setPreference("browser.download.manager.showAlertOnComplete",
false);
            //browser.download.manager.closeWhenDone 设定下载结束后是否自动关闭下载框，默认值为 true，设定为 false 表示不关闭下载管理器
            profile.setPreference("browser.download.manager.closeWhenDone",
false);
            options.setProfile(profile);
            //设置系统变量，并设置 geckodriver 的路径为系统属性值
            System.setProperty("webdriver.gecko.driver",
"driver/geckodriver.exe");
            //导入 Firefox 浏览器安装路径
            System.setProperty("webdriver.firefox.bin", "E:/Program Files/Mozilla
Firefox/firefox.exe");
            return new FirefoxDriver(options);
        }

        @Test
        public void test() throws InterruptedException {
            driver.get("http://localhost:8080/download.html");
            driver.manage().window().maximize();
            driver.findElement(By.linkText("下载")).click();
            Thread.sleep(3000);
        }
    }
```

8.19.2 Chrome 自动下载文件到指定目录的操作

被测网页地址：https://shouji.sogou.com/download.php。

具体示例代码如下：

```
import org.openqa.selenium.By;
import org.openqa.selenium.WebElement;
import org.openqa.selenium.chrome.ChromeDriver;
import org.openqa.selenium.chrome.ChromeOptions;
import org.openqa.selenium.WebDriver;
```

```
import org.openqa.selenium.interactions.Actions;
import org.openqa.selenium.remote.CapabilityType;
import org.openqa.selenium.remote.DesiredCapabilities;
import org.testng.annotations.Test;

import java.util.HashMap;
import java.util.concurrent.TimeUnit;

/**
 * 使用 Chrome 浏览器下载文件到指定目录的演示案例
 *
 * @author rongrong
 */
public class ChromeDownload {

    @Test
    public void testChromeDownload() throws Exception {
        System.setProperty("webdriver.chrome.driver",
          "driver/chromedriver.exe");
        //使用 Chrome 浏览器自动下载文件并保存到指定的文件路径
        DesiredCapabilities caps = setDownloadsPath();
        WebDriver driver = new ChromeDriver(caps);
        driver.manage().window().maximize();
        //到目标网页，下载搜狗输入法 App
        driver.get("https://shouji.sogou.com/download.php");
        driver.manage().timeouts().implicitlyWait(30, TimeUnit.SECONDS);
        //选择下载安卓版本
        WebElement myElement = driver.findElement(By.cssSelector(".platCont
          [target='_blank']:nth-of-type(1) span"));
        Actions action = new Actions(driver);
        //单击下载
        myElement.click();

    }

    /***
     * 设定文件下载目录
     * @return
     */
    public DesiredCapabilities setDownloadsPath() {
        String downloadsPath = "C:\\wps";
        HashMap<String, Object> chromePrefs = new HashMap<String, Object>();
        chromePrefs.put("download.default_directory", downloadsPath);
        ChromeOptions options = new ChromeOptions();
        options.setExperimentalOption("prefs", chromePrefs);
        DesiredCapabilities caps = new DesiredCapabilities();
        caps.setCapability(ChromeOptions.CAPABILITY, options);
        return caps;
    }
}
```

运行效果如图 8-27 所示。

图 8-27 下载文件到指定目录

8.20 使用 SikuliX 操作 Flash 网页

SikuliX IDE 虽然使用起来很方便，但是实际使用中有些局限，不过 Sikuli-Script 和 Selenium 结合起来使用还是蛮不错的。

8.20.1 实际操作案例

场景描述：打开百度地图，切换城市到“北京”，使用测距工具测量“奥林匹克森林公园” 到“北京南苑机场”的距离。

8.20.2 安装及配置

我们先来安装 SikuliX，读者可以按照以下步骤进行操作：

Step 01 从 https://launchpad.net/sikuli/sikulix/1.1.0 下载 SikuliX 的 JAR 包。

Step 02 双击 sikulixsetup-1.1.0.jar，会出现安装界面，如图 8-28 所示，选择相应选项后，启动会自动下载 sikulixapi.jar，如图 8-29 所示。

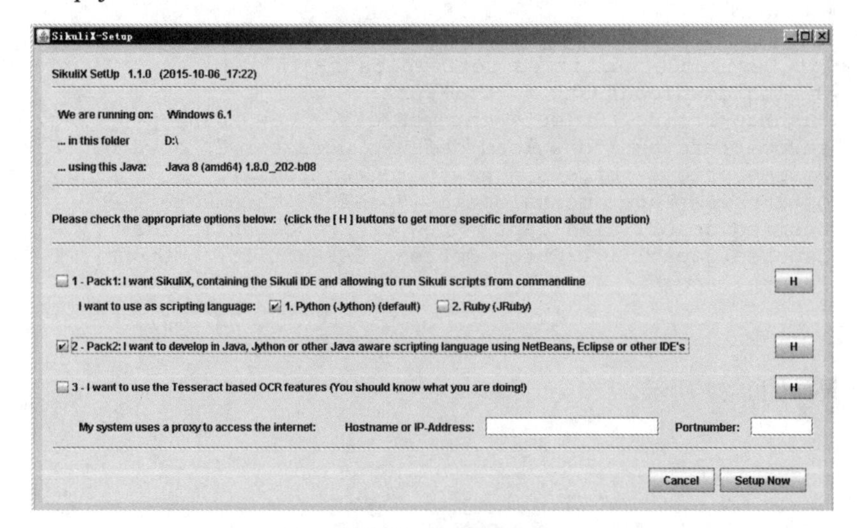

图 8-28 安装界面

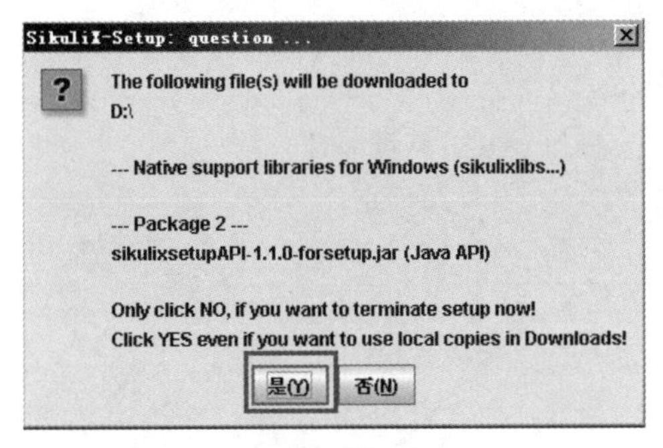

图 8-29　自动下载 sikulixapi.jar

Step 03 启动成功后会出现如图 8-30 所示的界面。

图 8-30　启动成功

Step 04 截取起点位置和终点位置的图片，如图 8-31 所示。

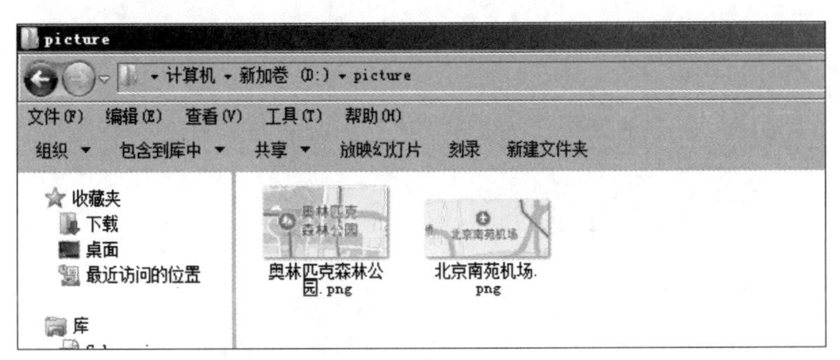

图 8-31　截取位置的图片

8.20.3　使用 SikuliX 操作 Flash 网页

被测网页地址：https://map.baidu.com/。

具体示例代码如下：

```
import org.openqa.selenium.By;
import org.openqa.selenium.WebDriver;
import org.openqa.selenium.chrome.ChromeDriver;

import java.util.concurrent.TimeUnit;

import org.sikuli.script.FindFailed;
import org.sikuli.script.Pattern;
import org.sikuli.script.Screen;
import org.testng.annotations.BeforeClass;
```

```
import org.testng.annotations.Test;

/**
 *Selenium 结合 SikuliX 操作 Flash 网页案例
 * @author rongrong
 */
public class TestSikuli {


    WebDriver driver;

    @BeforeClass
    public void beforeClass() {
        System.setProperty("webdriver.chrome.driver",
          "driver/chromedriver.exe");
        driver = new ChromeDriver();
    }

    @Test
    public void testSikul() {
        driver.manage().window().maximize();
        driver.manage().timeouts().implicitlyWait(10, TimeUnit.SECONDS);
        driver.manage().timeouts().pageLoadTimeout(10, TimeUnit.SECONDS);
        driver.get("http://map.baidu.com/");
        //打开城市下拉框
        driver.findElement(By.cssSelector(".ui3-city-change-inner")).
          click();
        //选择北京
        driver.findElement(By.cssSelector("[citycode='131']")).click();;
        // 打开工具下拉框
        driver.findElement(By.cssSelector("[map-on-click='box']
          em")).click();
        // 选择测距
        driver.findElement(By.cssSelector("[map-on-click='measure']
          i")).click();
        Screen screen = new Screen();
        String start = "D:\\picture\\奥林匹克森林公园.png";
        String end = "D:\\picture\\北京南苑机场.png";
        Pattern from = new Pattern(start);
        Pattern to = new Pattern(end);
        try {
            if (screen.find(from) != null) {
                screen.click(from);
            }
            if (screen.find(to) != null) {
                screen.click(to);
            }
            screen.doubleClick();
        } catch (FindFailed e) {
            e.printStackTrace();
        }
    }
}
```

运行效果如图 8-32 所示。

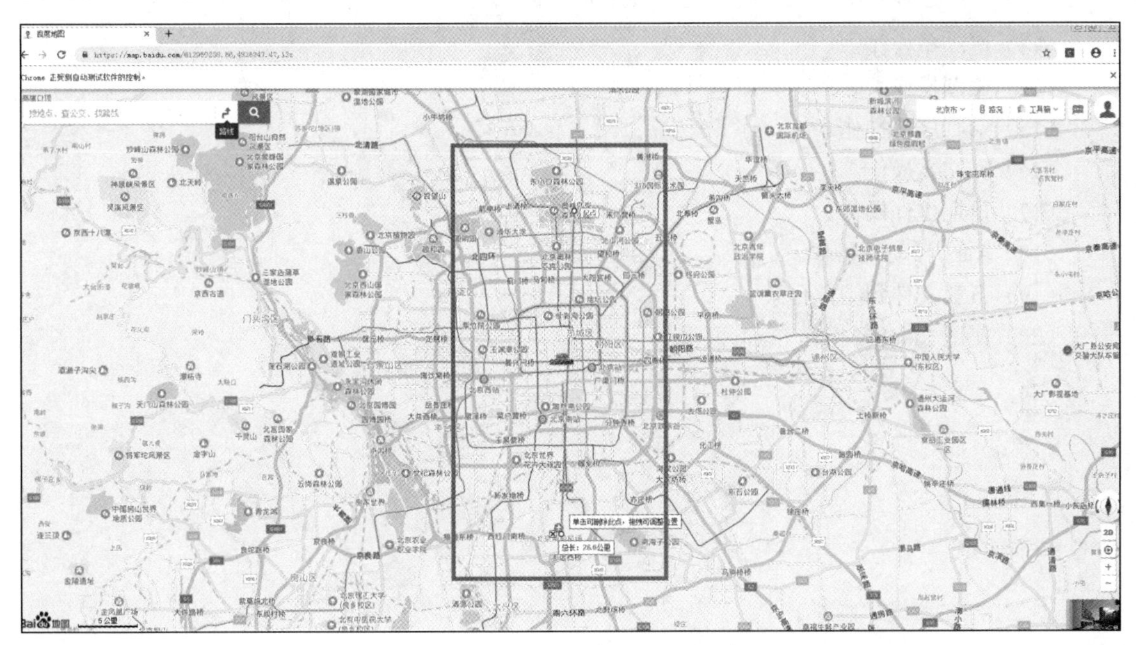

图 8-32　调用 SikuliX 效果

8.21　小　　结

本章主要介绍 Selenium WebDriver 常用 API 的使用，主要包括浏览器操作、元素操作、鼠标操作、键盘操作、Selenium 中常见的等待、窗口切换处理、iframe 切换处理、弹窗处理、单选框处理、复选框处理、下拉框处理、Cookie 操作、调用 JavaScript 操作、上传文件操作、滚动条操作、截图操作、录制屏幕操作、富文本操作、日期控件操作、Ajax 浮动框操作、下载文件到指定目录、使用 SikuliX 操作 Flash 网页等。

通过本章的学习，读者应该能够掌握以下内容：

（1）常见元素的操作。
（2）鼠标操作和键盘操作。
（3）Selenium 中常见的等待。
（4）窗口切换处理。
（5）iframe 切换处理。
（6）弹窗处理
（7）单选框处理。
（8）复选框处理。
（9）下拉框处理。
（10）Cookie 操作。
（11）调用 JavaScript 操作。
（12）上传文件操作。

（13）滚动条操作。

（14）截图操作。

（15）录制屏幕操作。

（16）富文本操作。

（17）日期控件操作。

（18）Ajax 浮动框操作。

（19）下载文件到指定目录。

（20）使用 SikuliX 操作 Flash 网页。

第 9 章

数据驱动测试

本章介绍常见数据驱动测试的方法，主要包括使用 DataProvider、CSV、Excel、YAML 和 MySQL 等方法进行数据驱动测试。

9.1 数据驱动测试介绍

数据驱动设计是自动化测试中非常重要的一个环节，同时也是自动化测试中的主流设计模式之一，可以说是初级自动化测试工程师提升能力必须掌握的技术，读者需要深入了解数据驱动设计的工作原理和实现方法。

什么是数据驱动呢？简单来说，就是相同的测试用例脚本使用不同的测试数据来执行测试，使得测试数据和测试脚本进行分离。

本章将创建一个名为 com.data.demo 的包，来举例讲解数据驱动。

9.2 利用 DataProvider 进行数据驱动测试

什么场景可以用数据驱动测试？比如测试登录时，要求测试用不同的账户登录，难道我们需要对不同的账户编写不同的脚本吗？这样显然是不明智的。于是，TestNG 为我们提供了 @DataProvider 注解，我们只需要提供数据，就可以对脚本运行的次数及相应的参数进行控制。下面举一个简单的例子。

被测网页地址：https://www.baidu.com/。

创建一个名为 TestDataProvider 的测试类，具体示例代码如下：

```
package com.data.demo;
```

```
import org.openqa.selenium.By;
import org.openqa.selenium.WebDriver;
import org.openqa.selenium.chrome.ChromeDriver;
import org.testng.Assert;
import org.testng.annotations.AfterClass;
import org.testng.annotations.BeforeClass;
import org.testng.annotations.DataProvider;
import org.testng.annotations.Test;

import java.util.concurrent.TimeUnit;

public class TestDataProvider {

    WebDriver driver;

    @BeforeClass
    public void beforeClass() {
        System.setProperty("webdriver.chrome.driver","driver/
          chromedriver.exe");
        driver = new ChromeDriver();
        driver.manage().window().maximize();
        driver.manage().timeouts().implicitlyWait(10,TimeUnit.SECONDS);
        driver.get("https://www.baidu.com/");
    }

    @Test(dataProvider = "keyWord")
    public void testDataProvider(String keyWord) {
        //在百度搜索框中输入搜索关键字
        driver.findElement(By.id("kw")).clear();
        driver.findElement(By.id("kw")).sendKeys(keyWord);
        //单击“百度一下”按钮
        driver.findElement(By.id("su")).click();
        //程序等待 3 秒，等待搜索结果
        try {
            Thread.sleep(3000);
        } catch (InterruptedException e) {
            e.printStackTrace();
        }
        //验证搜索结果的页面标题是否为关键字+_百度搜索
        Assert.assertEquals(driver.getTitle(),keyWord+"_百度搜索");
    }

    @DataProvider(name = "keyWord")
    public static Object[][] keyWord() {
        return new Object[][]{
                {"Refain 博客园"},
                {"公众号 软件测试君"},
                {"qq 群 72××××703"}
        };
    }


    @AfterClass
    public void afterClass() {
        driver.quit();
    }

}
```

说　明

@DataProvider 定义对象数组，数组的名称为 keyWord，这个数组可以实现每次检索不同的数据。

9.3　利用 CSV 文件进行数据驱动测试

在 9.2 节中，我们使用 TestNG 中的 DataProvider 来进行数据驱动测试，测试数据写在测试用例脚本中。随着不断地使用，这样势必会使得测试脚本的维护工作量变大，因此我们可以将测试的数据和脚本分开。

我们经常将 CSV 文件用于导出数据时的存储文件，因此可以通过读取 CSV 文件存储的数据，然后将数据传递给测试脚本进行测试。接下来，我们将讲解怎样使用 CSV 文件进行数据驱动测试。

9.3.1　创建 CSV 数据源文件

在 D 盘根目录下创建一个名为 data 的 CSV 数据文件，如图 9-1 所示。

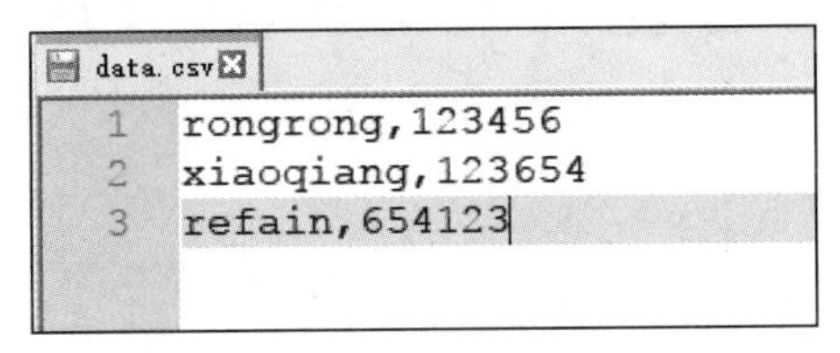

图 9-1　CSV 数据文件

9.3.2　利用 CSV 文件进行数据驱动测试

创建一个名为 TestCSVData.java 的测试类，具体示例代码如下：

```
package com.data.demo;

import org.testng.annotations.DataProvider;
import org.testng.annotations.Test;

import java.io.BufferedReader;
import java.io.FileInputStream;
import java.io.InputStreamReader;
import java.util.ArrayList;
import java.util.HashMap;
import java.util.List;
import java.util.Map;

public class TestCSVData {


    /**
     * 读取 CSV 文件
```

```
     *
     * @param filePath
     * @return 返回 List 集合
     */
    public List<Map<String, String>> getCSVData(String filePath) {
        List<Map<String, String>> list = new ArrayList<Map<String, String>>();
        ;
        FileInputStream fileInputStream = null;
        try {
            fileInputStream = new FileInputStream(filePath);
            InputStreamReader inputStreamReader = new
              InputStreamReader(fileInputStream);
            BufferedReader br = new BufferedReader(inputStreamReader);
            //通过 for 循环遍历，将读取的每一行数据使用逗号隔开并保存到 map 中
            for (String line = br.readLine(); line != null; line = br.readLine()){
                Map<String, String> map = new HashMap<>();
                String key = line.split(",")[0];
                String value = line.split(",")[1];
                map.put("userName", key);
                map.put("passWord", value);
                //再将 map 对象放到 List 集合中
                list.add(map);
            }
            br.close();
        } catch (Exception e) {
            e.printStackTrace();
        }
        return list;
    }

    @DataProvider
    public Object[][] testCSVData() {
        //读取 CSV 文件数据，调用 getCSVData()方法来获得测试的数据
        List<Map<String, String>> result = getCSVData("d:\\data.csv");
        Object[][] files = new Object[result.size()][];
        //通过 for 循环遍历 List，每一行的数据都会通过构造函数进行初始化赋值
        for (int i = 0; i < result.size(); i++) {
            files[i] = new Object[]{result.get(i)};
        }
        return files;
    }


    @Test(dataProvider = "testCSVData")
    public void testCSVData(Map<String, String> param) {
        System.out.println(param.get("userName") + "\t" +
          param.get("passWord"));
    }
}
```

9.4 利用 Excel 文件进行数据驱动测试

我们已经习惯使用 Excel 来编写、维护测试用例及测试数据，但和 CSV 相比，测试人员更倾向于用 Excel 数据表创建和维护数据。因此，用 Excel 进行数据驱动测试是测试人员较为喜欢的一

种方式。

9.4.1 创建 Excel 数据源文件

在 pom 文件中添加如下依赖内容：

```
<dependency>
    <groupId>org.apache.poi</groupId>
    <artifactId>poi</artifactId>
    <version>3.17</version>
</dependency>
<dependency>
    <groupId>org.apache.poi</groupId>
    <artifactId>poi-ooxml</artifactId>
    <version>3.17</version>
</dependency>
```

在 D 盘根目录下创建 Excel 数据源文件 data.xls，如图 9-2 所示。

	A	B
1	userName	passWord
2	refain	123654
3	rongrong	123654
4	xiaoliuzi	123655
5		

图 9-2　Excel 数据源文件

9.4.2 进行数据驱动测试

创建一个名为 ExcelData.java 的类，用来读取 Excel 文件进行数据驱动测试，具体示例代码如下：

```
package com.data.demo;

import org.apache.poi.hssf.usermodel.HSSFWorkbook;
import org.apache.poi.ss.usermodel.*;
import org.apache.poi.xssf.usermodel.XSSFWorkbook;
import org.testng.annotations.DataProvider;

import java.io.FileInputStream;
import java.io.FileNotFoundException;
import java.io.IOException;
import java.io.InputStream;
import java.util.ArrayList;
import java.util.LinkedHashMap;
import java.util.List;
import java.util.Map;

public class ExcelData {


    /**
     * 读取 Excel 操作
```

```
     *
     * @param filePath
     * @return:读取Excel，返回map对象集合
     */
    public static List<Map<String, String>> getExcuteList(String filePath) {
        Workbook wb = null;
        Sheet sheet = null;
        Row row = null;
        List<Map<String, String>> list = null;
        String cellData = null;
        String columns[] = {"userName", "passWord"};
        wb = readExcel(filePath);
        if (wb != null) {
            //用来存放表中的数据
            list = new ArrayList<Map<String, String>>();
            //获取第一个sheet（工作表）
            sheet = wb.getSheetAt(0);
            //获取最大行数
            int rownum = sheet.getPhysicalNumberOfRows();
            //获取第一行
            row = sheet.getRow(0);
            //获取最大列数
            int colnum = row.getPhysicalNumberOfCells();
            for (int i = 1; i < rownum; i++) {
                Map<String, String> map = new LinkedHashMap<String, String>();
                row = sheet.getRow(i);
                if (row != null) {
                    for (int j = 0; j < colnum; j++) {
                        cellData = (String) getCellFormatValue(row.getCell(j));
                        map.put(columns[j], cellData);
                    }
                } else {
                    break;
                }
                list.add(map);
            }
        }
        return list;
    }


    /**
     * 判断excel文件的类型
     *
     * @param filePath
     * @return
     */
    public static Workbook readExcel(String filePath) {
        Workbook wb = null;
        if (filePath == null) {
            return null;
        }
        String extString = filePath.substring(filePath.lastIndexOf("."));
        InputStream is = null;
        try {
            is = new FileInputStream(filePath);
            if (".xls".equals(extString)) {
```

```
            return wb = new HSSFWorkbook(is);
        } else if (".xlsx".equals(extString)) {
            return wb = new XSSFWorkbook(is);
        } else {
            return wb = null;
        }
    } catch (FileNotFoundException e) {
        e.printStackTrace();
    } catch (IOException e) {
        e.printStackTrace();
    }
    return wb;
}

public static Object getCellFormatValue(Cell cell) {
    Object cellValue = null;
    if (cell != null) {
        //判断 cell (单元格) 类型
        switch (cell.getCellType()) {
            case Cell.CELL_TYPE_NUMERIC: {
                cellValue = String.valueOf(cell.getNumericCellValue());
                break;
            }
            case Cell.CELL_TYPE_FORMULA: {
                //判断 cell 是否为日期格式
                if (DateUtil.isCellDateFormatted(cell)) {
                    //转换为日期格式 YYYY-mm-dd
                    cellValue = cell.getDateCellValue();
                } else {
                    //数字
                    cellValue = String.valueOf(cell.getNumericCellValue());
                }
                break;
            }
            case Cell.CELL_TYPE_STRING: {
                cellValue = cell.getRichStringCellValue().getString();
                break;
            }
            default:
                cellValue = "";
        }
    } else {
        cellValue = "";
    }
    return cellValue;
}

/**
 * 把解析出来的 List 转换成 Object[][]类型的数据，供@DataProvider 使用
 * @return
 */
@DataProvider
public Object[][] dataMethod(){
    //读取 Excel 文件数据
    List<Map<String, String>> result =
      ExcelData.getExcuteList("D:\\data.xls");
    Object[][] files = new Object[result.size()][];
    for(int i=0; i<result.size(); i++){
```

```
            files[i] = new Object[]{result.get(i)};
        }
        return files;
    }
}
```

9.4.3 验证使用 Excel 进行数据驱动测试

创建一个名为 TestExcelData .java 的测试类，继承 ExcelData，具体示例代码如下：

```
package com.data.demo;

import org.testng.annotations.Test;

import java.util.Map;


public class TestExcelData extends ExcelData {


    @Test(dataProvider = "dataMethod")
    public void testmethod(Map<?, ?> param) {
        System.out.println(param.get("userName") + "\t" +
          param.get("passWord"));
    }


}
```

9.5 利用 YAML 文件进行数据驱动测试

前面我们讲解了使用 DataProvider、CSV 和 Excel 进行数据驱动测试，还有一种比较少见的数据源文件 YAML。下面我们就来一起学习使用 YAML 进行数据驱动测试。

9.5.1 创建 YAML 数据源文件

在 src\main\resources\目录下创建配置文件 application.yaml，添加如下内容：

```
user:
  name: xiaoqiang
  passwd: "1236454"
user1:
  name: xiaohong
  passwd: "1238309"
user2:
  name: rongrong
  passwd: "908344s"
user3:
  name: lisi
  passwd: "123566s"
```

9.5.2 进行数据驱动测试

创建一个名为 YamlDataHelper.java 的类，用来读取 YAML 文件进行数据驱动测试，具体示例代码如下：

```
package com.data.demo;

import org.testng.annotations.DataProvider;
import org.yaml.snakeyaml.Yaml;

import java.io.FileInputStream;
import java.net.URL;
import java.util.ArrayList;
import java.util.HashMap;
import java.util.List;
import java.util.Map;

public class YamlDataHelper {

    private static List<Map<String, String>> getYamlList() {
        List<Map<String, String>> list = new ArrayList();
        Map<String, Map<String, String>> map = readYamlUtil();
        for (Map.Entry<String, Map<String, String>> me : map.entrySet()) {
            Map<String, String> numNameMapValue = me.getValue();
            Map<String, String> tmp = new HashMap<String, String>();
            for (Map.Entry<String, String> nameMapEntry :
              numNameMapValue.entrySet()) {
                String numKey = nameMapEntry.getKey();
                String nameValue = nameMapEntry.getValue();
                tmp.put(numKey, nameValue);
            }
            list.add(tmp);
        }
        return list;
    }

    public static Map<String, Map<String, String>> readYamlUtil() {
        Map<String, Map<String, String>> map = null;
        try {
            Yaml yaml = new Yaml();
            URL url = YamlDataHelper.class.getClassLoader().
              getResource("application.yaml");
            if (url != null) {
                //获取 YAML 文件中的配置数据，然后转换为 map
                map = yaml.load(new FileInputStream(url.getFile()));
                return map;
            }
        } catch (Exception e) {
            e.printStackTrace();
        }
        return map;

    }

    @DataProvider
    public Object[][] yamlDataMethod() {
```

```
        List<Map<String, String>> yamlList = getYamlList();
        Object[][] files = new Object[yamlList.size()][];
        for (int i = 0; i < yamlList.size(); i++) {
            files[i] = new Object[]{yamlList.get(i)};
        }
        return files;
    }
}
```

说 明

解析 YAML 文件，然后把解析出来的 List 转换成 Object[][]类型的数据，并结合在@DataProvider 中作为参数化数据来使用。

9.5.3 验证使用 YAML 进行数据驱动测试

创建一个名为 TestYamlData.java 的测试类，继承 YamlDataHelper，具体示例代码如下：

```
package com.data.demo;

import org.testng.annotations.Test;

import java.util.Map;

public class TestYamlData extends YamlDataHelper{

    @Test(dataProvider = "yamlDataMethod")
    public void testYamlData(Map<String,String> param){
        System.out.println(param.get("name")+"\t"+param.get("passwd"));
    }
}
```

9.6 利用 MySQL 数据库进行数据驱动测试

在 9.5 节中，我们介绍了使用 YAML 结合 TestNG 进行数据驱动测试，接下来我们学习怎样使用 MySQL 进行数据驱动测试。

9.6.1 数据源准备

安装 MySQL 数据库，然后在 pom 文件中引入 MySQL 连接数据库依赖包，添加如下依赖内容：

```
<!-- https://mvnrepository.com/artifact/mysql/mysql-connector-
  java -->
<dependency>
    <groupId>mysql</groupId>
    <artifactId>mysql-connector-java</artifactId>
    <version>8.0.15</version>
</dependency>
```

手动创建数据库 DEMO，并创建 account 表（数据库操作不是本节的重点，还请读者自行学习）。

执行如下 SQL 语句创建数据：

```
INSERT INTO `account` VALUES (1, 'rongrong', '123456', '1');
INSERT INTO `account` VALUES (2, 'xiaoqiang', '123654', '2');
INSERT INTO `account` VALUES (3, 'gates', '112121', '3');
```

9.6.2 进行数据驱动测试

创建一个名为 DbDataHeleper.java 的类，用于连接数据库并读取数据库中的内容进行数据驱动测试，具体示例代码如下：

```
package com.data.demo;

import org.testng.annotations.DataProvider;

import java.sql.*;
import java.util.*;

public class DbDataHeleper {

    static Connection conn = null;

    public static String driverClassName = "com.mysql.jdbc.Driver";
    public static String url = "jdbc:mysql://127.0.0.1:3306/demo";
    public static String username = "root";
    public static String password = "root";


    /**
     * 执行 SQL
     *
     * @param jdbcUrl 数据库配置连接
     * @param sql  SQL 语句
     * @return
     */
    public static List<Map<String, String>> getDataList(String jdbcUrl,
      String sql) {
        List<Map<String, String>> paramList = new ArrayList<Map<String,
          String>>();
        Map<String, String> param = new HashMap<String, String>();
        Statement stmt = null;
        try {
            // 注册 JDBC 驱动
            Class.forName(driverClassName);
            // 打开链接
            conn = DriverManager.getConnection(jdbcUrl, username, password);
            // 执行查询
            stmt = conn.createStatement();
            ResultSet rs = null;
            rs = stmt.executeQuery(sql);
            String columns[] = {"username", "passWord", "remark"};
            // 展开结果集数据库
            while (rs.next()) {
                Map<String, String> map = new LinkedHashMap<String, String>();
                for (int i = 0; i < columns.length; i++) {
                    String cellData = rs.getString(columns[i]);
```

```
                    map.put(columns[i], cellData);
                }
                paramList.add(map);
            }
            // 完成后关闭
            rs.close();
            stmt.close();
            conn.close();
        } catch (SQLException se) {
            // 处理 JDBC 错误
            System.out.println("处理 JDBC 错误!");
        } catch (Exception e) {
            // 处理 Class.forName 错误
            System.out.println("处理 Class.forName 错误");
        } finally {
            // 关闭资源
            try {
                if (stmt != null) stmt.close();
                if (conn != null) conn.close();
            } catch (SQLException se) {
                se.printStackTrace();
            }
        }
        return paramList;
    }

    @DataProvider
    public Object[][] dbDataMethod() {
        String sql = "SELECT * FROM `account`;";
        List<Map<String, String>> result = getDataList(url, sql);
        Object[][] files = new Object[result.size()][];
        for (int i = 0; i < result.size(); i++) {
            files[i] = new Object[]{result.get(i)};
        }
        return files;
    }
}
```

9.6.3 验证使用 MySQL 进行数据驱动测试

创建一个名为 TestDbData.java 的测试类，继承 DbDataHeleper，具体示例代码如下：

```
package com.data.demo;

import org.testng.annotations.Test;

import java.util.Map;

public class TestDbData extends DbDataHeleper {

    @Test(dataProvider = "dbDataMethod")
    public void testmethod1(Map<?, ?> param) {
        System.out.println(param.get("username") + "\t" +
          param.get("passWord") + "\t" + param.get("remark"));
    }
}
```

9.7 小　结

本章主要介绍使用不同的方法进行数据驱动测试，通过本章的学习，读者应该能够掌握以下内容：

（1）利用 DataProvider 进行数据驱动测试。

（2）利用 CSV 文件进行数据驱动测试。

（3）利用 Excel 文件进行数据驱动测试。

（4）利用 YAML 文件进行数据驱动测试。

（5）利用 MySQL 数据库进行数据驱动测试。

第10章

Page Object 设计模式

本章介绍自动化测试中常用的设计模式，主要包括 Page Object 和 Page Factory 设计模式在自动化测试中的使用。

10.1 Page Object 设计模式介绍

Page Object（页面对象）模式是 Selenium 实战中最为流行且被自动化测试读者所熟悉和推崇的一种设计模式。在设计测试时，常把页面元素定位和元素操作方法按照页面抽象出来，分离成一定的对象，再进行重新组织。

10.1.1 什么是 Page Object 设计模式

相信每个进行自动化测试的人，都遇到过这样一个非常头疼的问题，那就是页面变化。如果没有使用 Page Object 设计模式，就意味着以前的定位元素方法不能用了，需要重新修改元素定位方式。我们需要从一个个测试脚本中把需要修改的元素定位方式找出来，再进行修改。这势必会使维护脚本的成本变高，显然这样的自动化脚本不会有人愿意使用。

这时我们使用 Page Object 模式就可以解决这个问题了。

那么什么是 Page Object 设计模式呢？就是页面对象，将页面元素定位方法和元素操作进行分离。

在实际自动化测试过程中，我们一般将脚本的实现分为 3 层。

- 对象层：用于存放页面元素定位和控件操作行为。
- 操作层：用于封装各个模块功能用例的操作。
- 业务层：真正执行测试用例的操作部分。

10.1.2 Page Object 实际应用案例

我们以360影视登录页为测试对象来进行讲解。

1. 对象层

创建一个com.pageobject.demo包，然后新建一个类LoginPage，用于在登录页面内编写需要操作的元素定位方式和控件操作，具体示例代码如下：

```
package com.pageobject.demo;

import org.openqa.selenium.By;
import org.openqa.selenium.WebDriver;
import org.openqa.selenium.WebElement;
import org.testng.Assert;

public class LoginPage {

    WebDriver driver;

    //定位用户名输入框
    public static By userNameInput = By.name("loginname");
    //定位密码输入框
    public static By passWordInput = By.name("loginpassword");
    //定位登录按钮
    public static By loginBtn = By.linkText("立即登录");
    //定位提示错误信息
    public static By errorMsg = By.cssSelector("[class='b-signin-error
      js-b-signin-error error-2']");

    public LoginPage(WebDriver driver) {
        this.driver = driver;
    }


    /**
     * 用户名输入操作
     *
     * @param userName
     */
    public void sendKeysUserName(String userName) {
        driver.findElement(userNameInput).clear();
        driver.findElement(userNameInput).sendKeys(userName);
    }

    /**
     * 密码输入操作
     *
     * @param passWord
     */
    public void sendKeysPassWord(String passWord) {
        driver.findElement(passWordInput).clear();
        driver.findElement(passWordInput).sendKeys(passWord);
    }
}
```

说 明

这里作者只对用户名和密码输入框进行了封装，有兴趣的读者可以接着对其他元素的定位及控件操作进行封装。

2. 操作层

新建一个类 LoginMovies，用于登录步骤的封装，供业务层调用，具体示例代码如下：

```
package com.pageobject.demo;

import org.openqa.selenium.WebDriver;
import org.openqa.selenium.WebElement;
import org.testng.Assert;

public class LoginMovies {
    WebDriver driver;

    public LoginMovies(WebDriver driver) {
        this.driver = driver;
    }

    /**
     * 登录操作
     *
     * @param userName
     * @param pwd
     * @param expected
     */
    public void login(String userName, String pwd, String expected) {
        LoginPage loginPage = new LoginPage(driver);
        //输入用户名
        loginPage.sendKeysUserName(userName);
        //输入密码
        loginPage.sendKeysPassWord(pwd);
        //单击登录
        driver.findElement(LoginPage.loginBtn).click();
        //获取提示语操作
        String msg = driver.findElement(LoginPage.errorMsg).getText();
        Assert.assertEquals(msg, expected);
    }
}
```

3. 业务层

新建一个类 TestPageObject，用于执行操作层，具体示例代码如下：

```
package com.pageobject.demo;

import org.openqa.selenium.WebDriver;
import org.openqa.selenium.chrome.ChromeDriver;
import org.testng.annotations.AfterClass;
import org.testng.annotations.BeforeClass;
import org.testng.annotations.Test;

import java.util.concurrent.TimeUnit;
```

```
public class TestPageObject {

    /**
     * 360影视登录页
     */
    public static final String URL = "https://i.360kan.com/login";
    WebDriver driver;

    @BeforeClass
    public void BeforeClass() {
        //设置系统变量，并设置chromedriver的路径为系统属性值
        System.setProperty("webdriver.chrome.driver",
          "tool/chromedriver.exe");
        //实例ChromeDriver
        driver = new ChromeDriver();
        driver.get(URL);
        driver.manage().timeouts().implicitlyWait(30, TimeUnit.SECONDS);
        driver.manage().window().maximize();
    }

    /**
     * 测试登录
     */
    @Test
    public void testLogin() {
        //实例化操作对象
        LoginMovies loginMovies = new LoginMovies(driver);
        loginMovies.login("your userName", "your passWord",
          "输入的手机号不合法");
    }

    @AfterClass
    public void closedChrome() {
        driver.quit();
    }

}
```

在LoginPage类中，主要是对登录页面上元素控件的操作行为进行封装，如将输入用户名和密码及单击“登录”按钮等操作都封装成方法，通过构造方法传递driver对象。

然后在LoginMovies类中定义login(String username, String pwd, String expected)方法，将单个元素操作组成一个完整的动作，包含输入用户名和密码以及单击“登录”按钮等。

使用时将driver、username、pwd和expected作为方法的入参，最后使用testLogin()方法执行用户操作行为，这时我们只关注使用哪个浏览器、输入的用户名和密码是什么，至于输入框、按钮是如何定位的，则不关心。再有元素定位发生变化，只需维护LoginPage类即可，显然方便了很多。

10.2 Page Factory设计模式

在10.1节中，我们学习了Page Object设计模式，优势很明显，能更好地体现Java面向对象思

想中封装的特性。但同时也存在一些不足之处，那就是随着这种模式的使用，随着元素定位的获取，元素定位与页面操作方法都在一个类中维护，会造成代码冗余度过高。

相信使用过 Spring 的读者都知道，基于注解方式的开发会大大提高开发效率，使代码块变得相对整洁和清晰。

本节介绍的 Page Factory 设计模式与 Page Object 的思想差不多，只是表现形式不太一样，是通过注解方式来定位元素对象的。

10.2.1 @FindBy 和@CacheLookup 的用法

元素声明的写法如下：

```
//定位密码输入框
@FindBy(name = "loginpassword")
@CacheLookup
private WebElement passWord;
```

注解说明：

@FindBy：用于说明所查找的元素以什么方式定位。

@CacheLookup：用于说明找到元素之后将缓存元素，重复使用这些元素，将会大大加快测试的速度。

WebElement passWord：变量名。

10.2.2 Page Factory 类的使用

Page Factory 提供的都是静态方法，方便直接调用，一般在用完@FindBy 注解后，需要进行元素的初始化操作，这时需要调用 initElements(driver, this)方法。

10.2.3 Page Factory 模式实际应用案例

此处演示还沿用 Page Object 模式的风格，这里作者又加了一层，暂时定义为基础层，现在就变成了 4 层。

- 基础层：用来存放 driver 对象及初始化使用。
- 对象层：用于存放页面元素定位和控件操作行为。
- 操作层：用于封装各个模块功能用例的操作。
- 业务层：真正执行测试用例的操作部分。

下面将举例说明 Page Object 设计模式，我们还以 360 影视页面为例进行讲解。

1. 基础层

创建一个名为 com.pagefactory.demo 的包，接着在这个包下创建一个类 HomePage，用于存放 driver 对象，具体示例代码如下：

```
package com.pagefactory.demo;

import org.openqa.selenium.WebDriver;
import org.openqa.selenium.chrome.ChromeDriver;
import org.openqa.selenium.support.PageFactory;

public class HomePage {
   private static WebDriver driver;
   /***
    * 用来传递 WebDriver
    * @return
    */
   public static WebDriver driver() {
      return driver;
   }
   public HomePage() {
      //设置系统变量，并设置 ChromeDriver 的路径为系统属性值
      System.setProperty("webdriver.chrome.driver",
        "tool/chromedriver.exe");
      //实例化 ChromeDriver
      driver = new ChromeDriver();
      PageFactory.initElements(driver,this);
   }
   /**
    * 启动浏览器
    */
   public void open() {
      driver.get("https://i.360kan.com/login");
   }
   /**
    * 关闭浏览器
    */
   public void close() {
      driver.quit();
   }
   public LoginPage loginPage() {
      LoginPage loginPage = new LoginPage();
      return loginPage;
   }
}
```

说　明

这是基础页面，为了让 driver 抽离出去。

2. 对象层

创建一个名为 LoginPage 的类，具体示例代码如下：

```
package com.pagefactory.demo;

import org.openqa.selenium.WebElement;
import org.openqa.selenium.support.CacheLookup;
import org.openqa.selenium.support.FindBy;
import org.openqa.selenium.support.How;
import org.openqa.selenium.support.PageFactory;

public class LoginPage {
```

```
    public LoginPage() {
        PageFactory.initElements(HomePage.driver(), this);
    }

    //定位用户名输入框
    @FindBy(how = How.NAME, using = "loginname")//第一种写法
    @CacheLookup
    private WebElement userName;
    //定位密码输入框
    @FindBy(name = "loginpassword")              //第二种写法
    @CacheLookup
    private WebElement passWord;
    //定位登录按钮
    @FindBy(linkText = "立即登录")
    @CacheLookup
    private WebElement loginBtn;
    //定位提示错误信息
    @FindBy(css = "[class='b-signin-error js-b-signin-error error-2']")
    @CacheLookup
    private WebElement errorMsg;

    public WebElement getUserName() {
        return userName;
    }

    public WebElement getPassWord() {
        return passWord;
    }

    public WebElement getLoginBtn() {
        return loginBtn;
    }

    public WebElement getErrorMsg() {
        return errorMsg;
    }

    /**
     * 用户名输入操作
     *
     * @param userName
     */
    public void sendKeysUserName(String userName) {
        getUserName().clear();
        getUserName().sendKeys(userName);
    }

    /**
     * 密码输入操作
     *
     * @param passWord
     */
    public void sendKeysPassWord(String passWord) {
        getPassWord().clear();
        getPassWord().sendKeys(passWord);
    }
}
```

3. 操作层

创建一个名为 LoginMovies 的类，具体示例代码如下：

```
package com.pagefactory.demo;

import org.testng.Assert;

public class LoginMovies {
    /***
     * 登录过程
     * @param userName
     * @param pwd
     * @param expected
     */
    public void loginByPageFactory(String userName, String pwd, String expected){
        HomePage homePage = new HomePage();
        //打开登录页
        homePage.open();
        //输入用户名
        homePage.loginPage().sendKeysUserName(userName);
        //输入密码
        homePage.loginPage().sendKeysPassWord(pwd);
        //单击“登录”按钮
        homePage.loginPage().getLoginBtn().click();
        //获取提示语操作
        String msg = homePage.loginPage().getErrorMsg().getText();
        //验证输入的手机号码错误是否有提示
        Assert.assertEquals(msg, expected);
        //关闭浏览器
        homePage.close();
    }
}
```

4. 业务层

创建一个名为 TestPageFactory 的类，具体示例代码如下：

```
package com.pagefactory.demo;

import org.testng.annotations.Test;

public class TestPageFactory {
    /**
     * 测试登录
     */
    @Test
    public void testLogin() {
        //实例化操作对象
        LoginMovies loginMovies = new LoginMovies();
        //登录操作
        loginMovies.loginByPageFactory("your userName", "your passWord",
          "输入的手机号不合法");
    }
}
```

从以上代码来看，如果页面元素发生变化，我们在对应类里修改对应元素即可，操作和业务层、流程类及用例都不用改。如果只是更改业务流程，那么只需要维护业务层对应的业务类，其他几个类都不用改，从而更好地做到了将页面、元素、脚本进行分离。

关于 Page Object 和 Page Factory 的使用，这里仅为读者提供了思路，有兴趣的读者可以继续拓展。

10.3 小　　结

本章主要介绍 Page Object 和 Page Factory 设计模式在实际自动化测试中的应用与实践。通过本章的学习，读者应该能掌握以下内容：

（1）使用 Page Object 类分离页面元素对象和测试用例脚本。

（2）使用 Page Factory 类分离页面元素对象和测试用例脚本。

第 11 章

手把手教你搭建一个自动化测试框架

本章介绍自动化测试框架搭建的方法，主要包括日志配置、数据源设计、元素对象的管理、页面分层和测试报告优化。

11.1 为什么要编写自动化测试框架

刚开始进行自动化测试，编写的代码可能都是基于原生框架的，看起来特别不美观，而且也特别生硬。

下面来看一段代码，如图 11-1 所示。

```
WebDriver driver;

/**
 * 登录操作
 */
public void login() {
    driver = new ChromeDriver();
    //打开登录页
    driver.get("https://mail.163.com/");
    //密码登录
    driver.findElement(By.linkText("密码登录")).click();
    //切换至frame
    driver.switchTo().frame(0);
    //输入用户名
    driver.findElement(By.name("email")).sendKeys("userName");
    //输入密码
    driver.findElement(By.name("password")).sendKeys("password");
    //点击登录
    driver.findElement(By.id("dologin")).click();
    //获取提示语操作
    String msg = driver.findElement(By.cssSelector(".ferrorhead")).getText();
    //验证输入错误是否提示
    Assert.assertEquals(msg,"账号格式错误");
    //关闭浏览器
    driver.quit();
}
```

图 11-1　原生代码示意图

从图 11-1 所示的代码来看，具体特征如下：

- driver 对象在测试类中显示。
- 定位元素使用的 value 值在测试类中显示。
- 定位元素的方式（By 对象）在测试类中显示。
- 代码一旦报错，还要去测试类里面找是哪段代码报错，如果代码行数很多，就不好定位问题了。
- 这样的测试脚本组装是批量执行的，批量报错后，不好排查，定位问题很吃力。

读者可以结合自身情况，查看是否遇到以上情况，如果以上情况占比很大，我们还是很有必要编写测试框架的。

从个人方面来说：

- 面试是加分项，会编写框架可以作为硬性指标。
- 对自己而言是一种挑战和提升。

从实际方面来说：

- 提高脚本编写效率和脚本的可读性，降低代码维护成本。
- 方便定位问题。
- 可以提升测试效率，降低编写脚本的成本。
- 减少手工测试成本。

11.2 框架设计思路与实现

11.2.1 框架设计思路

编写框架有几大要素，如 driver 对象、元素对象的管理、测试脚本、测试数据、控制台日志和测试报告等。

框架的分层思想：脚本、数据、元素对象分离，使用 Page Object 和 Page Factory 思想。这里作者将框架分为 4 层：基础层、对象层、操作层和业务层。

这里我们以 163 邮箱登录为例，进行讲解演示。

11.2.2 准备工作

首先，创建一个 Maven 项目，名为 frame-demo。

然后，在 pom 文件中添加依赖，具体内容如下：

```
<?xml version="1.0" encoding="UTF-8"?>
<project xmlns="http://maven.apache.org/POM/4.0.0"
         xmlns:xsi="http://www.w3.org/2001/XMLSchema-instance"
         xsi:schemaLocation="http://maven.apache.org/POM/4.0.0
          http://maven.apache.org/xsd/maven-4.0.0.xsd">
    <modelVersion>4.0.0</modelVersion>
```

```
<groupId>frame-demo</groupId>
<artifactId>frame-demo</artifactId>
<version>1.0-SNAPSHOT</version>

<properties>
    <project.build.sourceEncoding>UTF-8</project.build.sourceEncoding>
    <!--<suiteXmlFile>src/test/resources/suite/test-module/testng.
      xml</suiteXmlFile>-->
</properties>

<dependencies>

    <dependency>
        <groupId>org.seleniumhq.selenium</groupId>
        <artifactId>selenium-java</artifactId>
        <version>3.4.0</version>
    </dependency>

    <!-- https://mvnrepository.com/artifact/org.testng/testng -->
    <dependency>
        <groupId>org.testng</groupId>
        <artifactId>testng</artifactId>
        <version>6.9.10</version>
    </dependency>

    <!-- https://mvnrepository.com/artifact/log4j/log4j -->
    <dependency>
        <groupId>log4j</groupId>
        <artifactId>log4j</artifactId>
        <version>1.2.17</version>
    </dependency>


    <!-- https://mvnrepository.com/artifact/org.apache.poi/poi -->
    <dependency>
        <groupId>org.apache.poi</groupId>
        <artifactId>poi</artifactId>
        <version>3.16</version>
    </dependency>
    <!-- https://mvnrepository.com/artifact/org.apache.poi/poi-ooxml -->
    <dependency>
        <groupId>org.apache.poi</groupId>
        <artifactId>poi-ooxml</artifactId>
        <version>3.16</version>
    </dependency>

    <dependency>
        <groupId>com.relevantcodes</groupId>
        <artifactId>extentreports</artifactId>
        <version>2.41.1</version>
    </dependency>

    <dependency>
        <groupId>com.vimalselvam</groupId>
        <artifactId>testng-extentsreport</artifactId>
        <version>1.3.1</version>
    </dependency>

    <dependency>
```

```
            <groupId>com.aventstack</groupId>
            <artifactId>extentreports</artifactId>
            <version>3.0.6</version>
        </dependency>

    </dependencies>
    <build>
        <plugins>
            <plugin>
                <!--maven 编译插件-->
                <groupId>org.apache.maven.plugins</groupId>
                <artifactId>maven-compiler-plugin</artifactId>
                <version>3.5.1</version>
                <configuration>
                    <!--指定 jdk 版本-->
                    <source>1.8</source>
                    <target>1.8</target>
                    <encoding>UTF-8</encoding>
                </configuration>
            </plugin>
        </plugins>
    </build>

</project>
```

说　明

本次工程所需的全部依赖内容都在 pom 文件中，后面讲解过程中为了演示会提及其中的内容，读者不需要再重复添加了。

具体工程目录结构如图 11-2 所示。

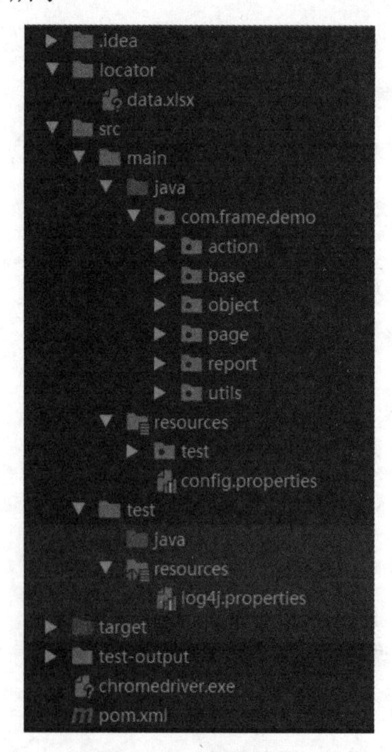

图 11-2　工程结构

11.2.3 Log4j 日志配置

Log4j 不是重点讲解的内容，因为只需配置一次就可以一直使用。下面的配置拿来就能用，有兴趣的读者可以自行学习，这里只是为了框架使用 Log4j 的日志效果。

首先，在工程 src\test\resources\目录下创建配置文件 Log4j.properties，添加如下内容：

```
log4j.rootLogger=debug,consoleAppender,fileAppender
log4j.category.ETTAppLogger=debug, ettAppLogFile
log4j.appender.consoleAppender=org.apache.log4j.ConsoleAppender
log4j.appender.consoleAppender.Threshold=TRACE
log4j.appender.consoleAppender.layout=org.apache.log4j.PatternLayout
log4j.appender.consoleAppender.layout.ConversionPattern=%-d{yyyy-MM-dd
  HH:mm:ss SSS} ->[%t]--[%-5p]--[%c{1}]--%m%n
log4j.appender.fileAppender=org.apache.log4j.DailyRollingFileAppender
log4j.appender.fileAppender.File=c:/temp/nstd/debug1.log
log4j.appender.fileAppender.DatePattern='_'yyyy-MM-dd'.log'
log4j.appender.fileAppender.Threshold=TRACE
log4j.appender.fileAppender.Encoding=BIG5
log4j.appender.fileAppender.layout=org.apache.log4j.PatternLayout
log4j.appender.fileAppender.layout.ConversionPattern=%-d{yyyy-MM-dd
  HH:mm:ss SSS}-->[%t]--[%-5p]--[%c{1}]--%m%n
log4j.appender.ettAppLogFile=org.apache.log4j.DailyRollingFileAppender
log4j.appender.ettAppLogFile.File=c:/temp/nstd/ettdebug.log
log4j.appender.ettAppLogFile.DatePattern='_'yyyy-MM-dd'.log'
log4j.appender.ettAppLogFile.Threshold=DEBUG
log4j.appender.ettAppLogFile.layout=org.apache.log4j.PatternLayout
log4j.appender.ettAppLogFile.layout.ConversionPattern=%-d{yyyy-MM-dd
  HH:mm:ss SSS}-->[%t]--[%-5p]--[%c{1}]--%m%n
```

然后，创建一个名为 com.frame.demo.test 的包，并新建测试类，名为 TestLog，用于测试 Log4j 是否配置正确，具体示例代码如下：

```
package com.frame.demo.test;

import org.apache.log4j.Logger;
import org.testng.annotations.Test;

public class TestLog {
    /**
     * Log4j 日志
     */
    private static Logger logger = Logger.getLogger(TestLog.class);
    @Test
    public void testLog() {
        logger.info("this is info log!!");
        logger.error("this is error log!!");
    }
}
```

运行这个测试类，结果如图 11-3 所示，证明配置成功。

```
[INFO] 2019-08-24 09:26:06 method: com.frame.demo.test.TestLog.testLog(TestLog.java:14)----this is info log!!
[ERROR] 2019-08-24 09:26:06 method: com.frame.demo.test.TestLog.testLog(TestLog.java:15)----this is error log!!


===============================================
Default Suite
Total tests run: 1, Failures: 0, Skips: 0
===============================================
```

图 11-3　Log4j 运行结果

11.2.4　基础层的实现

首先，创建一个名为 com.frame.demo.base 的包。然后，在这个包下创建一个名为 GetDriverUtil 的类，用于封装浏览器对象。在下面的示例代码中作者只写入了 Firefox 和 Chrome 两种浏览器，有兴趣的读者可自行扩展。具体示例代码如下：

```
package com.frame.demo.base;

import org.openqa.selenium.WebDriver;
import org.openqa.selenium.chrome.ChromeDriver;
import org.openqa.selenium.firefox.FirefoxDriver;

public class GetDriverUtil {

    /**
     * @param browersName
     * @return
     */
    public static WebDriver getDriver(String browersName) {
        if (browersName.equalsIgnoreCase("firefox")) {
            System.setProperty("webdriver.gecko.driver",
              "tool/geckodriver.exe");
            System.setProperty("webdriver.firefox.bin", "F:/Program
              Files/Mozilla Firefox/firefox.exe");
            return new FirefoxDriver();
        } else {
            System.setProperty("webdriver.chrome.driver",
              "chromedriver.exe");
            return new ChromeDriver();
        }
    }

}
```

11.3　元素对象的管理与实现

为什么要进行元素对象的管理呢？因为在一个页面中可能有几十个元素对象，而一个网站有多个页面，一旦页面元素发生变化，维护起来不是很方便。因此，我们可以把需要录入的页面元素集中地放在一个地方去管理维护，而不是分散在测试用例脚本（代码）中。

这样的好处是，可以提升脚本开发速度，降低后期维护成本，这时如果页面元素变了，我们只需要修改对应页面中的定位即可，具体数据源格式如表 11-1 所示。

表 11-1　数据源格式的例子

测试描述步骤	定 位 方 式	定 位 值
输入用户名	name	email
输入密码	name	password
单击登录	id	dologin
错误提示信息	cssSelector	.ferrorhead
密码登录	linkText	密码登录

11.3.1　解析 Excel 文件

我们可以使用 XML、YAML、Excel、CSV 和 MySQL 等存储、管理元素对象数据，鉴于测试人员习惯用 Excel 编写和维护用例，本案例就以 Excel 为数据源进行元素的管理和维护。

首先，创建一个名为 com.frame.demo.utils 的包。

然后，在这个包下创建一个名为 ReadExcelUtil 的类，用于解析 Excel 文件，具体示例代码如下：

```
package com.frame.demo.utils;
import org.apache.poi.hssf.usermodel.HSSFWorkbook;
import org.apache.poi.ss.usermodel.*;
import org.apache.poi.xssf.usermodel.XSSFWorkbook;
import java.io.FileInputStream;
import java.io.FileNotFoundException;
import java.io.IOException;
import java.io.InputStream;
import java.util.LinkedHashMap;
import java.util.List;
import java.util.Map;
public class ReadExcelUtil {
    public static Map<String, String> getElementData() {
        Workbook wb;
        Sheet sheet;
        Row row;
        List<Map<String, String>> list = null;
        String cellData;
        Map<String, String> map = new LinkedHashMap<String, String>();
        wb = readExcel("locator/data.xlsx");
        if (wb != null) {
            sheet = wb.getSheetAt(0);
            int rownum = sheet.getPhysicalNumberOfRows();
            for (int i = 1; i < rownum; i++) {
                row = sheet.getRow(i);
                if (row != null) {
                    String name = (String) getCellFormatValue(row.getCell(0));
                    cellData = getCellFormatValue(row.getCell(1)) + ", " +
                      getCellFormatValue(row.getCell(2));
                    map.put(name, cellData);
```

```
                } else {
                    break;
                }
            }
        }
        return map;
    }
    public static Workbook readExcel(String filePath) {
        Workbook wb = null;
        if (filePath == null) {
            return null;
        }
        String extString = filePath.substring(filePath.lastIndexOf("."));
        InputStream is = null;
        try {
            is = new FileInputStream(filePath);
            if (".xls".equals(extString)) {
                return wb = new HSSFWorkbook(is);
            } else if (".xlsx".equals(extString)) {
                return wb = new XSSFWorkbook(is);
            } else {
                return wb = null;
            }
        } catch (FileNotFoundException e) {
            e.printStackTrace();
        } catch (IOException e) {
            e.printStackTrace();
        }
        return wb;
    }
    public static Object getCellFormatValue(Cell cell) {
        Object cellValue = null;
        if (cell != null) {
            switch (cell.getCellType()) {
                case Cell.CELL_TYPE_NUMERIC: {
                    cellValue = String.valueOf(cell.getNumericCellValue());
                    break;
                }
                case Cell.CELL_TYPE_FORMULA: {
                    if (DateUtil.isCellDateFormatted(cell)) {
                        cellValue = cell.getDateCellValue();
                    } else {
                        cellValue = String.valueOf(cell.getNumericCellValue());
                    }
                    break;
                }
                case Cell.CELL_TYPE_STRING: {
                    cellValue = cell.getRichStringCellValue().getString();
                    break;
                }
                default:
                    cellValue = "";
            }
        } else {
            cellValue = "";
        }
        return cellValue;
    }
}
```

接着，在项目根目录下创建一个名为 locator 的目录，在本地创建一个 data.xlsx 文件，数据源的格式如表 11-1 所示，放在如图 11-2 所示的 locator 目录下，通过调用 getElementData 方法将解析后的元素对象放到 map 中实现映射。

在 main\resources\目录下创建配置文件 config.properties，具体内容如下：

```
browserType=chrome
url=https://mail.163.com/
```

最后，创建一个名为 BaseInfo 的类，用于读取配置文件 config.properties，具体示例代码如下：

```
package com.frame.demo.utils;
import java.util.Locale;
import java.util.ResourceBundle;
public class BaseInfo {
    public static String getBrowserType() {
        return getInfo("browserType");
    }
    public static String getUrl() {
        return getInfo("url");
    }
    public static String getInfo(String key) {
        ResourceBundle bundle = ResourceBundle.getBundle("config",
          Locale.CHINA);
        String value = bundle.getString(key);
        return value;
    }
}
```

11.3.2 By 对象的封装

在编写脚本时，元素对象部分的代码一般这样编写：

```
By by = By.name(Value 值);
```

接下来，我们将对其改造，需要把 Excel 解析出来的 map 中的 "value" 转换成 By 对象，添加如下代码：

```
private By getBy(String method,  String methodValue) {
        if (method.equals("id")) {
            return By.id(methodValue);
        } else if (method.equals("name")) {
            return By.name(methodValue);
        } else if (method.equals("xpath")) {
            return By.xpath(methodValue);
        } else if (method.equals("className")) {
            return By.className(methodValue);
        } else if (method.equals("linkText")) {
            return By.linkText(methodValue);
        } else if (method.equals("css")) {
            return By.cssSelector(methodValue);
        } else {
            return By.partialLinkText(methodValue);
        }
    }
```

这样，通过 map 中的 value 的值就产生了一个 By 对象，我们可以把这个对象传给 driver.findElement()方法，然后进行 WebElement 对象的封装，具体示例代码如下：

```
private By getBy(String method, String methodValue) {
      if (method.equalsIgnoreCase("id")) {
         return By.id(methodValue);
      } else if (method.equalsIgnoreCase("name")) {
         return By.name(methodValue);
      } else if (method.equalsIgnoreCase("tagName")) {
         return By.tagName(methodValue);
      } else if (method.equalsIgnoreCase("className")) {
         return By.className(methodValue);
      } else if (method.equalsIgnoreCase("linkText")) {
         return By.linkText(methodValue);
      } else if (method.equalsIgnoreCase("xpath")) {
         return By.xpath(methodValue);
      } else if (method.equalsIgnoreCase("cssSelector")) {
         return By.cssSelector(methodValue);
      } else {
         return By.partialLinkText(methodValue);
      }
   }
   public WebElement findElement(String name) {
      String data = elementData.get(name).toString();
      String method = data.split(", ")[0];
      String methodValue = data.split(", ")[1];
     return driver.findElement(this.getBy(method, methodValue));
   }
```

是不是感觉代码整洁了许多。至此，关于元素对象管理的一个简单实现就基本完成了。

然后，我们创建一个名为 com.frame.demo.page 的包。

最后，在这个包下创建一个名为 BasePage 的类，将上面的代码进行汇总，具体示例代码如下：

```
package com.frame.demo.page;
import com.frame.demo.base.GetDriverUtil;
import com.frame.demo.utils.BaseInfo;
import com.frame.demo.utils.ReadExcelUtil;
import org.apache.log4j.Logger;
import org.openqa.selenium.By;
import org.openqa.selenium.WebDriver;
import org.openqa.selenium.WebElement;
import org.openqa.selenium.support.PageFactory;
import java.util.Map;
public class BasePage {
   private static Logger logger = Logger.getLogger(BasePage.class);
   static WebDriver driver;
   Map<String, String> elementData;
   public BasePage() {
      String browserType = BaseInfo.getBrowserType();
      driver = GetDriverUtil.getDriver(browserType);
      driver.manage().window().maximize();
      PageFactory.initElements(driver, this);
      elementData = ReadExcelUtil.getElementData();
   }
   private By getBy(String method, String methodValue) {
      if (method.equalsIgnoreCase("id")) {
         return By.id(methodValue);
```

```
        } else if (method.equalsIgnoreCase("name")) {
            return By.name(methodValue);
        } else if (method.equalsIgnoreCase("tagName")) {
            return By.tagName(methodValue);
        } else if (method.equalsIgnoreCase("className")) {
            return By.className(methodValue);
        } else if (method.equalsIgnoreCase("linkText")) {
            return By.linkText(methodValue);
        } else if (method.equalsIgnoreCase("xpath")) {
            return By.xpath(methodValue);
        } else if (method.equalsIgnoreCase("cssSelector")) {
            return By.cssSelector(methodValue);
        } else {
            return By.partialLinkText(methodValue);
        }
    }
    public WebElement findElement(String name) {
        String data = elementData.get(name).toString();
        String method = data.split(", ")[0];
        String methodValue = data.split(", ")[1];
        logger.info("获取元素控件 " + name);
        return driver.findElement(this.getBy(method, methodValue));
    }
    public void switchToFrame(int frame) {
        driver.switchTo().frame(frame);
    }
    public void open() {
        String url = BaseInfo.getUrl();
        logger.info("打开 163 邮箱首页");
        driver.get(url);
    }
    public void quit() {
        logger.info("关闭浏览器成功！");
        driver.quit();
    }
}
```

说 明

以上代码整合了一部分 driver 对象的操作，仅供参考，有兴趣的读者可以接着拓展。

11.3.3 元素对象层的再封装

首先，创建一个名为 com.frame.demo.action 的包。

然后，在这个包下创建一个类，名为 Action，继承 BasePage，用于存放页面元素定位和常用控件操作的封装，具体示例代码如下：

```
package com.frame.demo.action;
import com.frame.demo.page.BasePage;
public class Action extends BasePage {
    public void sendKeys(String name, String str) {
        findElement(name).clear();
        findElement(name).sendKeys(str);
    }
    public void click(String name) {
```

```
        findElement(name).click();
    }
    public String getText(String name) {
        return findElement(name).getText();
    }
}
```

11.3.4 操作层的实现

首先，创建一个名为 com.frame.demo.object 的包。

然后，在这个包下创建一个类，名为 LoginPage，继承 Action，用来记录登录的一系列操作，具体示例代码如下：

```
package com.frame.demo.object;
import com.frame.demo.action.Action;
import org.testng.Assert;
public class LoginPage extends Action {
    public void login(String userName, String pwd, String expected) throws
      Exception {
        open();
        click("密码登录");
        switchToFrame(0);
        sendKeys("输入用户名", userName);
        sendKeys("输入密码", pwd);
        click("单击登录");
        Thread.sleep(1000);
        String msg = getText("错误提示信息");
        Assert.assertEquals(msg, expected);
        quit();
    }
}
```

11.3.5 业务层的实现

我们需要在 com.frame.demo.test 这个包下创建一个测试类，名为 TestFrame，继承 LoginPage，用来验证登录功能，具体示例代码如下：

```
package com.frame.demo.test;
import com.frame.demo.object.LoginPage;
import org.testng.annotations.Test;
public class TestFrame extends LoginPage {
    @Test
    public void textLogin() throws Exception {
        login("your userName", "your passWord", "账号格式错误");
    }
}
```

至此，一个简单的自动化测试框架就完成一大半了。作者只是针对元素对象层面做了一个简单的封装，关于 Selenium 的 API 和其他封装，有兴趣的读者可以自行尝试扩展。

运行上面的代码，运行结果如图 11-4 所示。

```
[INFO] 2020-08-05 10:52:39 method: com.frame.demo.page.BasePage.open(BasePage.java:54)----打开163邮箱首页
[INFO] 2020-08-05 10:52:43 method: com.frame.demo.page.BasePage.findElement(BasePage.java:46)----获取元素控件 输入用户名
[INFO] 2020-08-05 10:52:43 method: com.frame.demo.page.BasePage.findElement(BasePage.java:46)----获取元素控件 输入用户名
[INFO] 2020-08-05 10:52:43 method: com.frame.demo.page.BasePage.findElement(BasePage.java:46)----获取元素控件 输入密码
[INFO] 2020-08-05 10:52:43 method: com.frame.demo.page.BasePage.findElement(BasePage.java:46)----获取元素控件 输入密码
[INFO] 2020-08-05 10:52:43 method: com.frame.demo.page.BasePage.findElement(BasePage.java:46)----获取元素控件 点击登录
[INFO] 2020-08-05 10:52:44 method: com.frame.demo.page.BasePage.findElement(BasePage.java:46)----获取元素控件 错误提示信息
[INFO] 2020-08-05 10:52:44 method: com.frame.demo.page.BasePage.quit(BasePage.java:58)----关闭浏览器成功!


===============================================
Default Suite
Total tests run: 1, Failures: 0, Skips: 0
===============================================


Process finished with exit code 0
```

图 11-4 运行结果

11.4 测试报告的美化

作者之前曾用过 Zreport（大飞总原创），Allure2 和 TestNG 自带的测试报告，优化过 ReportNG 的测试报告。但这里使用 ExtentReport 进行演示讲解，因为这个报告的 dashboard 比较美观。

读者可以参考以下步骤进行操作。

Step 01 首先，创建一个名为 com.frame.demo.report 的包。然后，在这个包下新建一个类，名为 ExtentTestngReporterListener，用来编写监听类，监听测试执行过程中用例的执行情况，并写入测试报告中，具体示例代码如下：

```
package com.frame.demo.report;
import com.aventstack.extentreports.ExtentReports;
import com.aventstack.extentreports.ExtentTest;
import com.aventstack.extentreports.ResourceCDN;
import com.aventstack.extentreports.Status;
import com.aventstack.extentreports.model.TestAttribute;
import com.aventstack.extentreports.reporter.ExtentHtmlReporter;
import com.aventstack.extentreports.reporter.configuration.ChartLocation;
import org.testng.*;
import org.testng.xml.XmlSuite;
import java.io.File;
import java.util.*;

public class ExtentTestngReporterListener implements IReporter {
    //生成的路径以及文件名
    private static final String OUTPUT_FOLDER = "test-output/";
    private static final String FILE_NAME = "index.html";
    private ExtentReports extent;
    @Override
    public void generateReport(List<XmlSuite> xmlSuites,  List<ISuite> suites,
      String outputDirectory) {
        init();
        boolean createSuiteNode = false;
```

```
if (suites.size() > 1) {
    createSuiteNode = true;
}
for (ISuite suite : suites) {
    Map<String, ISuiteResult> result = suite.getResults();
    //如果 suite 里没有任何用例，就直接跳过，不在报告中生成
    if (result.size() == 0) {
        continue;
    }
    //统计 suite 下的成功、失败和跳过的总用例数
    int suiteFailSize = 0;
    int suitePassSize = 0;
    int suiteSkipSize = 0;
    ExtentTest suiteTest = null;
    //存在多个 suite 的情况下，在报告中将同一个 suite 的测试结果归为一类，
      创建一级节点
    if (createSuiteNode) {
        suiteTest = extent.createTest(suite.getName()).
          assignCategory(suite.getName());
    }
    boolean createSuiteResultNode = false;
    if (result.size() > 1) {
        createSuiteResultNode = true;
    }
    for (ISuiteResult r : result.values()) {
        ExtentTest resultNode;
        ITestContext context = r.getTestContext();
        if (createSuiteResultNode) {
            //没有创建 suite 的情况下，将 SuiteResult 创建为一级节点，
              否则创建为 suite 的一个子节点
            if (null == suiteTest) {
                resultNode = extent.createTest(r.getTestContext().
                  getName());
            } else {
                resultNode = suiteTest.createNode(r.getTestContext().
                  getName());
            }
        } else {
            resultNode = suiteTest;
        }
        if (resultNode != null) {
            resultNode.getModel().setName(suite.getName() + " : " +
              r.getTestContext().getName());
            if (resultNode.getModel().hasCategory()) {
                resultNode.assignCategory(r.getTestContext().
                  getName());
            } else {
                resultNode.assignCategory(suite.getName(),
                  r.getTestContext().getName());
            }
            resultNode.getModel().setStartTime(r.getTestContext().
              getStartDate());
            resultNode.getModel().setEndTime(r.getTestContext().
              getEndDate());
            //统计 SuiteResult 下的数据
            int passSize = r.getTestContext().getPassedTests().size();
            int failSize = r.getTestContext().getFailedTests().size();
            int skipSize = r.getTestContext().getSkippedTests().size();
```

```
                suitePassSize += passSize;
                suiteFailSize += failSize;
                suiteSkipSize += skipSize;
                if (failSize > 0) {
                    resultNode.getModel().setStatus(Status.FAIL);
                }
                resultNode.getModel().setDescription(String.format("Pass:
                %s ; Fail: %s ; Skip: %s ;", passSize, failSize, skipSize));
            }
            buildTestNodes(resultNode, context.getFailedTests(),
              Status.FAIL);
            buildTestNodes(resultNode, context.getSkippedTests(),
              Status.SKIP);
            buildTestNodes(resultNode, context.getPassedTests(),
              Status.PASS);
        }
        if (suiteTest != null) {
            suiteTest.getModel().setDescription(String.format("Pass: %s ;
              Fail: %s ; Skip: %s ;", suitePassSize, suiteFailSize,
              suiteSkipSize));
            if (suiteFailSize > 0) {
                suiteTest.getModel().setStatus(Status.FAIL);
            }
        }
    }
    extent.flush();
}
private void init() {
    //若文件夹不存在，则进行创建
    File reportDir = new File(OUTPUT_FOLDER);
    if (!reportDir.exists() && !reportDir.isDirectory()) {
        reportDir.mkdir();
    }
    ExtentHtmlReporter htmlReporter = new ExtentHtmlReporter(OUTPUT_FOLDER
      + FILE_NAME);
    htmlReporter.config().setDocumentTitle("自动化测试报告");
    htmlReporter.config().setReportName("自动化测试报告");
    htmlReporter.config().setChartVisibilityOnOpen(true);
    htmlReporter.config().setTestViewChartLocation(ChartLocation.TOP);
    htmlReporter.config().setResourceCDN(ResourceCDN.EXTENTREPORTS);
    htmlReporter.config().setCSS(".node.level-1
      ul{ display:none;} .node.level-1.active ul{display:block;}");
    extent = new ExtentReports();
    extent.attachReporter(htmlReporter);
    extent.setReportUsesManualConfiguration(true);
}
private void buildTestNodes(ExtentTest extenttest, IResultMap tests,
  Status status) {
    //若存在父节点时，则获取父节点的标签
    String[] categories = new String[0];
    if (extenttest != null) {
        List<TestAttribute> categoryList = extenttest.getModel().
          getCategoryContext().getAll();
        categories = new String[categoryList.size()];
        for (int index = 0; index < categoryList.size(); index++) {
            categories[index] = categoryList.get(index).getName();
        }
    }
```

```
        ExtentTest test;
        if (tests.size() > 0) {
            //调整用例排序，按时间排序
            Set<ITestResult> treeSet = new TreeSet<ITestResult>(new
              Comparator<ITestResult>() {
                @Override
                public int compare(ITestResult o1, ITestResult o2) {
                    return o1.getStartMillis() < o2.getStartMillis() ? -1 : 1;
                }
            });
            treeSet.addAll(tests.getAllResults());
            for (ITestResult result : treeSet) {
                Object[] parameters = result.getParameters();
                String name = "";
                //如果有参数，就只取第一个参数作为 test-name
                for (int i = 0; i < parameters.length; i++) {
                    name = parameters[0].toString();
                }
                if (name.length() > 0) {
                    if (name.length() > 100) {
                        name = name.substring(0, 100) + "...";
                    }
                } else {
                    name = result.getMethod().getMethodName();
                }
                if (extenttest == null) {
                    test = extent.createTest(name);
                } else {
                    //作为子节点进行创建时，设置同父节点的标签一致，便于报告检索
                    test = extenttest.createNode(name).
                      assignCategory(categories);
                }
                for (String group : result.getMethod().getGroups()) {
                    test.assignCategory(group);
                }
                List<String> outputList = Reporter.getOutput(result);
                for (String output : outputList) {
                    //将用例的 log 输出到报告中
                    test.debug(output);
                }
                if (result.getThrowable() != null) {
                    test.log(status, result.getThrowable());
                } else {
                    test.log(status, "Test " + status.toString().toLowerCase()
                      + "ed");
                }
                //test.getModel().setStartTime(getTime(result.
                  getStartMillis()));
                //test.getModel().setEndTime(getTime(result.getEndMillis()));
            }
        }
    }
    private Date getTime(long millis) {
        Calendar calendar = Calendar.getInstance();
        calendar.setTimeInMillis(millis);
        return calendar.getTime();
    }
}
```

Step 02 在对应的 XML 文件中设置监听，具体内容如下：

```
<?xml version="1.0" encoding="UTF-8"?>
<!DOCTYPE suite SYSTEM "http://testng.org/testng-1.0.dtd" >
<suite name="Suite" verbose="1" parallel="false" thread-count="1">
    <listeners>
        <listener class-name="com.frame.demo.report.
         ExtentTestngReporterListener"/>
    </listeners>
    <test name="Demo">
        <classes>
            <class name="com.frame.demo.test.TestFrame"/>
        </classes>
    </test>
</suite>
```

Step 03 以 XML 文件形式运行测试后，自动生成测试报告，如图 11-5 所示。

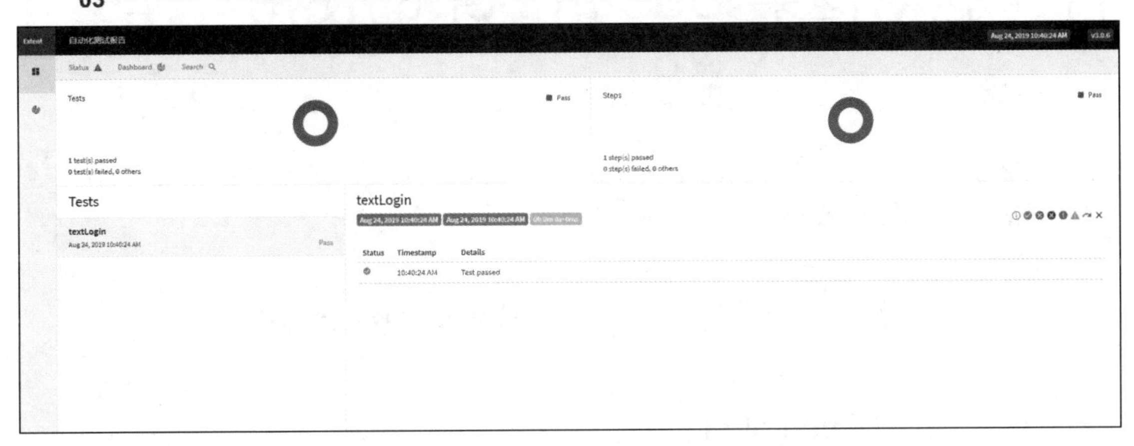

图 11-5　测试报告

至此，测试报告部分介绍完毕。现在一个完整的测试框架就搭建完成了。

以上便是从无到有的一个自动化测试框架，希望读者可以从头到尾练习一遍，作者这里只是提供一个思路，如果读者有更好的想法，可以继续进行拓展。

11.5　小　　结

本章主要介绍自动化测试框架搭建的方法，主要包括日志配置、数据源设计、元素对象的管理、页面分层和测试报告优化等，通过本章的学习，读者应该能够掌握以下内容：

（1）自动化测试框架搭建的基本思路。

（2）分层自动化测试框架的实现。

（3）元素对象的管理与实现。

（4）测试报告的优化。

第12章

行为驱动框架 Cucumber 的使用

本章介绍行为驱动框架 Cucumber 的使用，主要包括 Cucumber 的概念、Cucumber 的常用配置文件使用及说明和使用 Cucumber 执行测试的思路。

12.1 BDD 框架之 Cucumber 初探

12.1.1 什么是 Cucumber

Cucumber 是一款支持行为驱动开发（Behavior Driven Development，BDD），以及用自然语言编写测试用例的开源自动化测试工具。

12.1.2 何为 BDD

BDD 是一种敏捷的软件开发技术，使用自然语言编写用例的好处是能够让非技术人员（客户和用户）看懂你的测试用例，可以最大程度地减少技术语言和领域语言的翻译成本，而 Cucumber 正好具备这种使用自然语言编写用例的能力。

12.1.3 Feature 介绍

Feature 即功能或特性，每一个.feature 文件都以 Feature（功能）开始，在冒号后需要编写功能描述，比如验证计算器，后面具体给出该例子的计算功能。

Scenario 即场景，一般在 Feature 下，在.feature 文件中可以有多个 Scenario。

Step 即步骤，在 Scenario 中包含步骤列表，一般使用 Given、When、Then、But 和 And 这些关键词。

12.1.4　Step 介绍

Cucumber 的 Step（步骤）中常用的有以下 3 个词组，分别说明如下。

- Given：执行用例前的前置条件，类似 TestNG 的 BeforeClass 中的一些步骤。
- When：执行用例的操作步骤，比如输入用户名、密码等行为。
- Then：断言，比如测试用例中的预期结果或者 TestNG 的 Assert.assertEquals。

12.1.5　Cucumber 的使用

读者可以参考以下步骤进行操作。

Step 01 创建一个 Maven，项目名为 Cucumber_Test。

Step 02 在 pom 文件中添加依赖，具体内容如下：

```
<?xml version="1.0" encoding="UTF-8"?>
<project xmlns="http://maven.apache.org/POM/4.0.0"
        xmlns:xsi="http://www.w3.org/2001/XMLSchema-instance"
        xsi:schemaLocation="http://maven.apache.org/POM/4.0.0
         http://maven.apache.org/xsd/maven-4.0.0.xsd">
    <modelVersion>4.0.0</modelVersion>

    <groupId>Cucumber_Test</groupId>
    <artifactId>Cucumber_Test</artifactId>
    <version>1.0-SNAPSHOT</version>

    <properties>
        <project.build.sourceEncoding>UTF-8</project.build.sourceEncoding>
    </properties>
    <dependencies>
        <dependency>
            <groupId>info.cukes</groupId>
            <artifactId>cucumber-core</artifactId>
            <version>1.2.3</version>
        </dependency>
        <dependency>
            <groupId>info.cukes</groupId>
            <artifactId>cucumber-java</artifactId>
            <version>1.2.3</version>
        </dependency>
        <dependency>
            <groupId>junit</groupId>
            <artifactId>junit</artifactId>
            <version>4.12</version>
        </dependency>
        <dependency>
            <groupId>info.cukes</groupId>
            <artifactId>cucumber-junit</artifactId>
            <version>1.2.3</version>
        </dependency>
        <dependency>
            <groupId>org.seleniumhq.selenium</groupId>
```

```
            <artifactId>selenium-java</artifactId>
            <version>2.47.1</version>
        </dependency>
        <dependency>
            <groupId>org.apache.maven.plugins</groupId>
            <artifactId>maven-surefire-plugin</artifactId>
            <version>2.12.4</version>
        </dependency>
        <dependency>
            <groupId>org.picocontainer</groupId>
            <artifactId>picocontainer</artifactId>
            <version>2.14</version>
        </dependency>
        <dependency>
            <groupId>info.cukes</groupId>
            <artifactId>cucumber-picocontainer</artifactId>
            <version>1.2.3</version>
        </dependency>
    </dependencies>
    <build>
        <plugins>
            <plugin>
                <groupId>org.apache.maven.plugins</groupId>
                <artifactId>maven-surefire-plugin</artifactId>
                <configuration>
                    <forkMode>once</forkMode>
                    <argLine>-Dfile.encoding=UTF-8</argLine>
                </configuration>
            </plugin>
        </plugins>
    </build>

</project>
```

Step 03 编写 feature 文件（需求，即要做的事），在 Maven 工程的 test\resources\feature\目录下创建一个名为 demo.feature 的文件，添加的具体内容如下：

```
Feature: 验证计算器计算功能
  打开计算器进行计算

  @CalculatorTest
  Scenario: 打开计算器进行计算 1+1
    Given 打开计算器面板
    When  已经输入 1 并按下+
    And   输入 "1"
    And   按下=号
    Then  等待计算结果
```

Step 04 创建一个名为 com.cucumber.demo 的包，在这个包下创建一个名为 Calculator 的测试类，用于编写 Feature 中的测试用例，具体示例代码如下：

```
package com.cucumber.demo;


import cucumber.api.java.en.And;
import cucumber.api.java.en.Given;
import cucumber.api.java.en.Then;
import cucumber.api.java.en.When;
```

```
public class Calculator {

    @Given("^打开计算器面板$")
    public void openCalculator() throws Exception {
        System.out.println("打开计算器面板");
    }

    @When("^已经输入 1 并按下+")
    public void alreadyInput1() {
        System.out.println("已经输入 1 并按下+");
    }


    @And("^输入 \"([^\"]*)\"$")
    public void input1(String num) throws Throwable {
        System.out.println("输入"+num);
    }

    @And("^按下=")
    public void pressEaualButton(){
        System.out.println("按下=");
    }

    @Then("^等待计算结果")
    public void wait_the_query_result() throws InterruptedException {
        System.out.println("等待计算结果");
    }

}
```

Step 05 创建一个执行类，用于测试业务代码，名为 RunCukesTest，具体示例代码如下：

```
package com.cucumber.demo;

import cucumber.api.CucumberOptions;
import cucumber.api.junit.Cucumber;
import org.junit.runner.RunWith;

@RunWith(Cucumber.class)
@CucumberOptions(
        features = {"src/test/resources/feature/"},
        format = {"pretty", "html:target/cucumber",
          "json:target/cucumber.json"},
        glue = {"com.cucumber"},
        tags = {"@CalculatorTest"}
)
public class RunCukesTest {
}
```

工程目录结构如图 12-1 所示。

Cucumber_Test F:\workspace\Cucumber_Test
.idea
src
main
java
com
cucumber.xml
resources
testng.xml
test
java
resources
feature
demo.feature
parm.feature
poDemo.feature
testParamDemo.feature
extent-config.xml

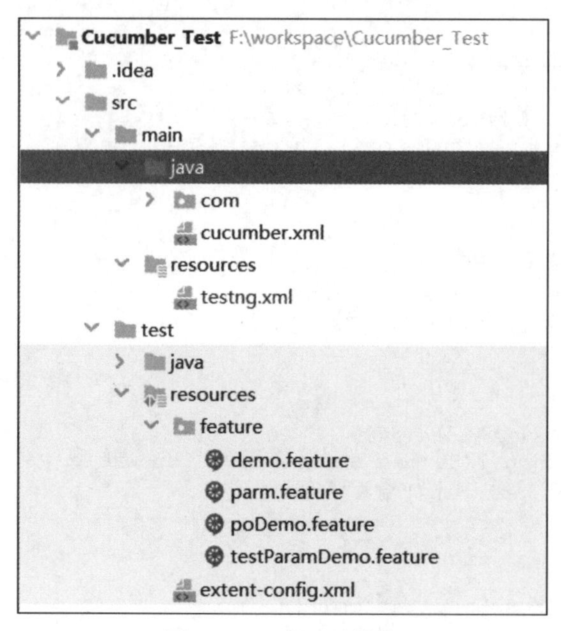

图 12-1 工程目录结构

12.1.6 如何执行

第一种，右击 RunCukesTest，在弹出的快捷菜单中单击 run'RunCukesTest' 即可。
第二种，右击测试套件*.xml，在弹出的快捷菜单中单击 run '文件名.xml' 即可。
第三种，右击*.feature 文件，在弹出的快捷菜单中单击 run'Feature:文件名' 即可。

运行结果如图 12-2 所示。

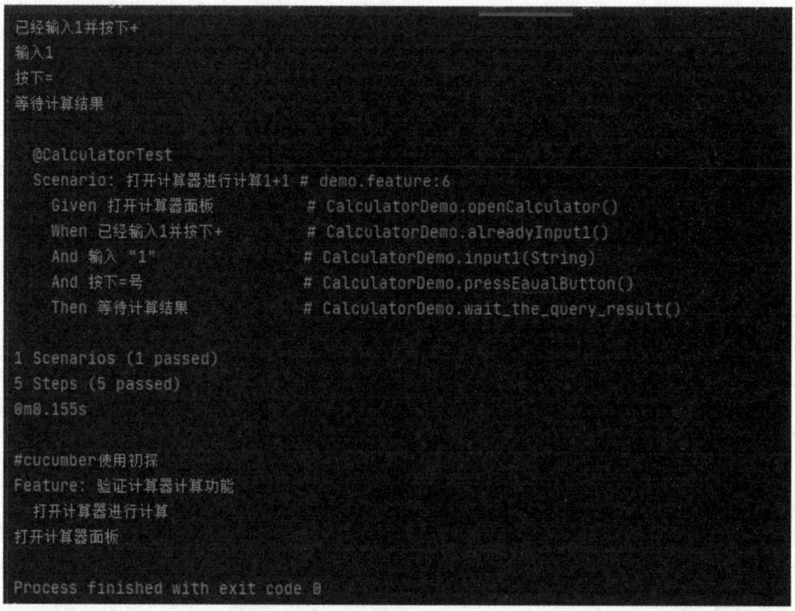

已经输入1并按下+
输入1
按下=
等待计算结果
@CalculatorTest
Scenario: 打开计算器进行计算1+1 # demo.feature:6
Given 打开计算器面板 # CalculatorDemo.openCalculator()
When 已经输入1并按下+ # CalculatorDemo.alreadyInput1()
And 输入 "1" # CalculatorDemo.input1(String)
And 按下=号 # CalculatorDemo.pressEaualButton()
Then 等待计算结果 # CalculatorDemo.wait_the_query_result()
1 Scenarios (1 passed)
5 Steps (5 passed)
0m0.155s
#cucumber使用初探
Feature: 验证计算器计算功能
打开计算器进行计算
打开计算器面板
Process finished with exit code 0

图 12-2 运行结果

12.2　使用 Cucumber 进行参数化测试

12.2.1　什么是参数化

在实际设计测试用例的过程中，我们经常会用等价类或边界值这样的方法，针对一个功能用测试数据进行测试，比如一个输入框的正向数据、逆向数据，非法输入等，即输入不同类型的数据进行测试，这就是我们常说的参数化测试。

12.2.2　Cucumber 的数据驱动

在工程的 src\test\resources\feature\目录下新建一个 testParamDemo.feature 功能文件，如图 12-3 所示。

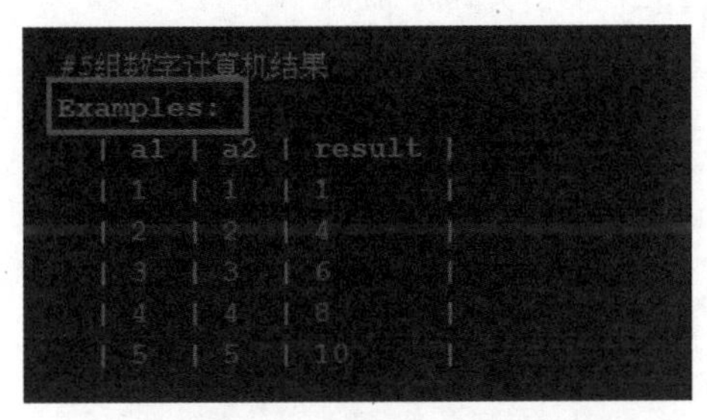

图 12-3　参数化文件

12.2.3　编写测试用例文件

验证功能：验证使用计算器进行多组数字的相加，并计算结果。

修改 testParamDemo.feature 的功能文件，修改内容如下：

```
#cucumber 参数化使用
Feature: 验证计算器多组数字计算功能
  打开计算器进行计算

  Scenario Outline: 打开计算器进行计算
    Given 打开计算器面板
    When 输入 "<a1>" and "<a2>" 并计算结果
    Then 等待计算结果 "<result>"

    #5 组数字计算机结果
    Examples:
      | a1   | a2    | result    |
      | 1    | 1     | 1         |
      | 2    | 2     | 4         |
      | 3    | 3     | 6         |
      | 4    | 4     | 8         |
      | 5    | 5     | 7         |
```

12.2.4 创建业务测试代码部分

创建一个名为 TestParamDemo 的类，用于测试业务，具体示例代码如下：

```
package com.cucumber.demo;
import cucumber.api.java.en.Given;
import cucumber.api.java.en.Then;
import cucumber.api.java.en.When;
import org.testng.Assert;
/**
 *cucumber 参数化使用
 * @author rongrong
 */
public class TestParamDemo {
    int temp;
    @Given("^打开计算器进行计算$")
    public void openCalc() {
        System.out.println("打开计算器进行计算");
    }
    @When("^输入 \"([^\"]*)\" and \"([^\"]*)\" 并计算结果$")
    public int addition(int a1, int a2) {
        temp=a1 + a2;
        return temp;
    }
    @Then("^等待计算结果 \"([^\"]*)\" $")
    public void verify_result(int result) {
        //验证实际计算和预期结果是否一致
        Assert.assertEquals(temp, result);
    }
}
```

选中 testParamDemo.feature，运行结果如图 12-4 所示。

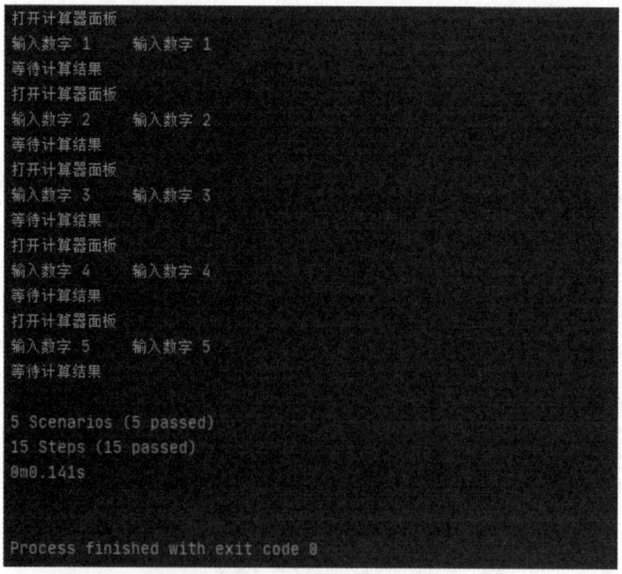

```
打开计算器面板
输入数字 1    输入数字 1
等待计算结果
打开计算器面板
输入数字 2    输入数字 2
等待计算结果
打开计算器面板
输入数字 3    输入数字 3
等待计算结果
打开计算器面板
输入数字 4    输入数字 4
等待计算结果
打开计算器面板
输入数字 5    输入数字 5
等待计算结果

5 Scenarios (5 passed)
15 Steps (15 passed)
0m0.141s


Process finished with exit code 0
```

图 12-4 控制台运行结果

至此，我们已经实现了使用 Cucumber 进行参数化测试，是不是感觉参数化结构很清晰明了呢？

12.3 Cucumber 操作实例

12.3.1 编写测试用例文件

被测功能：360 影视登录页面参数化登录功能。

在 src\test\resources\feature 路径下创建 param.feature，用于编写测试用例脚本，具体代码如下：

```
Feature: 360 影视登录页面参数化登录功能

#实现重复输入账号和密码操作的步骤
  Background: 用户打开 360 影视首页
    Given 用户正停留在 360 影视登录页

#输入账号和密码 a1/a1
  Scenario:
    When 用户输入用户名 "a1"
    And 用户输入密码 "a1"
    Then 登录失败，提示手机号不合法

#输入账号和密码 a2/a2
  Scenario:
    When 用户输入用户名 "a2"
    And 用户输入密码 "a2"
    Then 登录失败，提示手机号不合法

#输入账号和密码 a3/a3
  Scenario:
    When 用户输入用户名 "a3"
    And 用户输入密码 "a3"
    Then 登录失败，提示手机号不合法
```

12.3.2 创建一个 Step 定义文件

创建一个名为 ParamDemo 的类，用于测试业务，具体示例代码如下：

```
package com.cucumber.demo;
import cucumber.api.java.en.Given;
import cucumber.api.java.en.Then;
import cucumber.api.java.en.When;
import org.junit.Assert;
import org.openqa.selenium.By;
import org.openqa.selenium.WebDriver;
import org.openqa.selenium.chrome.ChromeDriver;
public class ParamDemo {
    WebDriver driver;
    @Given("^用户正停留在 360 影视登录页$")
```

```
    public void goTo () {
        driver = new ChromeDriver();
        driver.navigate().to("https://i.360kan.com/login");
        driver.manage().window().maximize();
    }
    @When("^用户输入用户名 \"(.*)\"$")
    public void enterUsername(String arg1) {
        driver.findElement(By.name("loginname")).sendKeys(arg1);
    }
    @When("^用户输入密码 \"(.*)\"$")
    public void enterPassword(String arg1) {
        driver.findElement(By.name("loginpassword")).sendKeys(arg1);
        driver.findElement(By.linkText("立即登录")).click();
    }
    @Then("^登录失败，提示手机号不合法$")
    public void checkFail() {
        String msg=driver.findElement(By.xpath("//p[@class='b-signin-error
          js-b-signin-error error-2']")).getText();
        Assert.assertEquals("输入手机号不合法", msg);
        driver.close();
    }
}
```

12.3.3 创建一个 Runner 类文件

创建一个 RunCukesTest 的执行类，用于执行测试用例，具体代码如下：

```
import cucumber.api.CucumberOptions;
import cucumber.api.junit.Cucumber;
import org.junit.runner.RunWith;
@RunWith(Cucumber.class)
@CucumberOptions(
        features = {"src/test/resources/feature/"},
        format = {"pretty",  "html:target/cucumber",
          "json:target/cucumber.json"},
        glue = {"com.cucumber"}
)
public class RunCukesTest {
}
```

选中执行类，运行结果如图 12-5 所示。

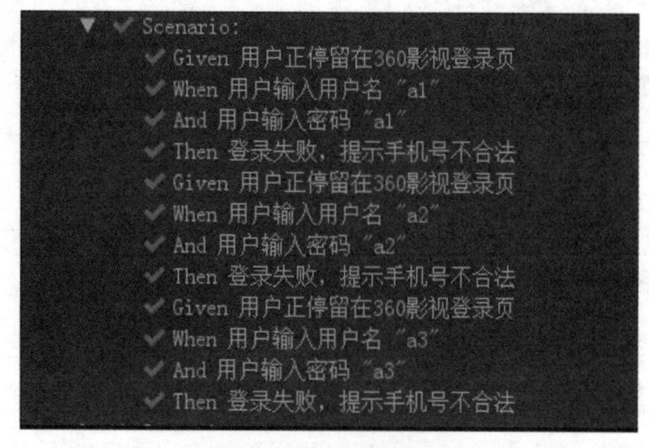

图 12-5 运行结果

12.4 小　结

本章主要介绍了行为驱动框架 Cucumber 的使用方法，主要包括 Cucumber 的概念、Cucumber 的常用配置文件使用及说明、使用 Cucumber 执行测试的思路和 Cucumber 操作实例等。

通过本章的学习，读者应该能够掌握以下内容：

（1）Cucumber 的概念及测试思路。

（2）使用 Cucumber 设计和编写测试用例。

（3）使用 Cucumber 进行参数化测试。

第 13 章

持续集成工具 Jenkins 的使用

本章介绍 Jenkins 的使用，主要包括 Jenkins 的下载、安装、配置、任务创建及使用 Jenkins 实现持续集成实例。

13.1 Jenkins 的安装

持续集成是当下比较热门的话题，也是很多公司和 IT 从业者推崇的热门技术。虽然在项目中实际应用得并不太多，但持续集成带来的好处很多，还是值得学习和推广的。其中，Jenkins 就是比较热门的持续集成工具之一，接下来将学习 Jenkins 的使用。

13.1.1 什么是 Jenkins

Jenkins 是一种开源并且被广泛应用在项目构建方面的可视化 Web 工具，主要功能是进行自动化的构建，简单来说就是把项目的打包、编译、部署、测试等人为的操作过程交给 Jenkins 来完成，从而尽快地发现集成错误，提升团队效率。

13.1.2 Jenkins 构建过程

Jenkins 构建过程如图 13-1 所示。

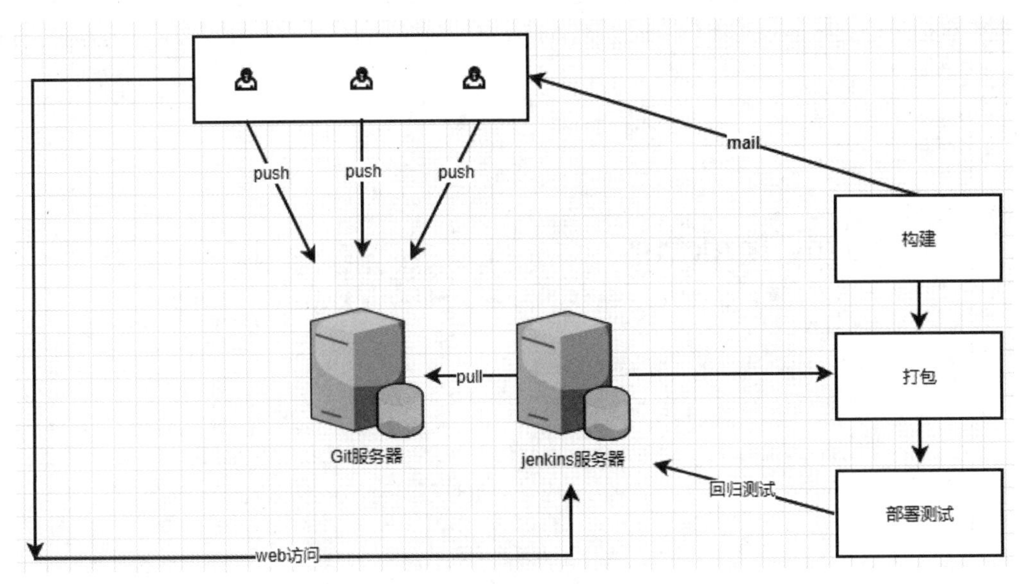

图 13-1 Jenkins 构建过程

13.1.3 安装及启动

下面以 Windows 环境为例进行介绍，读者可参照以下步骤进行操作。

Step 01 直接从 http://mirrors.jenkins-ci.org/war/latest/jenkins.war 下载最新的 WAR 包。

Step 02 打开命令行窗口，通过命令行输入“java -jar jenkins.war”启动 Jenkins，再访问 http://localhost:8080，Jenkins 的主界面如图 13-2 所示。

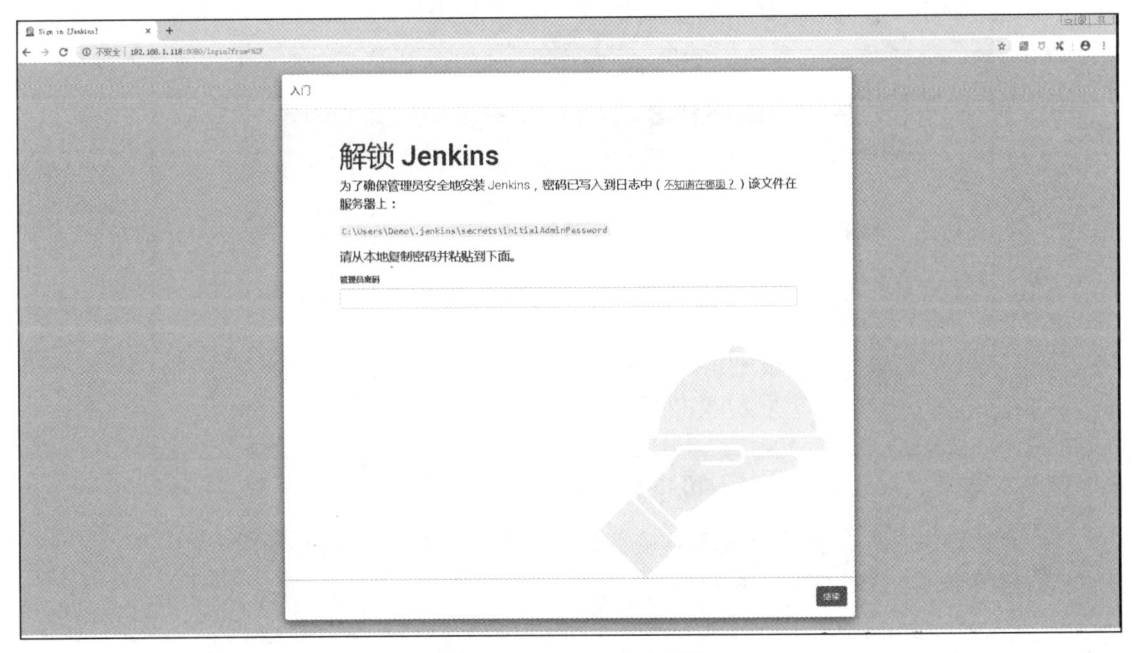

图 13-2 Jenkins 启动界面

Step 03 复制路径并查看初始密码，将复制的密码粘贴到管理员密码输入框，单击“继续”按钮，如图 13-3 所示。

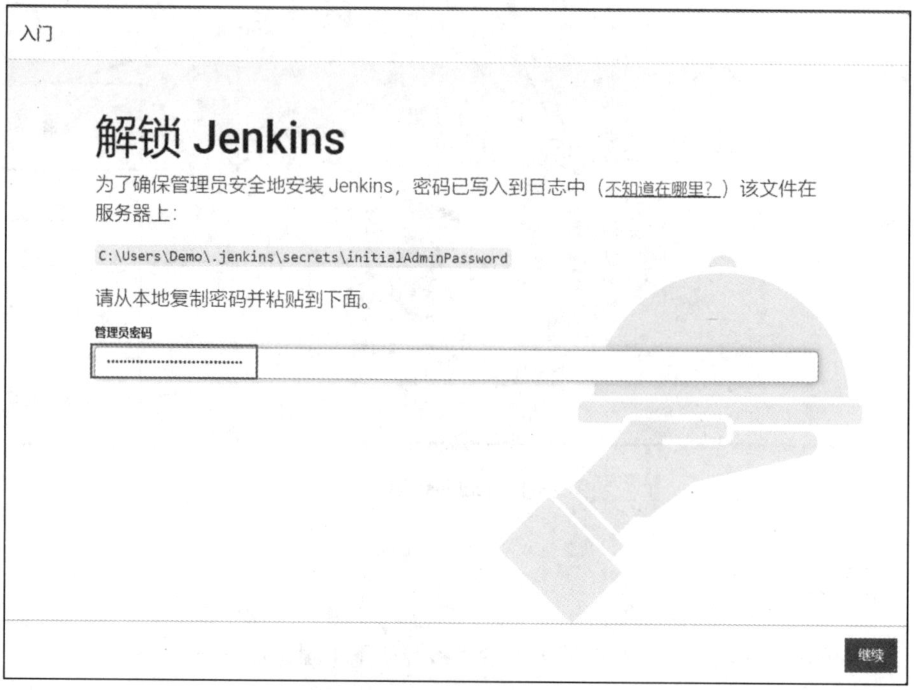

图 13-3 输入初始密码

Step 04 提示我们安装插件，这里选择“选择插件来安装”，如图 13-4 所示。

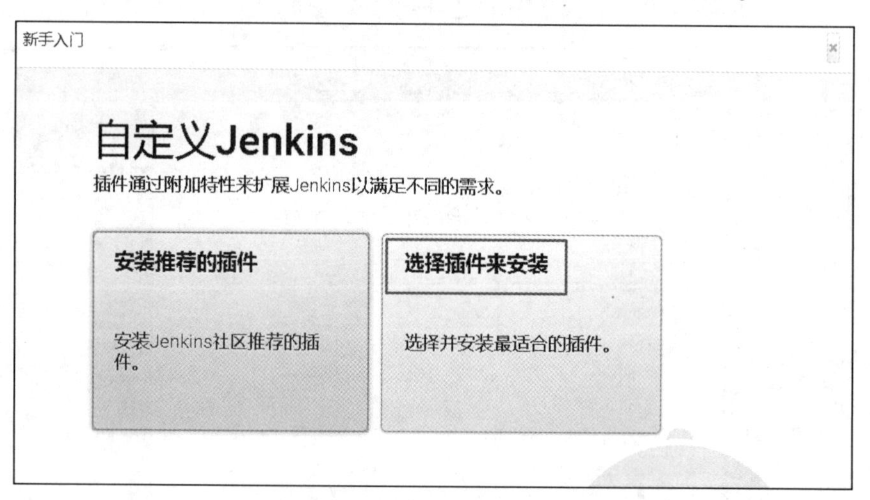

图 13-4 选择插件来安装

Step 05 默认选中插件项，不进行修改，接着单击“安装”按钮，如图 13-5 所示。

Step 06 等待插件下载，如图 13-6 所示。

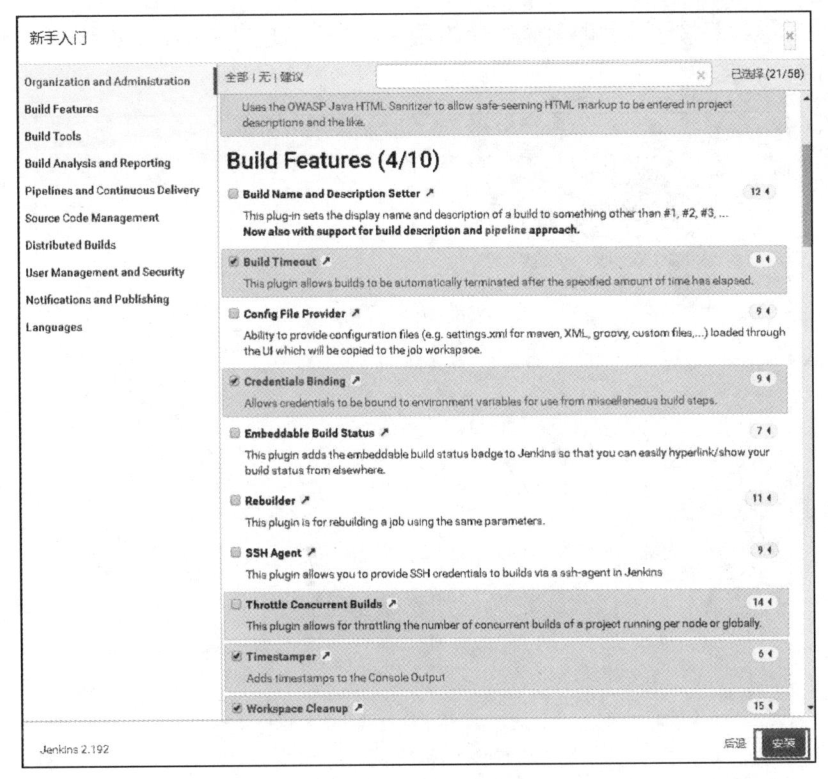

图 13-5　保持默认设置

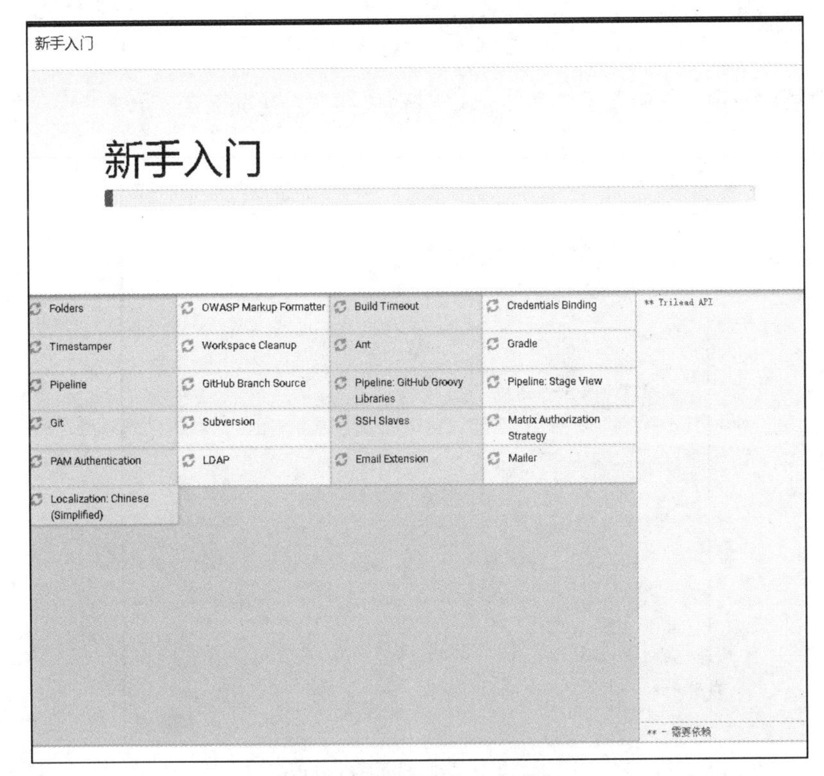

图 13-6　等待插件下载过程

Step 07 单击“继续”按钮，忽略暂未安装的插件。没安装成功的插件，后期可以根据需要自行安装，如图 13-7 所示。

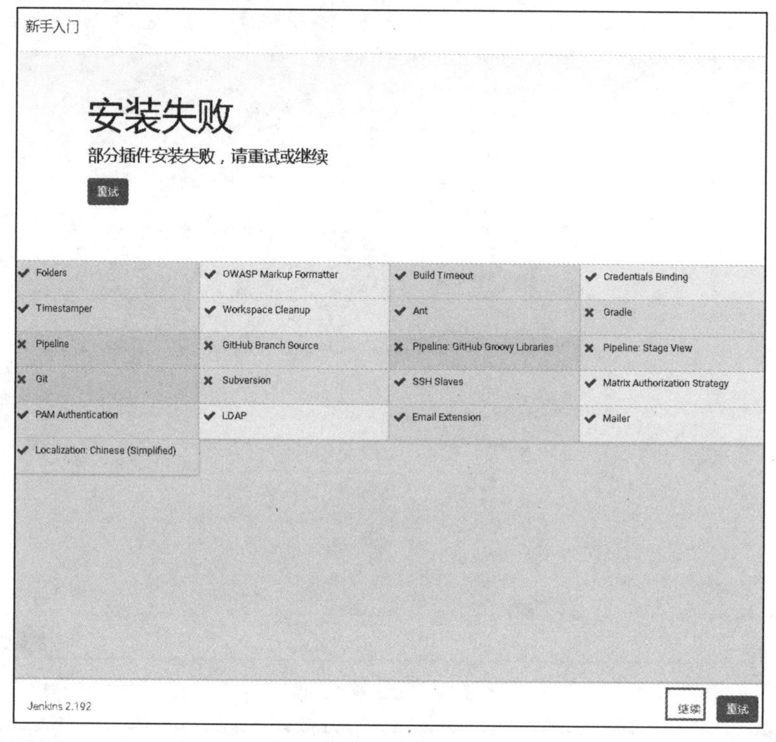

图 13-7　完成插件安装

Step 08 创建管理员用户，输入用户名 demo，其他项视个人情况而定，单击“保存并完成”按钮，如图 13-8 所示。

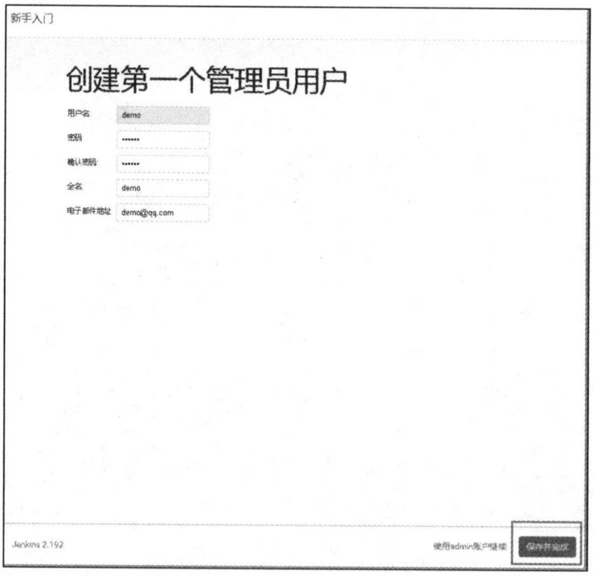

新手入门

创建第一个管理员用户

用户名 demo

密码 ••••••

确认密码 ••••••

全名 demo

电子邮件地址 demo@qq.com

Jenkins 2.192　使用admin账户继续　保存并完成

图 13-8　创建管理员用户

Step 09 再次单击“保存并完成”按钮，如图 13-9 所示。

图 13-9　实例配置页面

Step 10 提示 Jenkins 安装完成，如图 13-10 所示。

图 13-10　Jenkins 安装完成

Step 11 单击“开始使用 Jenkins”按钮，进入欢迎页面，如图 13-11 所示。

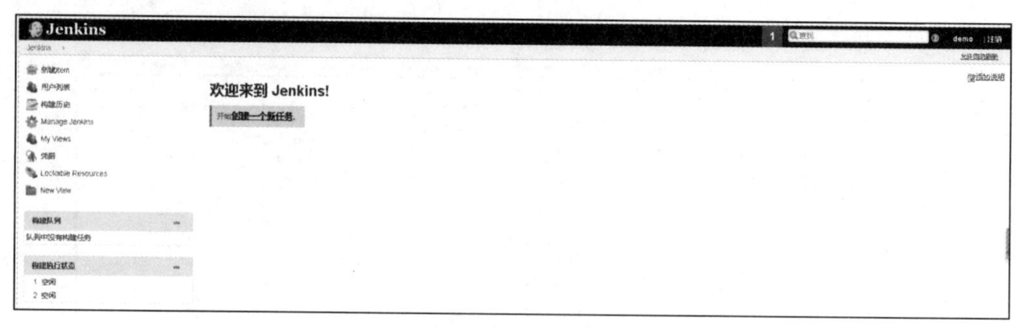

图 13-11　Jenkins 欢迎界面

13.2　Jenkins 的配置

13.2.1　Jenkins 插件的安装

读者可按照以下步骤安装插件。

Step 01 在 Jenkins 页面左侧单击 Manage Jenkins 按钮，然后在页面右侧单击 Manage Plugins 按钮，如图 13-12 所示。

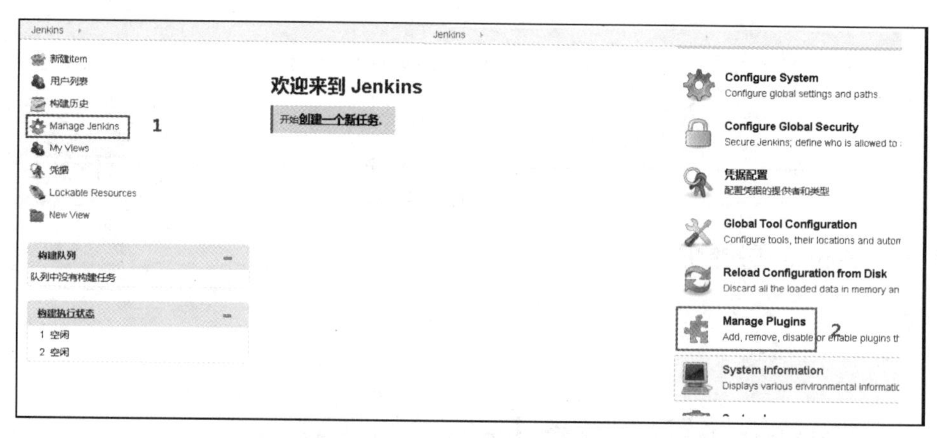

图 13-12　切换到插件管理页面

Step 02 切换至 Available 选项卡，如图 13-13 所示。

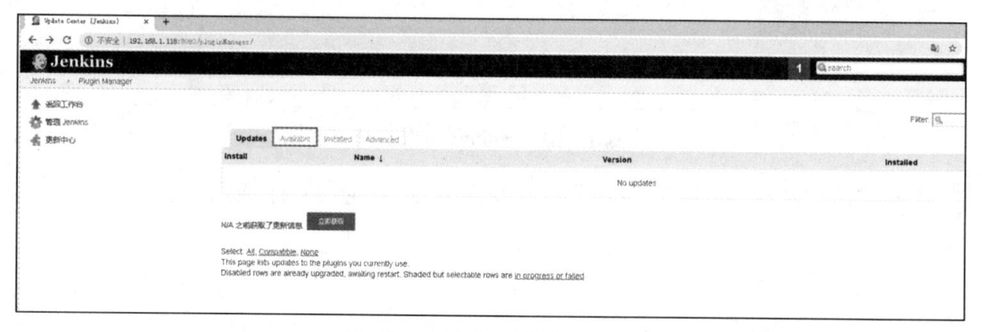

图 13-13　进入插件管理页面

Step 03 进入可选插件列表，在搜索框中输入想要安装的插件名称（如 git），在匹配结果中找到对应的插件名称，单击“直接安装”按钮，然后等待安装完成即可，如图 13-14 和图 13-15 所示。

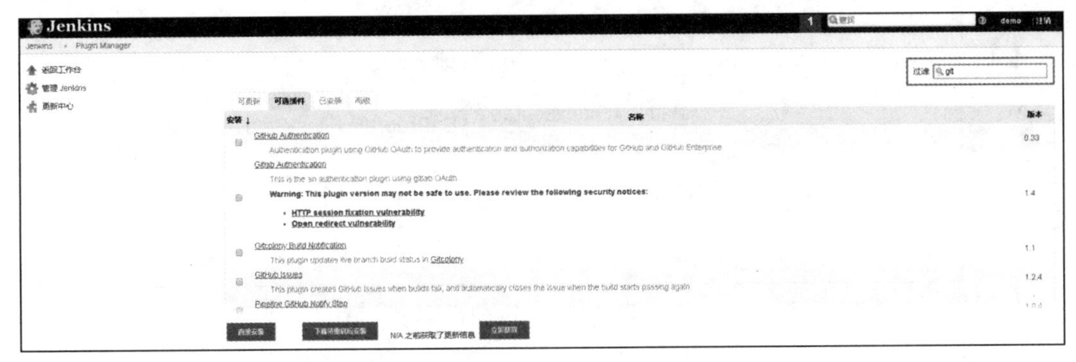

图 13-14　插件检索及安装

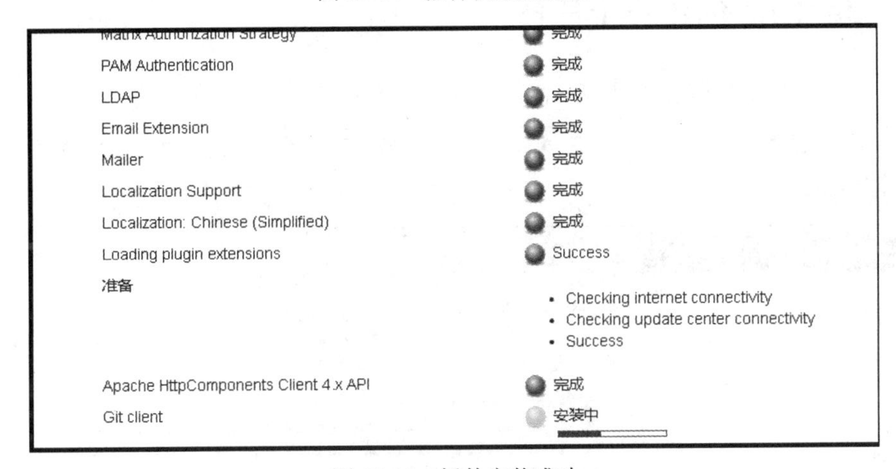

图 13-15　插件安装成功

13.2.2　JDK、Maven 和 Git 的配置

在 Jenkins 首页单击 Manage Jenkins，然后单击 Global Tool Configuration，配置 JDK、Maven 和 Git，如图 13-16~图 13-18 所示。

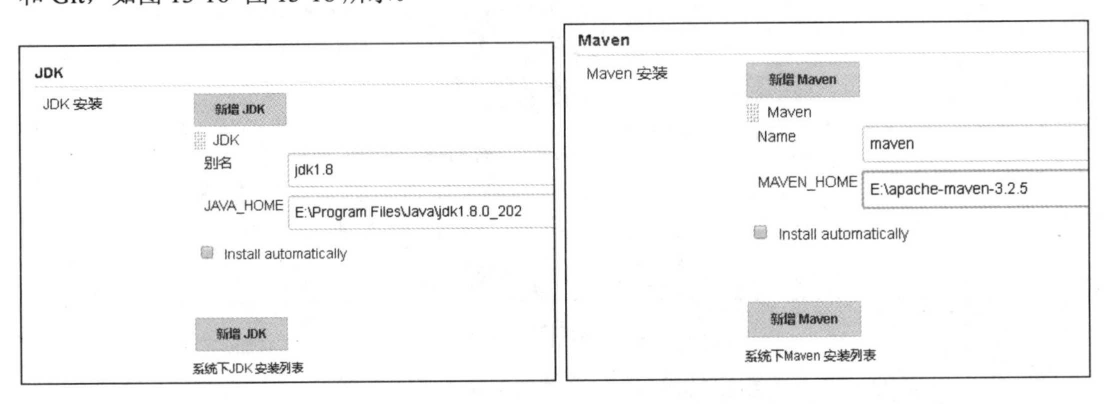

图 13-16　JDK 配置　　　　图 13-17　Maven 配置

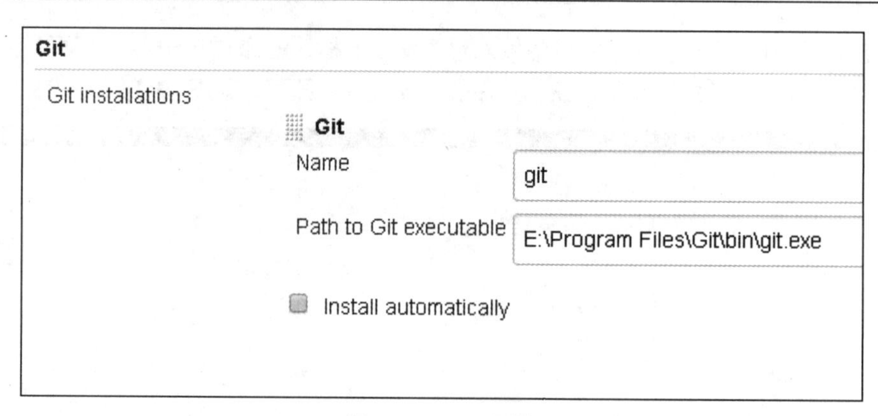

图 13-18 Git 配置

13.2.3 Jenkins 创建一个任务

读者可以参考以下步骤进行操作：

Step 01 在首页新建一个任务，然后填入任务名，选择构建一个 Maven 项目，如图 13-19 所示，单击“确定”按钮。

图 13-19 选择 Maven 项目

Step 02 添加 Git 地址，并设定用户名和密码，如图 13-20 所示。

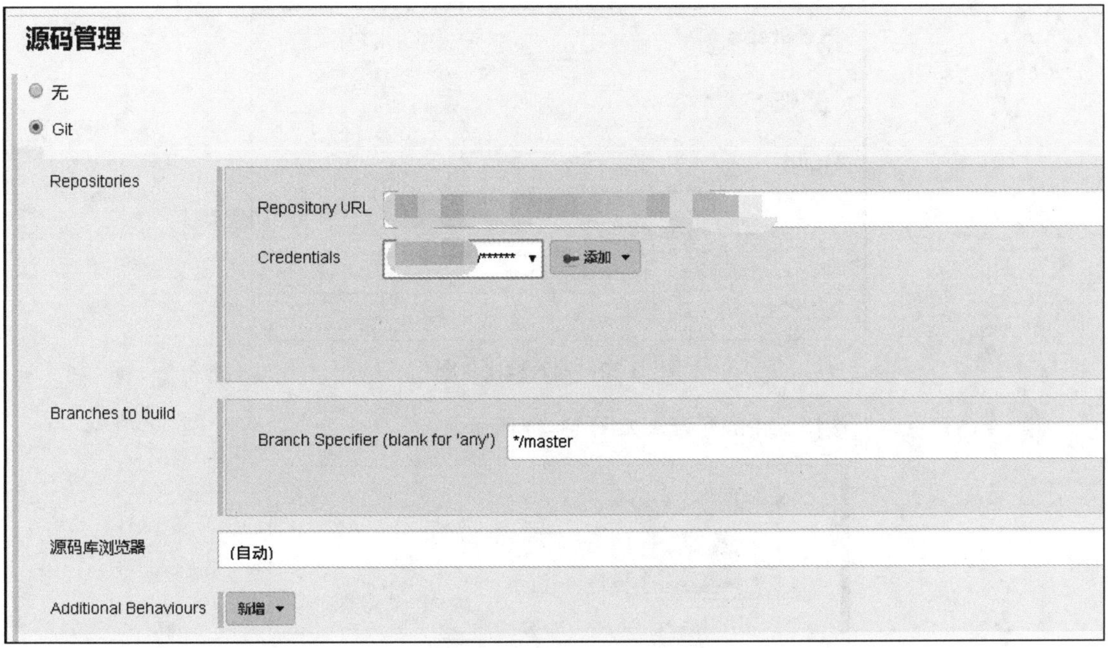

图 13-20　配置 Git 相关信息

Step 03 开始构建触发器，定时检测 Git 的版本变化，勾选 Poll SCM 复选框，如图 13-21 所示。

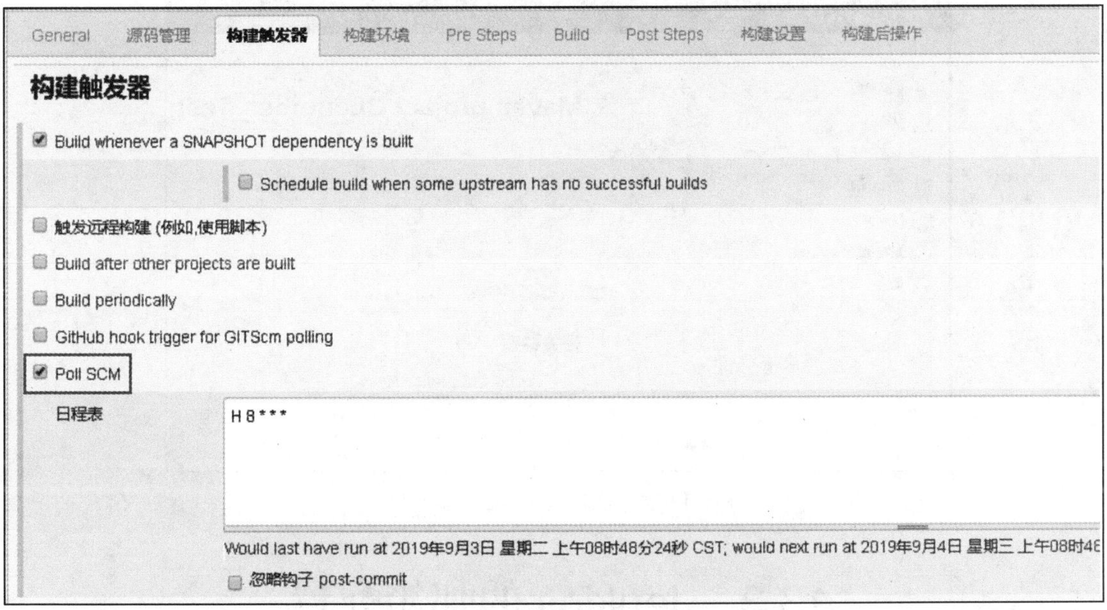

图 13-21　构建触发器

注　意

H 8 * * *的意思是每天 8 点定时构建一次。

Step 04 构建项目，输入构建命令，如图 13-22 所示。

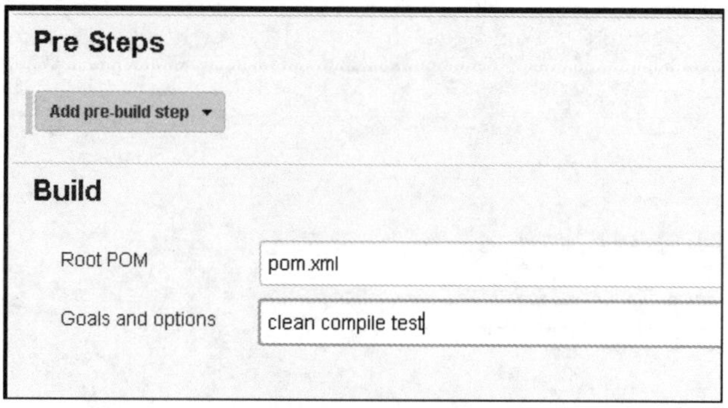

Pre Steps

Add pre-build step

Build

Root POM pom.xml

Goals and options clean compile test

图 13-22 输入构建命令

Step 05 单击“保存”按钮，完成配置，如图 13-23 所示。

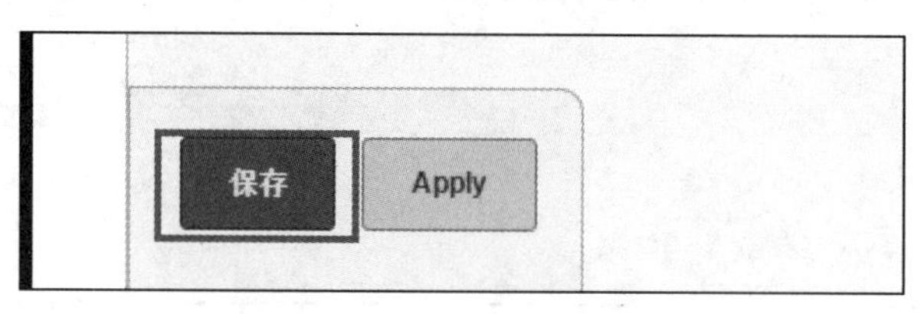

图 13-23 完成配置

Step 06 保存后自动进入工程界面，如图 13-24 所示。

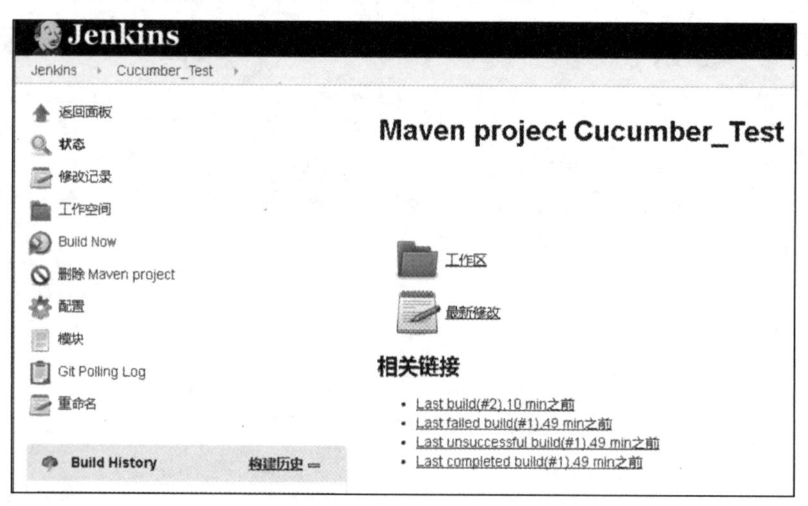

图 13-24 成功创建 Maven 项目

13.3 Jenkins 的邮箱配置

使用 Jenkins 作为持续集成工具，整个构建过程中，需要对构建结果进行记录和跟踪，通过邮件通知相关责任人。这里以 QQ 邮箱为例来讲解怎样配置 Jenkins 的邮箱及发送构建结果。

13.3.1　获取邮箱服务器相关信息

这里我们要知道 QQ 邮箱的 SMTP 服务器地址和端口号，如图 13-25 所示。

QQ邮箱的POP3与SMTP服务器是什么？

QQ邮箱 POP3 和 SMTP 服务器地址设置如下：

邮箱	POP3服务器（端口995）	SMTP服务器（端口465或587）
qq.com	pop.qq.com	smtp.qq.com

SMTP服务器需要身份验证。

图 13-25　SMTP 服务相关信息

13.3.2　开启 QQ 邮箱的 SMTP 服务

登录 QQ 邮箱，依次单击菜单选项“设置”→“账户”，如图 13-26 所示，找到并开启 POP3/SMTP 服务，完成“验证密保”过程，记住 16 位的授权码，最后完成 SMTP 服务的开启，如图 13-27~图 13-29 所示。

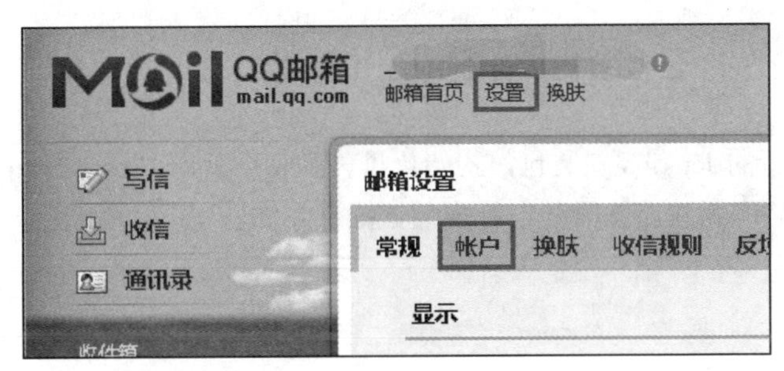

图 13-26　进入账户设置界面

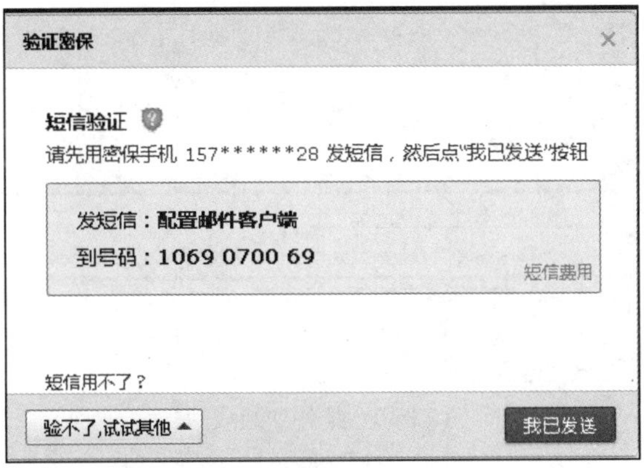

图 13-27　验证密保

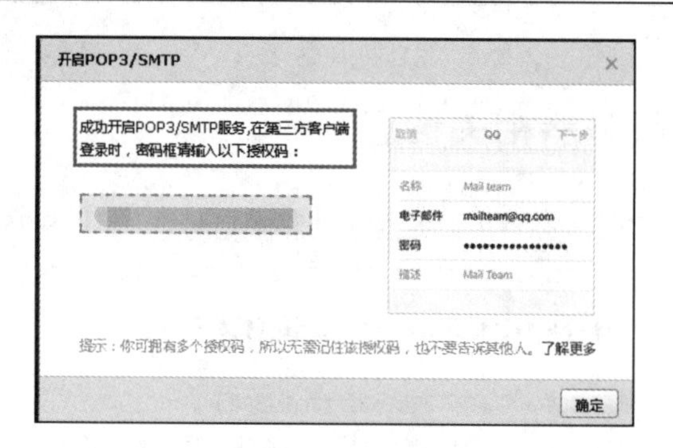

图 13-28 保存授权码

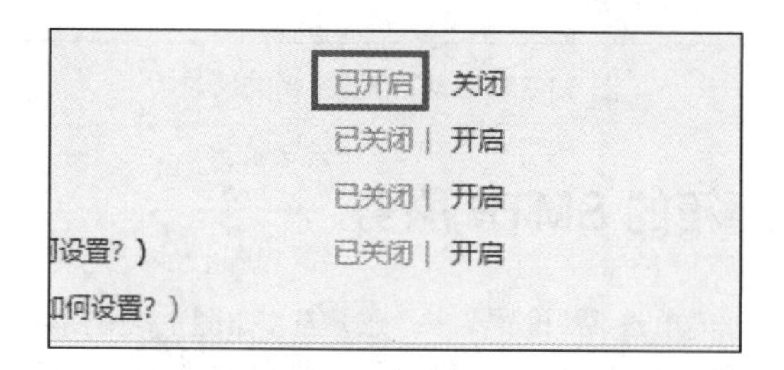

图 13-29 开启 SMTP 服务成功

13.3.3 安装 Email Extension Plugin 插件

如果安装的是最新的 Jenkins 安装包，初始化推荐插件中就有 Email Extension Plugin 插件，就不必再次安装。如果是旧版本，就需要自行安装该插件，如图 13-30 所示。

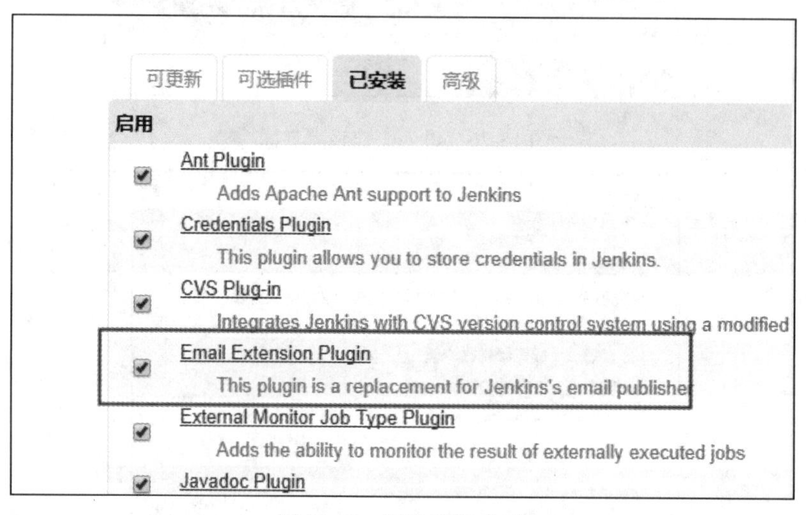

图 13-30 插件安装成功

13.3.4　Jenkins 邮箱的全局配置

读者可以按照以下步骤进行操作。

Step 01 单击 Manage Jenkins，再单击 Configure System，进入全局配置页面，设置管理员邮箱及 Jenkins 访问地址，如图 13-31 所示。

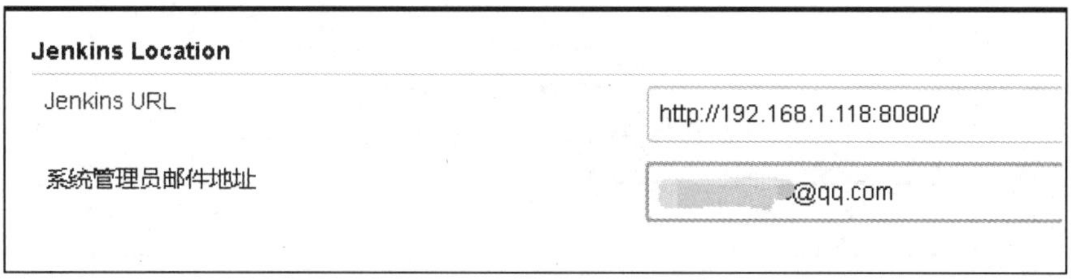

Jenkins Location

Jenkins URL　http://192.168.1.118:8080/

系统管理员邮件地址　@qq.com

图 13-31　设置管理员邮箱及 Jenkins 访问地址

Step 02 进行邮箱配置，在 Extended E-mail Notification 页面进行各种设置，如图 13-32 所示。

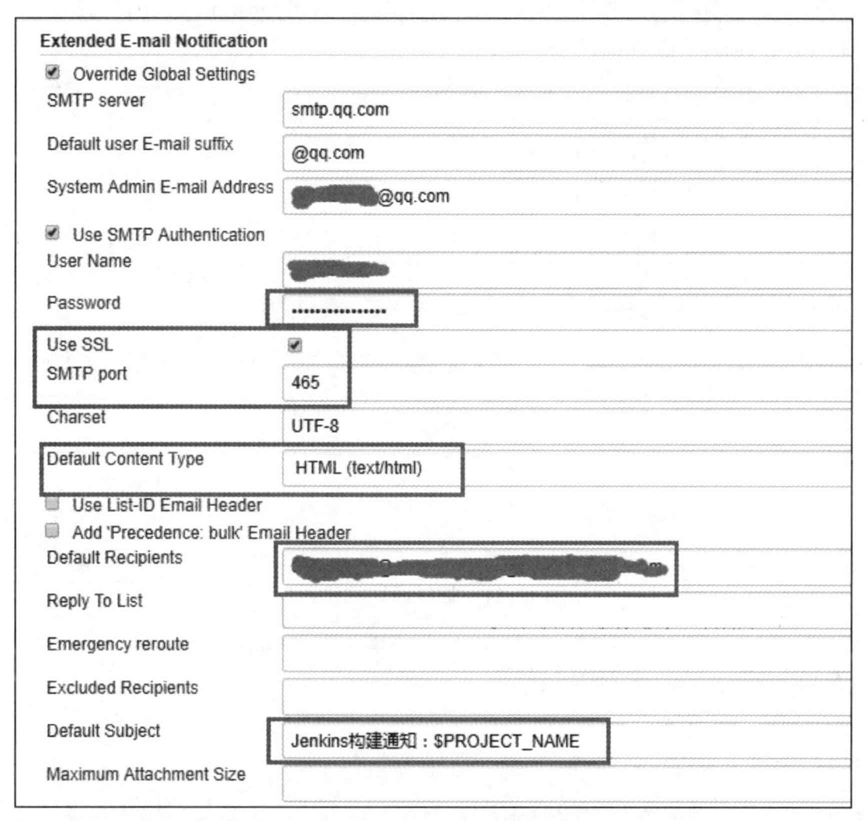

图 13-32　完成 Extended E-mail Notification 的各个设置项

注　意

密码是开启 QQ 的 SMTP 服务时获取的 16 位授权码，若是多个收件人，则用逗号隔开。

Step 03 进行邮件内容的设置，如图 13-33 所示。

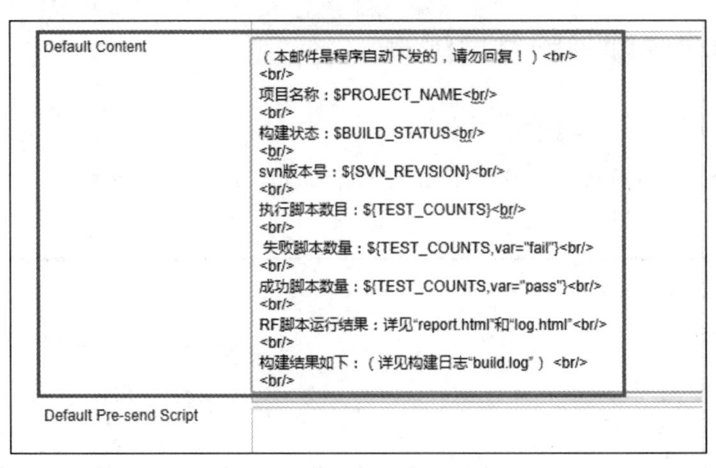

图 13-33　邮件内容的设置

Step 04 进行邮件通知的设置，在密码处填写开启 QQ 的 SMTP 服务时获取的 16 位授权码，使用 SSL 协议，必须勾选，如图 13-34 所示。接着单击 Test configuration 按钮，如果出现 Email was successfully sent，就说明配置成功。

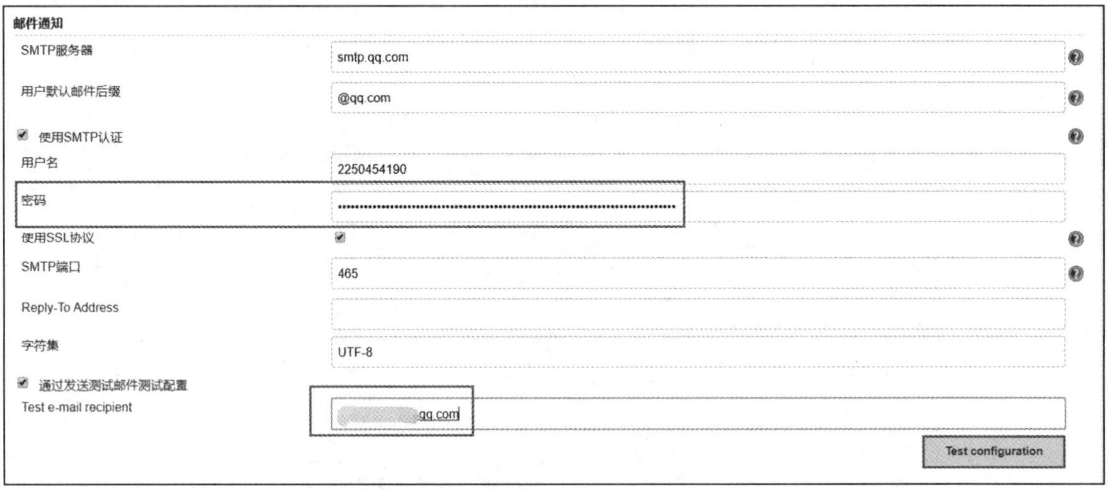

邮件通知
SMTP服务器　smtp.qq.com
用户默认邮件后缀　@qq.com
使用SMTP认证
用户名　2250454190
密码
使用SSL协议
SMTP端口　465
Reply-To Address
字符集　UTF-8
通过发送测试邮件测试配置
Test e-mail recipient　qq.com
Test configuration

图 13-34　邮件通知的设置

13.3.5　项目 Job 的邮箱配置

读者可以按照以下步骤进行操作：

Step 01 找到 Job，单击“配置”，进入 Job 配置页面，找到“增加构建后操作步骤”，选择 Editable Email Notification 选项，如图 13-35 所示。

Step 02 对 Editable Email Notification 进行设置，此处保持默认设置即可。找到并单击 Advanced Settings，选择 Triggers 选项，设置邮件触发机制，这里为了演示选择了 Always，然后单击“保存”按钮，读者可视自己的情况进行设置，如图 13-36 所示。

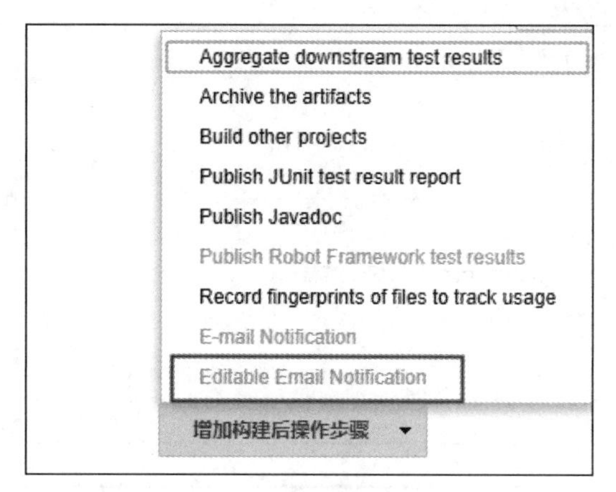

图 13-35　增加构建后的操作步骤

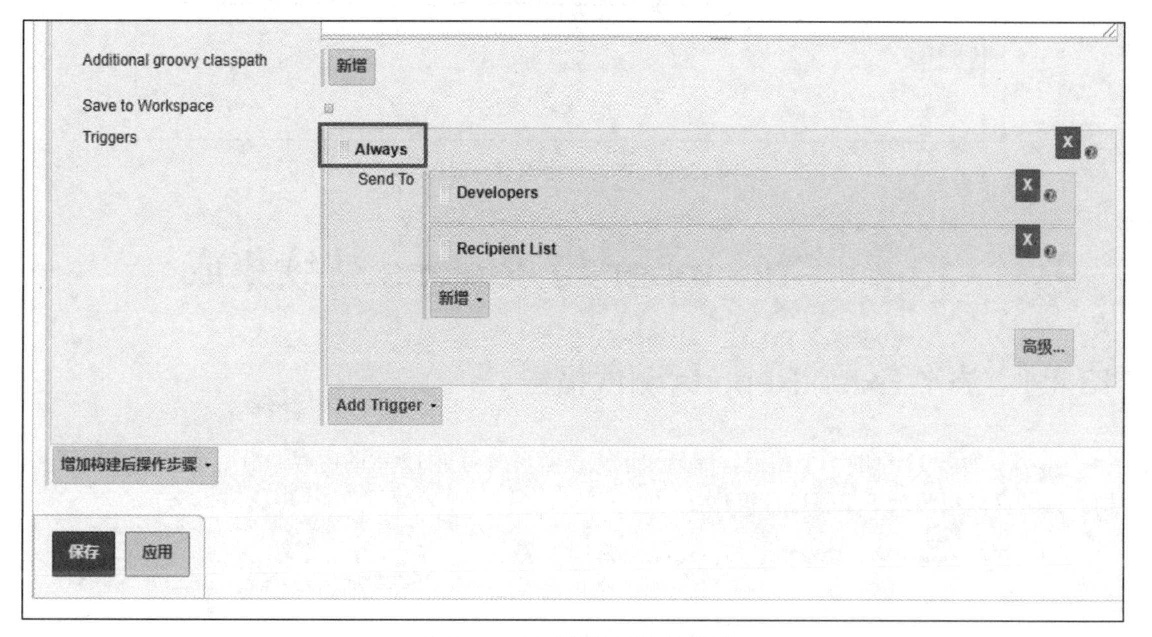

图 13-36　邮件触发机制的设置

Step 03 单击 Build Now，开始执行构建，检查邮件是否发送成功，如图 13-37 和图 13-38 所示。

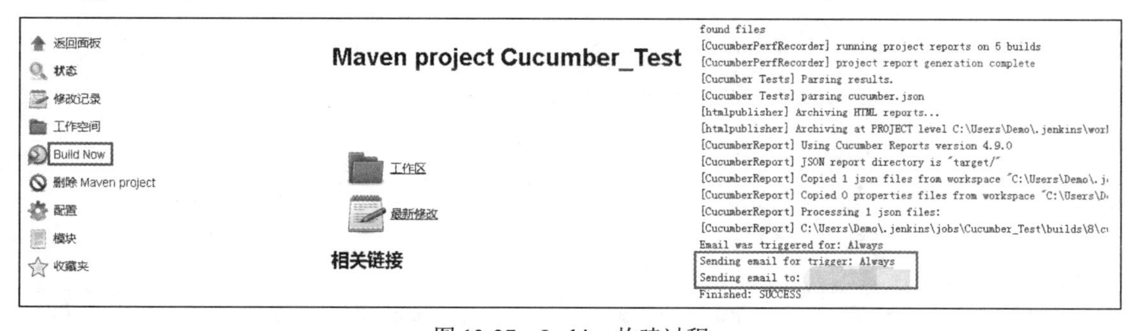

图 13-37　Jenkins 构建过程

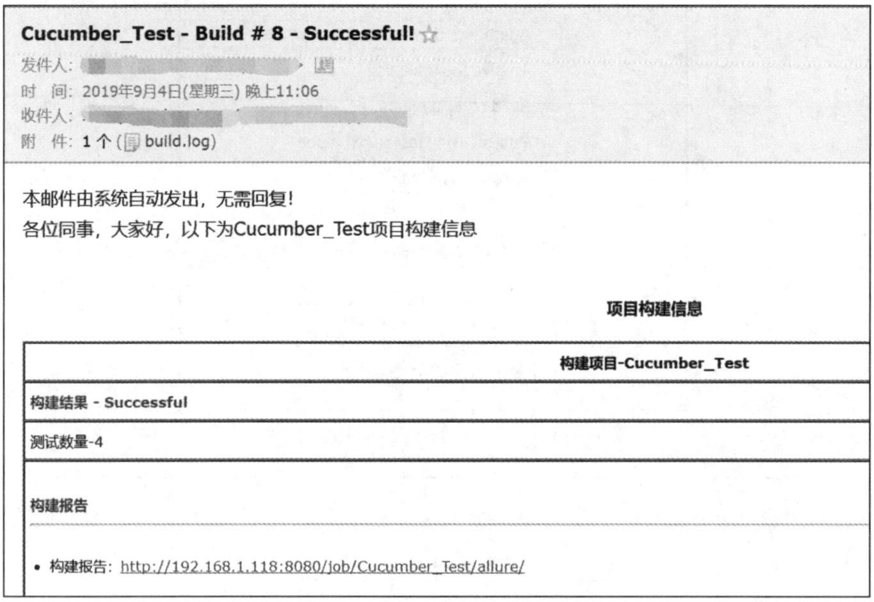

Cucumber_Test - Build # 8 - Successful!
发件人:
时　间: 2019年9月4日(星期三) 晚上11:06
收件人:
附　件: 1 个 (build.log)

本邮件由系统自动发出，无需回复!
各位同事，大家好，以下为Cucumber_Test项目构建信息

项目构建信息

构建项目-Cucumber_Test

构建结果 - Successful

测试数量-4

构建报告

- 构建报告: http://192.168.1.118:8080/job/Cucumber_Test/allure/

图 13-38　在邮件中查看构建结果

13.4　Cucumber 与 Jenkins 持续集成

13.4.1　添加 ExtentReports 测试报告

本小节为第 12 章的一个拓展，部分知识点读者可参考第 12 章的内容，沿用第 12 章的工程结构。读者可以按照以下步骤进行操作：

Step 01 先在 pom 文件中增加依赖，具体内容如下：

```
<dependency>
          <groupId>com.vimalselvam</groupId>
          <artifactId>cucumber-extentsreport</artifactId>
          <version>3.0.1</version>
      </dependency>
      <dependency>
          <groupId>com.aventstack</groupId>
          <artifactId>extentreports</artifactId>
          <version>3.0.6</version>
      </dependency>
      <dependency>
          <groupId>com.relevantcodes</groupId>
          <artifactId>extentreports</artifactId>
          <version>2.40.2</version>
      </dependency>
      <dependency>
          <groupId>org.springframework</groupId>
          <artifactId>spring-test</artifactId>
          <version>5.0.2.RELEASE</version>
</dependency>
```

Step 02 在 src\test\resources\文件夹下，创建 extent-config.xml，添加具体内容如下：

```
<?xml version="1.0" encoding="UTF-8" ?>
<extentreports>
    <configuration>
        <theme>dark</theme>
        <encoding>UTF-8</encoding>
        <documentTitle>Cucumber Extent Reports</documentTitle>
        <reportName>Cucumber Extent Reports</reportName>
        <!--<reportHeadline> - v1.0.0</reportHeadline>-->
        <protocol>https</protocol>
        <dateFormat>yyyy-MM-dd</dateFormat>
        <timeFormat>HH:mm:ss</timeFormat>
        <scripts>
            <![CDATA[
                $(document).ready(function() {

                });
            ]]>
        </scripts>
        <!-- custom styles -->
        <styles>
            <![CDATA[

            ]]>
        </styles>
    </configuration>
</extentreports>
```

13.4.2 Cucumber 入口类

创建 Cucumber 执行类，具体示例代码如下：

```
package com.cucumber.demo;

import com.aventstack.extentreports.ResourceCDN;
import com.aventstack.extentreports.reporter.ExtentHtmlReporter;
import com.cucumber.listener.Reporter;
import cucumber.api.CucumberOptions;
import cucumber.api.testng.AbstractTestNGCucumberTests;
import org.springframework.test.context.ContextConfiguration;
import org.testng.annotations.AfterClass;
import org.testng.annotations.BeforeClass;

import java.io.File;
//加入注解语句位置，不能运行所有用例集合
//@RunWith(Cucumber.class)
@ContextConfiguration("classpath:cucumber.xml")
@CucumberOptions(
        plugin = {"com.cucumber.listener.ExtentCucumberFormatter:target/
          extent-report/report.html"},
        format = {"pretty", "html:target/cucumber",
          "json:target/cucumber.json"},
        features = {"src/test/resources/feature/"},
        glue = {"com.cucumber.demo", "com.po.demo"},
        monochrome = true)
```

```
public class RunCukesTest extends AbstractTestNGCucumberTests {

    @BeforeClass
    public static void setup() {
        ExtentHtmlReporter htmlReporter = new ExtentHtmlReporter
          ("target/extent-report/report.html");
        htmlReporter.config().setResourceCDN(ResourceCDN.EXTENTREPORTS);

    }

    @AfterClass
    public static void tearDown() {
        Reporter.loadXMLConfig(new File("src/test/resources/
          extent-config.xml"));//1
        Reporter.setSystemInfo("user",  System.getProperty("user.name"));
        Reporter.setSystemInfo("os",  "Windows");
        Reporter.setTestRunnerOutput("Sample test runner output message");
    }

}
```

说　明

在 CucumberOptions 中设置插件属性，在 setup 方法中，通过实例化 ExtentHtmlReporter 对象指定插件报告的生成位置。在 tearDown()方法中，通过 loadXMLConfig()方法指定报告配置文件的位置。

13.4.3　使用 Jenkins 持续集成

读者可按照以下步骤进行操作：

Step 01 安装 Cucumber 插件，需要安装的插件如图 13-39 所示。

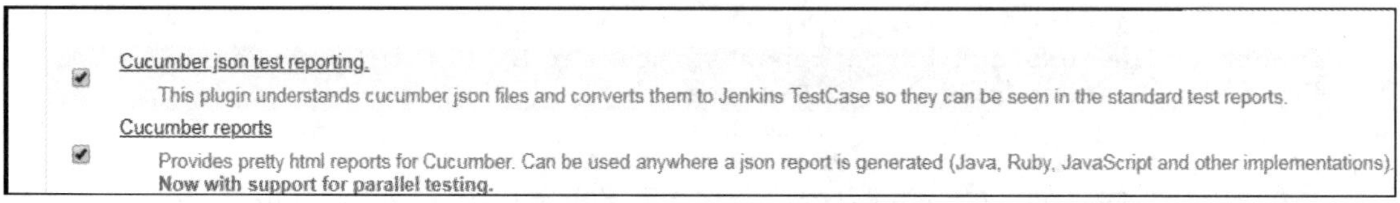

Cucumber json test reporting.
This plugin understands cucumber json files and converts them to Jenkins TestCase so they can be seen in the standard test reports.
Cucumber reports
Provides pretty html reports for Cucumber. Can be used anywhere a json report is generated (Java, Ruby, JavaScript and other implementations).
Now with support for parallel testing.

图 13-39　安装 Cucumber 插件

Step 02 在 Job 中配置，单击“增加构建后的操作步骤”，依次选择 Cucumber reports→Publish Cucumber test result report→Publish HTML reports 选项，Cucumber reports 配置如图 13-40 所示，Publish Cucumber test result report 配置如图 13-41 所示。

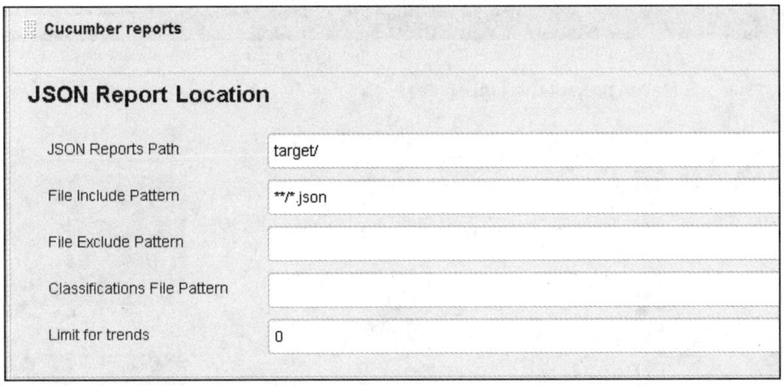

图 13-40 Cucumber reports 配置

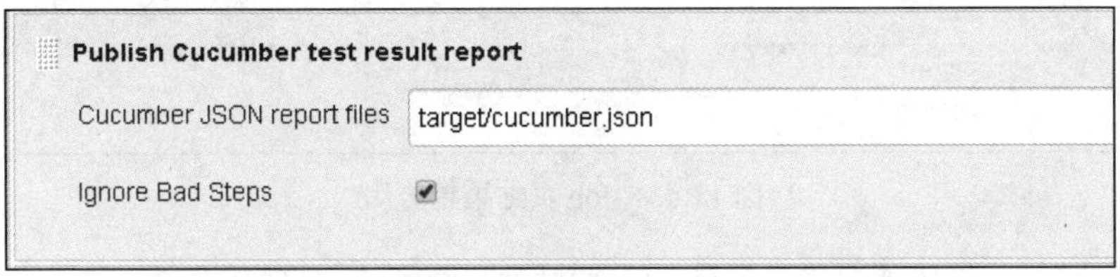

图 13-41 Publish Cucumber test result report 配置

Step 03 Publish HTML reports 主要用于 Extents report 展示，具体配置如图 13-42 所示。

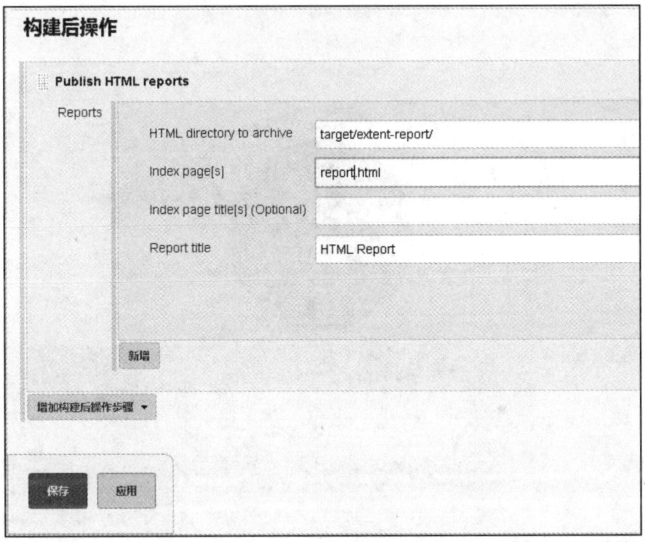

图 13-42 Publish HTML reports 配置

Step 04 单击“保存”按钮并执行构建，中间需要多构建几次，这样在 Job 页右侧会显示结果趋势图，如图 13-43 所示。

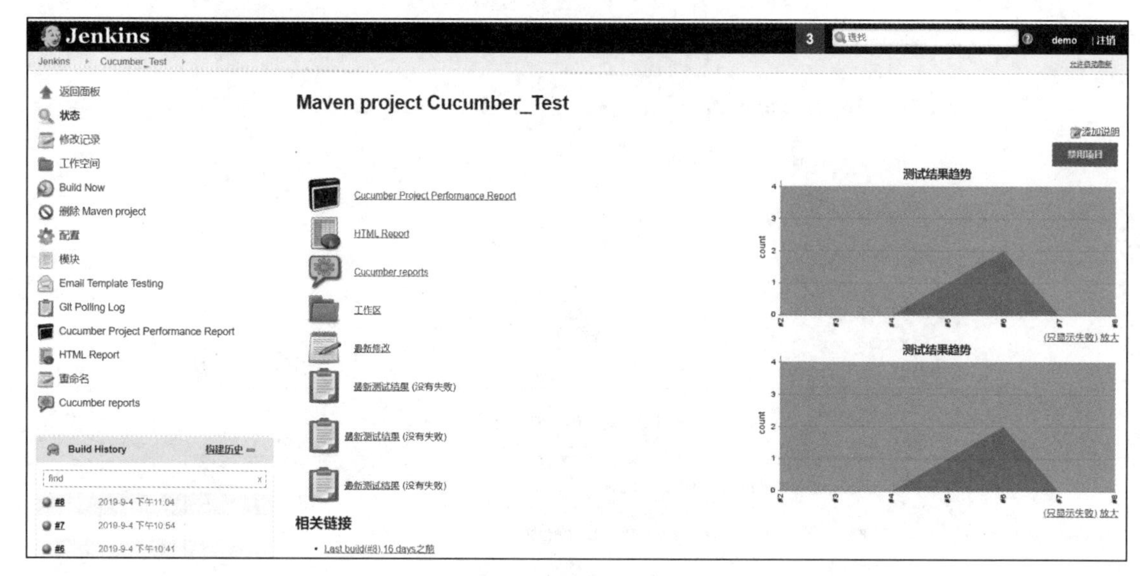

图 13-43　Job 页结果趋势图

Step 05 构建完之后，会生成两个超链接：Cucumber Reports 和 HTML Report，依次单击后就可以看到好看的测试报告了，如图 13-44~图 13-46 所示。

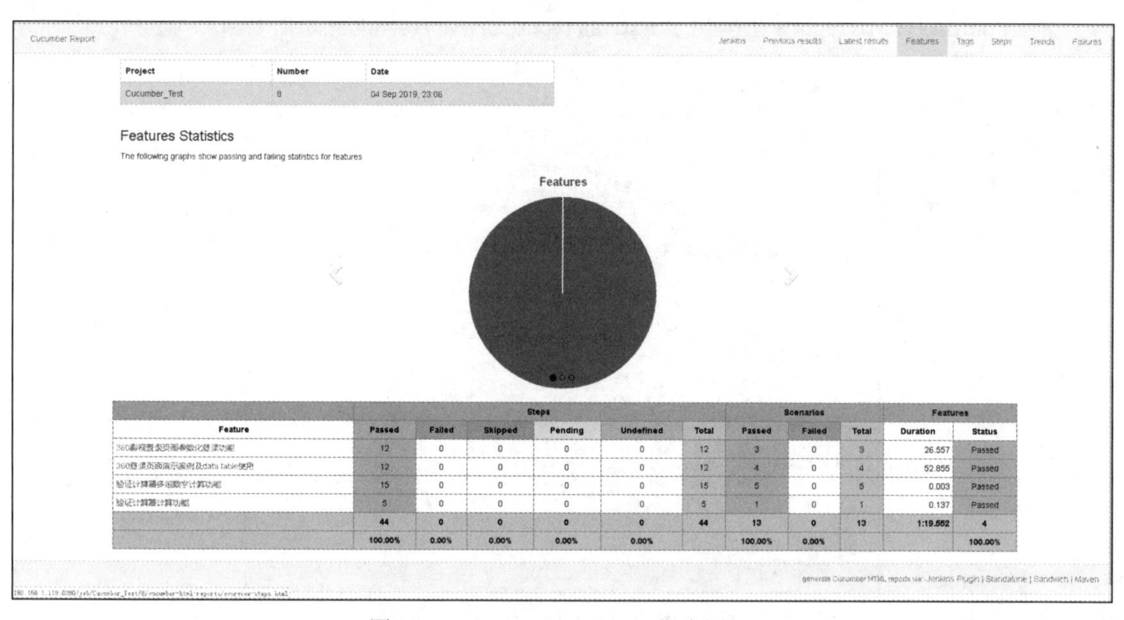

Project	Number	Date
Cucumber_Test	8	04 Sep 2019, 23:06

	Steps						Scenarios			Features	
Feature	Passed	Failed	Skipped	Pending	Undefined	Total	Passed	Failed	Total	Duration	Status
360影视首页面参数化登录功能	12	0	0	0	0	12	3	0	3	26.557	Passed
360登录页面演示案例及data table使用	12	0	0	0	0	12	4	0	4	52.855	Passed
验证计算器多组数字计算功能	15	0	0	0	0	15	5	0	5	0.003	Passed
验证计算器计算功能	5	0	0	0	0	5	1	0	1	0.137	Passed
	44	0	0	0	0	44	13	0	13	1:19.552	4
	100.00%	0.00%	0.00%	0.00%	0.00%		100.00%	0.00%			100.00%

图 13-44　Cucumber Reports 报告图 1

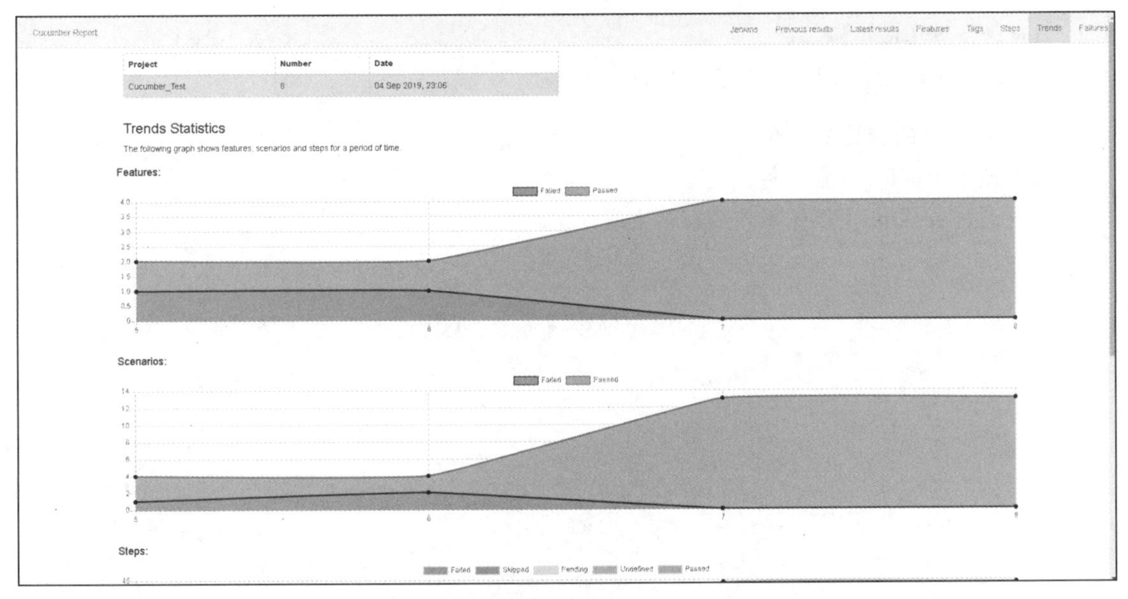

图 13-45 Cucumber Reports 报告图 2

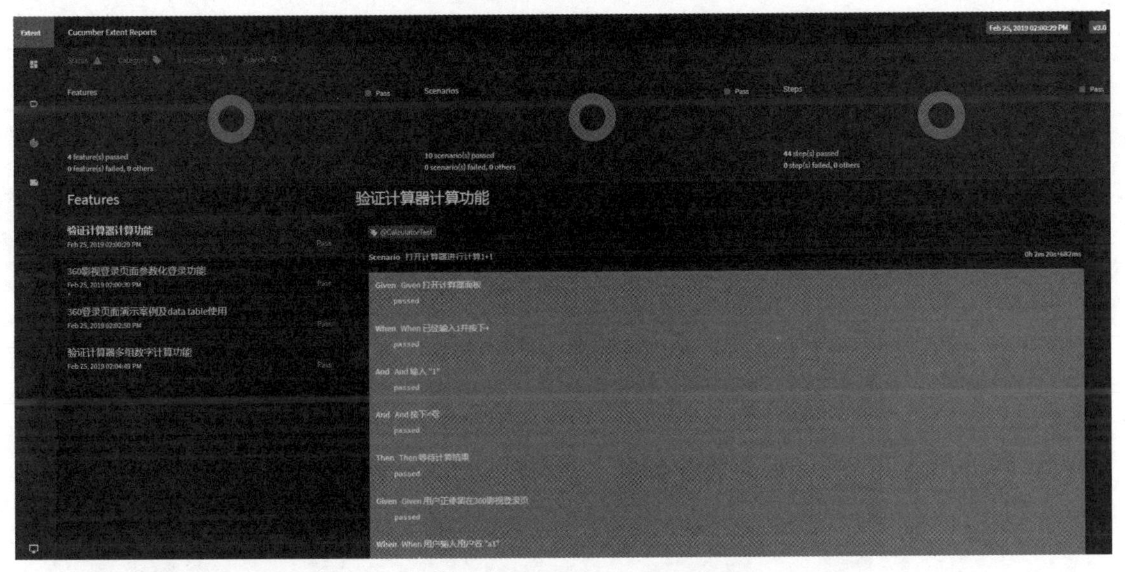

图 13-46 HTML Report 报告图

注 意

批量执行多个 feature 文件时，Cucumber 的执行文件不要使用标签@runwith 注解，如果 Extent report 报告不能正常显示或样式错乱，是因为不能加载 CDN 文件。

13.5 小 结

本章主要介绍了 Jenkins 的使用方法，主要包括 Jenkins 的下载、安装、配置、任务创建及使用 Jenkins 做持续集成实例等。

通过本章的学习，读者应该能够掌握以下内容：

（1）Jenkins 的安装及基本配置。

（2）使用 Jenkins 创建任务。

（3）通过 Jenkins 可以做基本的持续集成。

第 14 章

Selenium Grid 的使用

本章介绍 Selenium Grid 的基础知识，主要包括 Selenium Grid 的概念、环境服务搭建及实际操作案例。

14.1 环境搭建准备

14.1.1 什么是 Selenium Grid

个人理解就是分布式测试，可以在不同的操作系统、浏览器上分布式运行自动化测试用例，提高测试执行效率。

14.1.2 搭建 Selenium Grid 服务

读者可按照以下步骤进行操作：

Step 01 进行搭建前的准备工作。

- 使用 Selenium 提供的服务端独立 JAR 包：selenium-server-standalone-3.9.1.jar。
- 对应浏览器驱动，如 chromedriver.exe、IEDriverServer.exe。
- 建立服务端、客户端都运行于 Java 环境。

Step 02 建立服务端 hub，即服务中心（服务机：192.168.1.106），创建名为 hub.bat 的文件，具体内容如下：

```
java -jar selenium-server-standalone-3.9.1.jar -role hub -port 6655
```

Step 03 启动 hub，双击创建 hub.bat，如图 14-1 所示。

```
C:\Windows\system32\cmd.exe

C:\hub>Java -jar selenium-server-standalone-3.9.1.jar -role hub
Picked up JAVA_TOOL_OPTIONS: -Dfile.encoding=UTF-8
21:50:18.584 INFO - Selenium build info: version: '3.9.1', revision: '63f7b50'
21:50:18.585 INFO - Launching Selenium Grid hub on port 4444
2019-09-05 21:50:19.514:INFO::main: Logging initialized @1178ms to org.seleniumh
q.jetty9.util.log.StdErrLog
2019-09-05 21:50:19.581:INFO:osjs.Server:main: jetty-9.4.7.v20170914, build time
stamp: 2017-11-22T05:27:37+08:00, git hash: 82b8fb23f757335bb3329d540ce37a2a2615
f0a8
2019-09-05 21:50:19.606:INFO:osjs.session:main: DefaultSessionIdManager workerNa
me=node0
2019-09-05 21:50:19.606:INFO:osjs.session:main: No SessionScavenger set, using d
efaults
2019-09-05 21:50:19.608:INFO:osjs.session:main: Scavenging every 600000ms
2019-09-05 21:50:19.617:INFO:osjsh.ContextHandler:main: Started o.s.j.s.ServletC
ontextHandler@7bb58ca3{/,null,AVAILABLE}
2019-09-05 21:50:19.642:INFO:osjs.AbstractConnector:main: Started ServerConnecto
r@65924cf1{HTTP/1.1,[http/1.1]}{0.0.0.0:4444}
2019-09-05 21:50:19.643:INFO:osjs.Server:main: Started @1307ms
21:50:19.643 INFO - Selenium Grid hub is up and running
21:50:19.643 INFO - Nodes should register to http://192.168.1.106:4444/grid/regi
ster/
21:50:19.644 INFO - Clients should connect to http://192.168.1.106:4444/wd/hub
```

图 14-1 启动 hub

说 明

selenium-server-standalone-3.9.1.jar：JAR 包的名字。

-role hub：代表本次注册的角色是 hub，即服务中心。

grid 默认的端口是 4444，也可以自行修改端口，如-port 6655。

Step 04 hub 启动后，可以通过 http://localhost:4444/grid/console 查看 hub 启动成功的相关信息，如图 14-2 所示。

```
Grid Console v.3.9.1
Config for the hub :
browserTimeout : 0
debug : false
help : false
port : 4444
role : hub
timeout : 1800
cleanUpCycle : 5000
host : 192.168.1.106
capabilityMatcher : org.openqa.grid.internal.utils.DefaultCapabilityMatcher
newSessionWaitTimeout : -1
throwOnCapabilityNotPresent : true
registry : org.openqa.grid.internal.DefaultGridRegistry
Config details :
hub launched with : -browserTimeout 0 -debug false -help false -port 4444 -role hub -timeout 1800 -cleanUpCycle 5000 -host 192.168.1.106 -capabilityMatcher org.openqa.grid.internal.utils.DefaultCapabilityMatcher -newSessionWaitTimeout -1 -
throwOnCapabilityNotPresent true -registry org.openqa.grid.internal.DefaultGridRegistry
the final configuration comes from :
the default :
browserTimeout : 0
debug : false
help : false
port : 4444
role : hub
timeout : 1800
cleanUpCycle : 5000
capabilityMatcher : org.openqa.grid.internal.utils.DefaultCapabilityMatcher
newSessionWaitTimeout : -1
throwOnCapabilityNotPresent : true
registry : org.openqa.grid.internal.DefaultGridRegistry

updated with params :
browserTimeout : 0
debug : false
help : false
port : 4444
role : hub
timeout : 1800
cleanUpCycle : 5000
capabilityMatcher : org.openqa.grid.internal.utils.DefaultCapabilityMatcher
newSessionWaitTimeout : -1
throwOnCapabilityNotPresent : true
registry : org.openqa.grid.internal.DefaultGridRegistry
```

图 14-2 hub 启动成功的相关信息

Step 05 创建客户端，创建 node 节点，即节点机（192.168.1.118），创建名为 node.bat 的文件，node 配置文件内容如下：

```
java -jar selenium-server-standalone-3.9.1.jar -role node -hub
  "http://192.168.1.106:4444/grid/register"
-Dwebdriver.ie.driver="E:\node\IEDriverServer.exe"
-Dwebdriver.chrome.driver="E:\node\chromedriver.exe"
-browser "browserName=internet explorer,maxInstances=5,
  version=8,platform=WINDOWS"
-browser "browserName=chrome,maxInstances=2,version=76,platform=WINDOWS"
```

说　明

-role node：表示此次我们注册的是 node 节点。

-hub http://192.168.1.106:4444/grid/register：表示此次注册的 node 节点是注册到上次启动的 hub 中的。

192.168.1.106：hub 机器的 IP，如果要实现多台机器的注册，就需要先保证 hub 和 node 的机器在同一个局域网内。

Step 06 启动 node，双击 node.bat 即可启动，node 机器显示如图 14-3 所示。

图 14-3　node 启动成功

Step 07 node 注册成功，显示如图 14-4 所示。通过 http://localhost:4444/grid/consoleconsole 查看 node 注册成功的信息，如图 14-5 所示。

```
C:\Windows\system32\cmd.exe
Picked up JAVA_TOOL_OPTIONS: -Dfile.encoding=UTF-8
21:50:18.584 INFO - Selenium build info: version: '3.9.1', revision: '63f7b50'
21:50:18.585 INFO - Launching Selenium Grid hub on port 4444
2019-09-05 21:50:19.514:INFO::main: Logging initialized @1178ms to org.seleniumh
q.jetty9.util.log.StdErrLog
2019-09-05 21:50:19.581:INFO:osjs.Server:main: jetty-9.4.7.v20170914, build time
stamp: 2017-11-22T05:27:37+08:00, git hash: 82b8fb23f757335bb3329d540ce37a2a2615
f0a8
2019-09-05 21:50:19.606:INFO:osjs.session:main: DefaultSessionIdManager workerNa
me=node0
2019-09-05 21:50:19.606:INFO:osjs.session:main: No SessionScavenger set, using d
efaults
2019-09-05 21:50:19.608:INFO:osjs.session:main: Scavenging every 600000ms
2019-09-05 21:50:19.617:INFO:osjsh.ContextHandler:main: Started o.s.j.s.ServletC
ontextHandler@7bb58ca3{/,null,AVAILABLE}
2019-09-05 21:50:19.642:INFO:osjs.AbstractConnector:main: Started ServerConnecto
r@65924cf1{HTTP/1.1,[http/1.1]}{0.0.0.0:4444}
2019-09-05 21:50:19.643:INFO:osjs.Server:main: Started @1307ms
21:50:19.643 INFO - Selenium Grid hub is up and running
21:50:19.643 INFO - Nodes should register to http://192.168.1.106:4444/grid/regi
ster/
21:50:19.644 INFO - Clients should connect to http://192.168.1.106:4444/wd/hub
22:26:55.194 INFO - Registered a node http://192.168.1.118:5555
22:26:56.798 INFO - Registered a node http://192.168.1.106:5555
```

图 14-4　node 注册成功

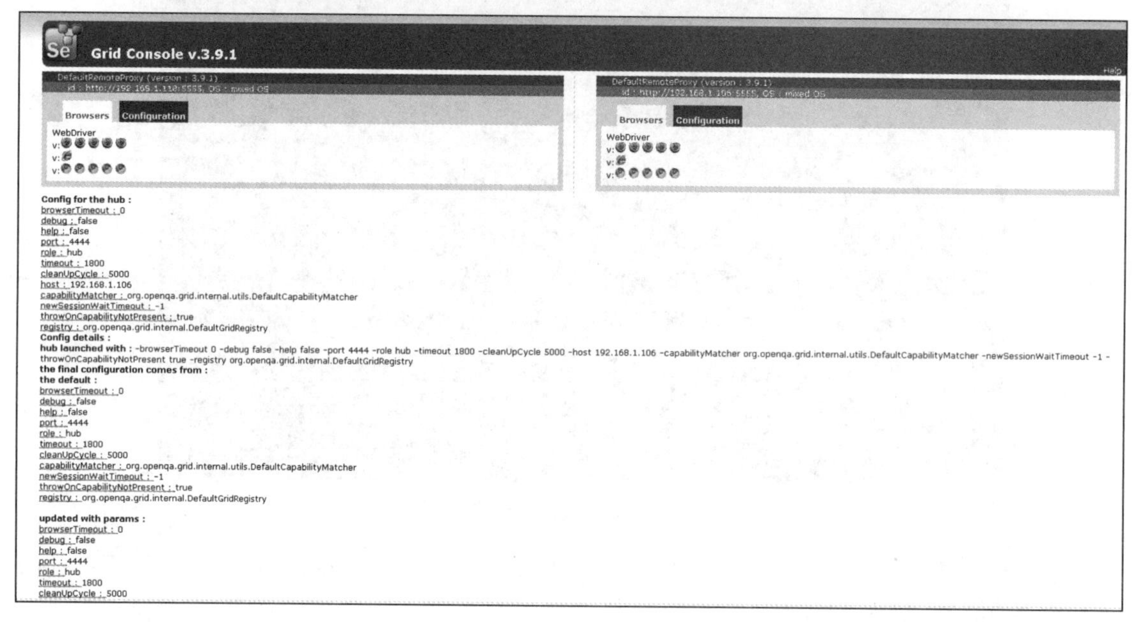

图 14-5　页面显示信息

14.2　Selenium Grid 实例

模拟场景要求：通过 Selenium Gird 在 Node 机器上使用 IE、Google Chrome 和 Firefox 浏览器打开百度首页，搜索 Refain 博客园，打印页面标题，并成功截图。

首先，创建名为 RemoteWebDriverUtil 的类，在封装浏览器初始化时使用，具体示例代码如下：

```
import java.net.MalformedURLException;
import java.net.URL;
import org.openqa.selenium.Platform;
import org.openqa.selenium.WebDriver;
import org.openqa.selenium.chrome.ChromeOptions;
import org.openqa.selenium.ie.InternetExplorerDriver;
import org.openqa.selenium.remote.DesiredCapabilities;
import org.openqa.selenium.remote.RemoteWebDriver;


public class RemoteWebDriverUtil {
    static WebDriver driver;
    // 远程调用 IE 浏览器
    public static WebDriver createRemoteIEDriver() {
        System.setProperty("webdriver.ie.driver",
          "tool/IEDriverServer.exe");
        // 指定调用 IE 进行测试
        DesiredCapabilities capability =
          DesiredCapabilities.internetExplorer();
        // 避免 IE 安全设置中，各个域的安全级别不一致导致的错误
        capability.setCapability(InternetExplorerDriver.
          INTRODUCE_FLAKINESS_BY_IGNORING_SECURITY_DOMAINS, true);
        // 连接到 Selenium hub，远程启动浏览器
        capability.setPlatform(Platform.XP);
        try {
            driver = new RemoteWebDriver(new URL
              ("http://192.168.1.118:5555/wd/hub"), capability);
        } catch (MalformedURLException e) {
            // TODO Auto-generated catch block
            e.printStackTrace();
        }
        return driver;
    }
    // 启用远程调用 Chrome
    public static WebDriver createRemoteChromeDriver() {
        System.setProperty("webdriver.chrome.driver",
          "tool/chromedriver.exe");
        ChromeOptions options = new ChromeOptions();
        options.addArguments("test-type");
        options.addArguments("--disable-extensions--");
        options.addArguments("proxy=null");
        DesiredCapabilities capability = DesiredCapabilities.chrome();
        capability.setBrowserName("chrome");
        capability.setPlatform(Platform.XP);
        try {
            driver = new RemoteWebDriver(new
              URL("http://192.168.1.118:5555/wd/hub"), capability);
        } catch (MalformedURLException e) {
            // TODO Auto-generated catch block
            e.printStackTrace();
        }
        return driver;
    }
    // 启用远程调用 Firefox
    public static WebDriver createRemoteFirefoxDriver() {
        DesiredCapabilities capability = DesiredCapabilities.firefox();
        capability.setBrowserName("firefox");
        capability.setPlatform(Platform.XP);
```

```
        try {
            driver = new RemoteWebDriver(new
              URL("http://192.168.1.106:4444/wd/hub"), capability);
        } catch (MalformedURLException e) {
            // TODO Auto-generated catch block
            e.printStackTrace();
        }
        return driver;
    }
}
```

然后，创建一个名为 TestSeleniumGrid 的测试类，用于测试是否可以正常执行，具体示例代码如下：

```
import org.apache.commons.io.FileUtils;
import org.openqa.selenium.By;
import org.openqa.selenium.OutputType;
import org.openqa.selenium.TakesScreenshot;
import org.openqa.selenium.WebDriver;
import org.openqa.selenium.remote.Augmenter;
import org.testng.annotations.Test;

import java.io.File;
import java.io.IOException;

public class TestSeleniumGrid {


    @Test
    public void testSeleniumGrid1() {
        WebDriver chromeDriver = RemoteWebDriverUtil.
          createRemoteChromeDriver();
        chromeDriver.get("https://www.baidu.com/");
        chromeDriver.findElement(By.id("kw")).sendKeys("Refain 博客园");
        chromeDriver.findElement(By.id("su")).click();
        System.out.println(chromeDriver.getTitle());
        //远程截图时必须这样操作
        chromeDriver=new Augmenter().augment(chromeDriver);
        //执行屏幕截图操作
        File srcFile = ((TakesScreenshot) chromeDriver).
          getScreenshotAs(OutputType.FILE);
        //通过 FileUtils 中的 copyFile()方法保存 getScreenshotAs()返回的文件，
          截图将自动保存在设定的文件夹中
        try {
            FileUtils.copyFile(srcFile, new File("C:\\远程截图.jpg"));
        } catch (IOException e) {
            e.printStackTrace();
        }
    }

    @Test
    public void testSeleniumGrid2() {
        WebDriver ieDriver = RemoteWebDriverUtil.createRemoteIEDriver();
        ieDriver.get("https://www.baidu.com/");
        ieDriver.findElement(By.id("kw")).sendKeys("Refain 博客园");
        ieDriver.findElement(By.id("su")).click();
        System.out.println(ieDriver.getTitle());
        //远程截图时必须这样操作
```

```
        ieDriver=new Augmenter().augment(ieDriver);
        //执行屏幕截图操作
        File srcFile = ((TakesScreenshot) ieDriver).
          getScreenshotAs(OutputType.FILE);
        //通过 FileUtils 中的 copyFile()方法保存 getScreenshotAs()返回的文件，
          截图将自动保存在设定的文件夹中
        try {
            FileUtils.copyFile(srcFile, new File("C:\\远程截图.jpg"));
        } catch (IOException e) {
            e.printStackTrace();
        }
    }

}
```

最后，运行这个类，成功后，会在执行程序端生成名为“远程截图”的图片，如图 14-6 所示。

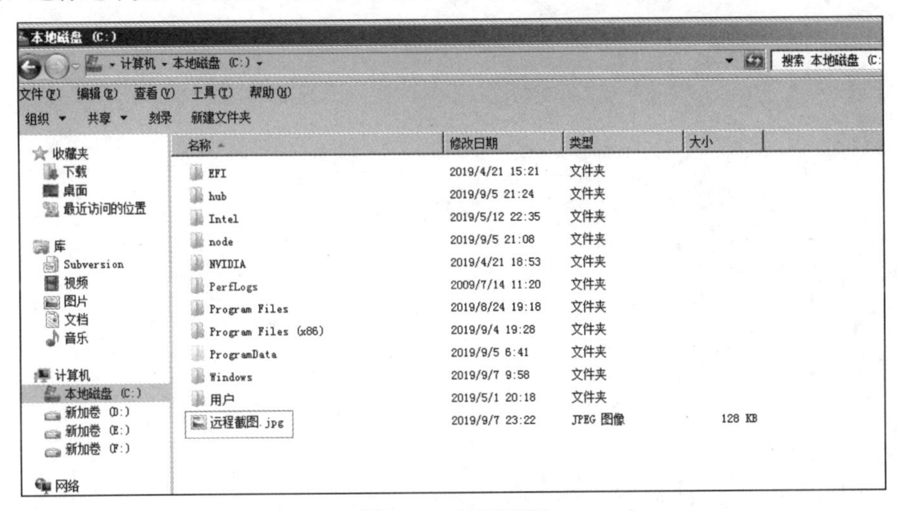

图 14-6　远程截图

注　意

“ieDriver=new Augmenter().augment(ieDriver);”这段代码必须得这样编写，否则会导致截图无效，还请读者注意。

14.3　小　结

本章主要介绍了 Selenium Grid 的基础知识，主要包括 Selenium Grid 的概念、环境服务搭建及实际操作等。

通过本章的学习，读者应该能够掌握以下内容：

（1）Selenium Grid 的概念及使用思路。

（2）Selenium Grid 服务及环境的搭建。

（3）Selenium Grid 实际操作实例。

参考文献

[1] 虫师. Selenium 2 自动化测试实战——基于 Python 语言[M]. 北京：电子工业出版社，2016.
[2] 吴晓华. Selenium WebDriver 实战宝典[M]. 北京：电子工业出版社，2015.
[3] Gundecha Unmesh. Selenium Testing Tools Cookbook[M]. Birmingham：Packet Publishing，2012.